李 戎◎著

探美拾零

中国社会科学出版社

图书在版编目（CIP）数据

探美拾零/李戎著 . —北京：中国社会科学出版社，2016.7
ISBN 978 - 7 - 5161 - 8511 - 7

Ⅰ . ①探…　Ⅱ . ①李…　Ⅲ . ①美学—文集
Ⅳ . ①B83 - 53

中国版本图书馆 CIP 数据核字（2016）第 154225 号

出 版 人	赵剑英
责任编辑	郭晓鸿
特约编辑	席建海
责任校对	李　莉
责任印制	戴　宽

出　　　版	中国社会科学出版社
社　　　址	北京鼓楼西大街甲 158 号
邮　　　编	100720
网　　　址	http://www.csspw.cn
发 行 部	010 - 84083685
门 市 部	010 - 84029450
经　　　销	新华书店及其他书店

印　　　刷	北京君升印刷有限公司
装　　　订	廊坊市广阳区广增装订厂
版　　　次	2016 年 7 月第 1 版
印　　　次	2016 年 7 月第 1 次印刷

开　　　本	710×1000　1/16
印　　　张	20.25
插　　　页	2
字　　　数	305 千字
定　　　价	76.00 元

凡购买中国社会科学出版社图书，如有质量问题请与本社营销中心联系调换
电话：010 - 84083683

目
Contens
录

略论"共同美"

"各个阶级有各个阶级的美。各个阶级也有共同的美。'口之于味,有同嗜焉'。"——据何其芳同志的回忆,这是毛泽东同志在 1961 年 1 月 23 日讲过的一段话[①]。虽则寥寥数语,但却涉及了一个很重要的理论问题:美学问题。

美学问题,一向被认为是哲学领域中最扑朔迷离的问题之一。尤其是关于"各个阶级也有共同的美"(以下简称"共同美")这一命题,更是近十几年来一直不容提及的。本文想就此谈一点不成熟的意见。

一

"各个阶级有各个阶级的美",这似乎很好理解,毋庸赘述。但"各个阶级也有共同的美",有些人对此就感到疑惑,不愿苟同。在这里,我们没有必要去考察何其芳同志回忆的确实性,却很有必要去探究一下这一命题是否正确地反映了美学实际,是否真有道理。对这一问题的回答,我以为应当是肯定的。

首先应该弄清"美"这一概念所表述的内容。美虽然也是客观上存在的,即存在于人的意识之外,但美只对于人才存在,因为感受、理解和评价美的能力,是只有人才具备的。所以说,美是一种社会现象。一般来

---

① 何其芳:《毛泽东之歌》,《人民文学》1977 年第 9 期。

说，它包括两方面的内容：一是美的客体（或称为美的对象），即激发人美感的客观事物；二是有审美力的主体，即能够对美的客体作出主观评价的人。因此，美是主客观的统一，是二者的相辅相成，是缺一不可的。而且，就这两方面来看，都是有条件的：前者必须具有被人所感受的特点；后者必须具有对美的事物的审美能力。依照马克思列宁主义美学来说，美的事物是作为人性化的对象而存在的，事物的美必须得到人的一定的感受才能呈现出来。马克思认为，"最优美的音乐对于非音乐的耳朵没有意义，不是对象"①。例如，我国春秋时的琴师俞伯牙，相传他的鼓琴"巍巍乎志在高山""汤汤乎志在流水"，技艺是很超绝的。可惜他只有钟子期一个知音。钟子期一死，他也就只好绝弦毁琴。因为失去了知音，鼓琴就没有了意义，强而为之，就变成了"对牛弹琴"。

马克思对美的对象和有审美力的主体之间的关系，做了真正辩证的解释。他指明了，第一，两者都是历史的产物，是从人类的物质与精神生产活动过程中成长起来的；第二，美的对象催生了有审美力的主体，有审美力的主体又催生美的对象。正如他曾说过的："艺术对象创造出懂得艺术和能够欣赏美的大众——任何其他产品也都是这样。因此，生产不仅为主体生产对象，而且也为对象生产主体。"② 美无疑是按照这一辩证关系，随着人类社会的前进而发展和演变的。

就美的对象来说，虽则是客观存在，是摸得着看得见的东西，但也不是纯客观的和不以人的意志为转移的。其中，有自然的对象，如山川、草木等；也有人造的对象，如亭台楼阁、绘画、雕塑等。前者可说是没有阶级性的、不以人的意志为转移的客观存在；后者却是按不同阶级的人的意志（审美观）塑造出来的，其中已经糅合了许多复杂的因素，用马克思的话说，它已经是"人化的自然""人的本质对象化"。它不但具有物质的性质，而且具有人的精神的性质。因此，美的客体不完全是物理学上的现象，而是人的一种社会关系的反映，是历史实践的产物。

---

① ［德］马克思：《1844年经济学哲学手稿》，刘丕坤译，人民出版社1979年版，第89页。
② 中共中央马克思恩格斯列宁斯大林著作编译局编：《马克思恩格斯全集》第十二卷，人民出版社1965年版，第742页。

　　显而易见，在这里有审美力的主体是使客体人化的主要因素。正因为这一因素的主导作用，才使得美具有了社会性。问题的关键在于，既然不同的阶级有不同的审美力和不同的审美标准（因而对美的对象也产生不同的影响），何以又有"共同美"呢？我认为，这应从人的生物发展过程来揭示和说明。

　　马克思认为，"人依据一个全面的方式，因而，作为一个完全的人占有他的全面的本质。他和世界底任何一个人性的关系，看，听，嗅，味，感觉，思维，直观，感受，意欲，动作，爱慕，一句话，他的个性底一切器官，如同那些直接在形式上作为共同器官的器官一样，在其对象的关系中或在它和对象底关系中是对象底占有；人的现实性底占有，诸器官和对象底关系是人的现实性底活动；所以这个活动如同人的诸规定和诸活动是复杂的一样是复杂的。"① 这就是说，视觉、听觉、味觉、触觉，起初只是人的有机体的工具。但是作为劳动着的人的工具，这些感觉就成为占有自己对象的表现，同时又是占有从自然生活中取来的一部分存在的表现。它们怎样对待对象，乃是人的本性的表现。眼睛、手、耳朵随着一般的发展而发展，慢慢地，社会的人的感觉与非社会的东西的感觉相比，就有了差异。"如同眼睛底对象成了一个社会的、人的、从人类并为人类发生的对象一样，眼睛就成了人的眼睛。"② 在这里，眼睛这个视觉器官好像超出了自然的范围，饱含着、充满着什么更高级的东西，它作为器官渐渐地成了理性的和人的器官，"所以这些感觉直接在其实践中成为理论家。"③

　　通过以上叙述可以看出，人的感官是伴随着人的社会实践，逐渐被丰富起来的。而审美需要、艺术活动正是根植于这个从人的历史发展的本质中产生的深刻过程。车尔尼雪夫斯基正确地指出："美感是和听觉、视觉不可分离地结合在一起的，离开听觉、视觉，是不能设想的。"④ 人的审美力就是通过视觉和听觉，在历史进程中，从自然感中成长起来的。

---

① ［德］马克思：《1844年经济学哲学手稿》，刘丕坤译，人民出版社1979年版，第86—87页。
② 同上书，第87页。
③ 同上。
④ ［俄］车尔尼雪夫斯基：《生活与美学》，周扬译，人民文学出版社1957年版，第42页。

　　既然人的感官富有其共同的生理机能，人类社会又有其发展的共同道路，大自然为人类提供的生活环境和基本生活条件（比如水、空气等）是大体相同的，那么，对人的审美力来说（从人类的童年时代起），难道就没有共同的地方吗？人在利用自己的感官感知外物时，难道就没有共同的交叉点吗？虽然时间在推移，但所有这一切就没有一点历史继承性吗？

　　所以，孟子说的"口之于味也，有同嗜焉；耳之于声也，有同听焉；目之于色也，有同美焉"（《孟子·告子下》），是有道理的。起码他看到了人们的感官对外界事物的感知有共同的一面。比如，整洁的床铺、清新的空气、窗明几净的环境，人们大都是喜欢的，大都是能感到赏心悦目的；而对于肮脏的地面、蚊蝇充斥的垃圾堆，则大都是讨厌的，感到不舒服的。颐和园的山水亭阁，曲径长廊，不仅当年慈禧太后喜欢，直到今天我们也并不厌弃它。这就是很好的证明。

　　我们知道，事物的发展都是由低级到高级，由简单到复杂，由不甚完备的形式到比较完备的形式。审美力也是这样，不仅有眼睛、耳朵直接感知美的客体这种简单的审美活动，而且有着思维、感受、意欲、联想、爱慕等一系列复杂的思想活动。随着审美力的不断提高，人们对于人类社会中各种复杂的矛盾（人与自然的矛盾，人与人的矛盾，阶级与阶级的矛盾），也就逐渐有了分析判断的能力。对于真的、善的、美的和假的、恶的、丑的事物的分辨和评价，就是较高级的审美力。尽管人有阶级、民族、时代的差别，但由于人的生活仍有共同要求的一面，所以人们在欣赏那些形象地再现了人类社会各种复杂的矛盾和斗争的艺术作品时，仍有共同的美感存在。

　　1857年，马克思在《〈政治经济学批判〉导言》中，分析古希腊艺术和史诗"何以仍然能够给我们以艺术享受，而且就某方面说还是一种规范和高不可及的范本"时说："一个成人不能再变成儿童，否则就变得稚气了。但是，儿童的天真不使他感到愉快吗？他自己不该努力在一个更高的阶梯上把自己的真实再现出来吗？在每一个时代，它的固有的性格不是在儿童的天性中纯真地复活着吗？为什么历史上的人类童年时代，在它发展得最完美的地方，不该作为永不复返的阶段而显示出永久的魅力呢?"[1] 马克思的这些话至少告诉我们，两千多年以前，古代希腊的艺术和史诗虽然经过了许多不同的时代，但仍然具有不朽的魅力，这是人类的共同财富，对各个阶级的人来说，不能没有一点共同的美感作用。我国唐代的诗歌、宋代的词、元代的《西厢记》、清代的《红楼梦》，同样为不同的时代、社会、民族和阶级的人所称誉，能说这些历史珍品对于各阶级没有一点共同的美吗? 所以，我们说，人们欣赏的耳目是有其共同性的，美的事物是有其客观标准的。人们这种欣赏的共同性，也正说明了人们欣赏的耳目是历史的产物。人的审美感官，虽然因人而异，但也留有共同的历史痕迹。在一定的历史条件下，必有一定的公众欣赏的耳目。所以，应该承认，各个阶级是有共同的美的。

二

我们承认"有"共同美，是在承认各个阶级有各个阶级的美的前提下。因为所谓共同美是相对的，而不是绝对的；美的客观标准也是相对的，而不是绝对的。美是一种十分复杂的社会现象，人又是一切社会关系的总和，对美有着决定性的影响。人的审美感官的因素是非常复杂的，它不仅受着美学、美的事物的陶冶，而且受着时代、民族、阶级出身、文化教养、生活环境、思想感情的深刻影响。因此，在绝大多数情况下，你认为美的，他却不一定认为也美；你对此产生了共鸣，他却漠然置之；甚至会因自己主观感情的强烈而歪曲事物的本来面目，导致"情人眼里出西施""厌恶和尚而恨及袈裟"等事情的发生。

在中国封建社会，妇女缠足曾被认为是美的一个非常重要的标准，然而在今天看来，这种行为已经被认为是难以理解的了。尤其在青年们看来，不仅不是美，而且简直是一种肉体的摧残。这说明，不同历史条件下

---

① 中共中央马克思恩格斯列宁斯大林著作编译局编：《马克思恩格斯选集》第二卷，人民出版社 1972 年版，第 114 页。

的人们对于美往往有不同的要求，有不同的标准。

普列汉诺夫在《没有地址的信》中，举了几个有趣的例子："在三比西河上游地区的巴托克族那里，没有拔掉门牙的人被认为是丑的"；为了美，"马可洛洛族的妇女在自己的上嘴唇上钻一个孔，孔里穿上一个叫作呸来来的金属或竹的大环子"①。这种美，对我们来说简直不敢相信，但在他们本民族中却是一种美的规范。

前面已经说过，人是社会的人，不是抽象的人。人总是受着阶级的制约和生活环境的感染，从而带着自己的情趣去欣赏事物的美，因而美的标准也就有了差别。正如车尔尼雪夫斯基所说的："'弱不禁风'的上流社会美人在乡下人看来是断然'不漂亮的'，甚至给他不愉快的印象，因为他一向认为'消瘦'不是疾病就是'苦命'的结果。"② 这是无所事事地生活着的上流社会的人与辛勤劳动着的农民之间的阶级差别所导致的审美标准的差异。马克思认为，"非常操心的穷困的人对最美好的戏剧没有感觉；矿物贩卖者只看到商业的价值，但不看矿物底美丽和特有的本性"③。我们常见到：一个人在潦倒穷困时，往往是无心赏花与观景的；同样，一个正在硝烟弥漫的战场上勇猛冲杀的战士，也绝不会有踏雪寻梅的雅兴。这实际上是特殊的生活环境和职业的不同而导致的审美力和审美角度以及审美趣味的不同。

同样是岳阳楼与洞庭湖，在范仲淹看来，当"淫雨霏霏，连月不开，阴风怒号，浊浪排空"的时候，登上岳阳楼，"则有去国怀乡，忧谗畏讥，满目萧然，感极而悲"的情绪；当"春和景明，波澜不惊，上下天光，一碧万顷"的时候，登上岳阳楼，"则有心旷神怡，宠辱皆忘，把酒临风，其喜洋洋"的快意。这是天气异变而引发"览物之情"异变的例子，前后美感迥然不同。

情绪也会使人物的美感发生异变。杜甫的笔下有"感时花溅泪，恨别

---

① ［俄］普列汉诺夫：《没有地址的信 艺术与社会生活》，曹葆华、丰陈宝译，人民文学出版社1962年版，第13—14页。
② ［俄］车尔尼雪夫斯基：《生活与美学》，周扬译，人民文学出版社1957年版，第7页。
③ ［德］马克思：《1844年经济学哲学手稿》，刘丕坤译，人民出版社1979年版，第89页。

鸟惊心",花和鸟都因欣赏者的情绪悲凉而带上了感伤的色彩。在亡国之君李煜的笔下,"无限江山""春花秋月""一江春水"也都变成了触动愁肠、感怀故国的哀怨物。

对事物认识程度的深浅,也往往决定着美感的强弱。人们大都喜欢称道松、竹、梅,梅花的艳丽、松树的挺拔苍劲、竹子的翠绿潇洒固然是动人的,但仅止于此,恐怕与一般花木并无特异之处。如果认识到松、竹、梅在隆冬季节仍傲寒不凋、卓然而立的品格,对它们的评价也许要高于一般花木了。尤其当欣赏者将自己的道德修养、理想、追求寄托于松、竹、梅,而使其变为人性化的、富于理性的客体时,那种特别的美的感觉该是无与伦比的。

孔子就说过:"知者乐水,仁者乐山。知者动,仁者静。知者乐,仁者寿。"《论语·雍也章》。知者和仁者对于山水之美就有不同的看法。

对文艺作品的欣赏,人与人之间的差异更是显然存在的。鲁迅先生谈到《红楼梦》时,说道:"……单是命意,就因读者的眼光而有种种:经学家看见《易》,道学家看见淫,才子看见缠绵,革命家看见排满,流言家看见宫闱秘事……"[1]

以上这些事例说明,由于阶级思想、社会意识、人生观、教养、趣味、心境等不同,审美的能力和审美标准也就不同。在阶级社会中,这种不同甚至是带有根本性质的。各阶级有各阶级的美,同一阶级中的各阶层、各团体和各个人也有各自的美。即使被认为具有共同美的特质的东西(如《红楼梦》),每个人欣赏时的着眼点也不一样。

三

又是承认共同美,又是强调各阶级有各阶级的美,这不是自相矛盾吗?不是的。

在形而上学猖獗的年代,这种说法当然是要被斥为谬论流传的。在林

---

[1] 鲁迅:《鲁迅全集》第七卷,人民文学出版社 1958 年版,第 419 页。

彪、"四人帮"的眼里，什么事情都是绝对的、极端的、静止的、孤立的、不变的。要么存在，要么不存在，哪能容得存在又不存在、同又不同？然而，毛泽东同志早就指出："马克思主义的哲学认为，对立统一规律是宇宙的根本规律。这个规律，不论在自然界、人类社会和人们的思想中，都是普遍存在的，不过按事物的性质不同，矛盾的性质也就不同。对于任何一个具体的事物来说，对立的统一是有条件的、暂时的、过渡的，因而是相对的，对立的斗争则是绝对的。"① 从这段精辟的论述中，我们确信"存在又不存在""同又不同"是符合对立统一规律的；从而可以推知，"共同美"是确实存在的，却是有条件的、相对的。

正如，多数人认为猪肉是好吃的，但饫甘餍肥的富翁见到猪肉就感到油腻、恶心，食不果腹的贫民见到猪肉就理所当然地认作美味佳肴。同样的道理，颐和园的秀丽华美是公认的，但对每个人来说，美的着眼点又不尽相同：有人喜欢昆明湖，有人喜欢佛香阁，有人在垂柳花丛中流连忘返，有人又在殿堂文物前徘徊伫立。

繁盛的花草几乎是人人感到悦目的，但细细欣赏起来，人们又各有偏爱。宋代周敦颐在他的《爱莲说》中议论道："晋陶渊明独爱菊。自李唐来，世人甚爱牡丹。予独爱莲之出淤泥而不染，濯清涟而不妖，中通外直，不蔓不枝，香远益清，亭亭净植，可远观而不可亵玩焉。"（《周元公集》）这不是同中又有不同吗？这种不同，是欣赏者赋予花以自己的情趣所致。陶渊明爱菊之"隐逸"，世人爱牡丹之"富贵"，周敦颐爱莲之"君子"。这里的美的客体"花"，已经与欣赏者的情感交融在一起，甚至就是欣赏者道德和性格的象征。

我们承认共同中有这种不同，同时也要承认不同中有同，承认美的客观存在和客观标准。人不是对任何东西都产生美感。百灵鸟的啼鸣能给人以音乐的美，饿狼的号叫却只能使人毛骨悚然；春花秋月很能触动诗人的心窝，而厕所的蛆虫却很难引人产生美感。一件美的事物，它的客观标准并不是由一个人决定的，而是由大多数人欣赏的耳目决定的。"桂林山水

---

① 毛泽东：《关于正确处理人民内部矛盾的问题》，《人民日报》1957 年 6 月 19 日。

甲天下",这就是千千万万的欣赏耳目给它的评价,虽然人们对美有各种各样的主观感受,但并不妨碍美存在一个客观的标准。这就是不同中有同的道理所在。

有人也许会问,鲁迅先生说过,"饥区的灾民,大约总不去种兰花,像阔人的老太爷一样,贾府上的焦大,也不爱林妹妹的",这之中有"同"吗?我认为,鲁迅的意思并非灾民就不喜欢兰花,他只不过在强调灾民由于饥饿已失去了欣赏兰花的兴趣;而焦大"不爱林妹妹",这是说焦大不会去向林黛玉求爱,但并不能认为焦大就绝对不喜欢林姑娘。

总之,在阶级社会中,各阶级有各阶级的审美观点,各阶级有各阶级的美;各阶级的审美观点固然有很大的差异(互相敌对的阶级更有本质的不同),但也有其共同的地方。这是因为人类用以审美的感官有其共同的生理机能,人类生活的要求也不免有共同的一面,尽管这种共同是十分脆弱的。因此我们既要承认审美上的个性和个人兴趣,又不要过分夸大它而否定其中的共同点。同中有不同,不同中又有同,"寓统一于杂多",这是实实在在的客观存在,这也是辩证法的灵活和威力。

一九八〇年三月

毛泽东美学思想初探

毛泽东，20世纪世界政治舞台上少有的伟人之一。他作为中国人民的领袖，马克思主义理论的实践家、战略家，一直为广大人民所信赖，有着极高的威望。他的思想曾渗透我国的各个领域，并从政治上、思想上、实践行动上，乃至文艺观点和审美观点上，有效地规范了、主宰了、支配了几代中国人，使整个国家严格地按照社会主义的模式构建着、发展着达数十年之久。他为中国建立了巨大的功勋，并为后世留下了受益不尽的宝贵遗产。

诚然，毛泽东不是超人，人所固有的他无不具有。如果仅仅在"他所开拓的道路上捧着他的拖鞋毕恭毕敬地跟着走"[①]，那是极其没有出息的；然而，如果像站在巨人肩上的侏儒那样，认为自己比巨人看得更远，在他身后指手画脚地窃窃私语，甚至加以讥讽和蔑视，也同样是没有出息的、可笑的。

系统地探讨毛泽东的美学思想，是一项十分艰巨的任务，因为毛泽东并无美学专著。在他光辉的、充满奇迹的一生中，在他留给我们的卷帙浩繁的文献中，搜寻、整理他的美学理论，研究、总结他的美学思想，这项工作是十分艰巨的，也是很有意义的。我不揣浅陋，对此谨做些极粗浅的尝试，正式的、卓有成效的研究，还有待大家今后的努力。

---

① 转引自［德］弗·梅林《马克思传》，罗稷南译，人民出版社、生活·读书·新知三联书店 1956 年版。

一

列宁曾说过："卓绝地坚持哲学史中的严格的历史性，反对把我们所能了解的而古人事实上还没有的一种思想的'发展'硬挂到他们名下。"①这对于我们研究毛泽东早期的美学思想有着重要的指导意义。正像古往今来的一切伟人一样，毛泽东也不是天生的智者和圣人，他既不能超越自己所处的时代，也不能舍弃学步和成长的童稚阶段。

他生长在贫穷的旧中国的一个偏僻的山村，青少年时代，正值国力荼弱、外强攫掠的危急存亡关头，他和大部分同胞一样，心灵上承受着内忧外患的袭扰，生活上承受着贫苦的煎熬。当时，马克思主义尚未传入中国，他所接受的又是中西杂糅式的教育。因此，他虽怀着强烈的探求真理的大志，博览群书，刻苦学习，但其思想发展仍不能不受那个时代的局限。毛泽东对于当时的思想情况曾这样说："在这个时候，我的思想是自由主义、民主改良主义、空想社会主义等思想的大杂烩。"②

尽管如此，他顽强的探索精神却是杰出的，他那敏锐地接受新事物的能力却是惊人的。他的政治思想和哲学思想都达到了同时代先进中国人的水平，这也必然影响到他正在萌发的美学思想。

他少年时代就读了《水浒传》《西游记》《三国演义》，崇拜着康有为、梁启超，对《盛世危言》《新民丛报》等书刊有着强烈的兴趣；在湖南第一师范就读时，又读了亚当·斯密的《原富》、达尔文的《物种原始》、穆勒的《名学》、斯宾塞的《群学肄言》、孟德斯鸠的《法意》，涉猎过先秦哲学、楚辞、汉赋、史记、汉书、唐宋古文、宋明理学，以及明末清初的思想家和文学家的著作。这个时期，他确乎纵览古今，网罗名家，兼收并蓄；但由于他长于思考，能择善而撷，往往有独到的见解。他尤其喜欢哲

---

① 中共中央马克思恩格斯列宁斯大林编译局编：《列宁全集》第 38 卷，人民出版社 1959 年版，第 272 页。

② ［美］埃德加·斯诺：《西行漫记》，董乐山译，生活·读书·新知三联书店 1979 年版，第 125 页。

学，矢志不渝地探求人生的真谛，思索宇宙的奥秘。他对古今中外的许多哲学思想进行了研究，特别是对谭嗣同的《仁学》和德国帕力森的《伦理学原理》做了认真的探讨。前者主张在思想上冲决罗网，独立奋斗；后者则系 19 世纪康德派唯心论哲学，意在调和动机论与功利论。毛泽东回忆道："我们当时学的尽是一派唯心论，偶然看到像这本书（指《伦理学原理》——引者注）上的唯物论的说法，虽然还不纯粹，还是心物二元论的哲学，已经感到很深的趣味，得了很大的启示，真使我心向往之了。"①

难怪青年毛泽东在哲学上既相信"精神不灭"②又承认"物质不灭"③，很有点二元论的味道。但当他用这个观点分析人生、分析自然和社会时，却颇有唯物主义的倾向。尤其可喜的是，他已初步运用了辩证法。他指出："吾人虽为自然所规定，而亦即为自然之一部分，故自然有规定吾人之力，吾人亦有规定自然之力；吾人之力虽微，而不能谓其无影响自然。"④ 既认识到人是自然的一部分，人要受自然法则的支配；同时又强调人也有影响自然、改变自然的能力，这就颇有辩证唯物主义的成分了。

对于美和道德，他明确地指出："美学未成立以前早已有美，伦理学未成立以前，早已人人有道德，人人皆知得此正鹄矣，种种著述皆不过勾画其实际之情状，叙述其自然之条理，无论何种之著（作）皆是述而不作。"⑤ 先有"实际之情状"，后有勾画其情状的"著述"；先有美，后有美学；先有道德，后有伦理学，这不是对唯物主义的反映论的一种朴素的表述吗？

然而，其时对毛泽东影响最大的莫过于德才兼备的杨昌济先生了。他熟谙宋明理学，又吸收了王船山、谭嗣同、康德一派的学说；他留学海外，广收博采，自成一种比较有进步性的伦理思想和讲求实际的人生观。在哲学上，杨先生信仰进化论，是个唯心主义者，他过分夸大人的主观能

---

① 李锐：《毛泽东同志的初期革命活动》，中国青年出版社 1957 年版，第 41 页。
② 转引自李锐《青年毛泽东的思想方向》，《历史研究》1979 年第 1 期。
③ 同上。
④ 李锐：《毛泽东同志的初期革命活动》，中国青年出版社 1957 年版，第 43 页。
⑤ 转引自李锐《青年毛泽东的思想方向》，《历史研究》1979 年第 1 期。

动性的作用，这一点对青年毛泽东的美学思想有着特别重要的影响。在这一时期，毛泽东的审美志趣不在艺术，不在自然，而在人，他在憧憬着一种形式与内容完美结合的人。这种人就是张昆弟烈士在日记中所引述的孟子所谓的"美人"①。什么是"美人"？赵歧注云："充实善信，使之不虚，是为美人，美德之人也。"（《孟子·尽心下》）但青年毛泽东和他的朋友们所说的"美人"，却是"文明其精神，野蛮其体魄"的人。在精神文明方面，青年毛泽东改造并发展了孟子的"充实之谓美，充实光辉之谓大"的思想。他不究心于雕虫小技、奇闻逸事，也不屑于烦琐的考据，而是全神贯注于心、物、治、乱、圣贤、不肖、修身、治国等大道理的研究。他的读书笔记上就记有，人必须"立一理想，此后一言一动皆期合此理想"。这里的"理想"，自然是一种至高的境界。笔记中说："我之界当扩而充之，是使宇宙一大我也。""一个之我，小我也；宇宙之我，大我也。一个之我，肉体之我也；宇宙之我，精神之我也。"他崇仰着古代"杀身亡家而不悔"的仁人志士。"彼仁人者，以天下万事为身，而以一身一家为腕，惟其爱天下万事之诚也，是以不敢爱其身家。身家虽死，天下万世固生，仁人之心安矣（天下生者，仁人为之除其痛苦，图其安全也）。"② 这种以宇宙为大我，以天下万世为身的精神境界，无疑是一种崇高的美的境界。结合毛泽东的革命实践来看，这些思想在他以后的行动中都得到了体现。为了实现他的这种美的理想，青年毛泽东经常用孟子的一段话勉励自己："天将降大任于斯人也，必先苦其心志，劳其筋骨，饿其体肤，空乏其身，行拂乱其所为，所以动心忍性，增益其所不能。"

这种重大行、喜崇高、弃琐碎的审美志趣，毛泽东始终不悔。在延安与斯诺谈话时，他仍深情地回忆说："在这个年龄的青年的生活中，议论女性的美丽通常占着重要的位置，可是我的同伴非但没有这样做，而且连日常生活的普通事情也拒绝谈论……我的朋友和我只愿意谈论大事——人

---

① 张昆弟烈士 1917 年日记："9 月 13 日。晚饭后至板仓杨寓，杨师为余辈讲《达化斋读书录》。后又谈及美人之做事务实。"参见李锐《毛泽东同志的初期革命活动》，中国青年出版社 1957 年版，第 21 页。

② 李锐：《毛泽东同志的初期革命活动》，中国青年出版社 1957 年版，第 38—39 页。

的天性，人类社会，中国，世界，宇宙！"①

　　对于人的体魄，青年毛泽东看得尤其重要，他认为："欲文明其精神，先自野蛮其体魄；苟野蛮其体魄矣，则文明之精神随之。"因为，"体者，载知识之车而寓道德之舍也"。所以，他特别讨厌那种"偻身俯首，纤纤素手，登山则气迫，涉水则足痉"的白面书生。②当时，在毛泽东十分爱读的进步刊物《新青年》上，就曾刊载过这样的文字："白面书生，为吾国青年称美之名词，民族衰微，即坐此病。""手无缚鸡之力，心无一夫之雄，白面纤腰、妖媚若处子，畏寒怯热，柔弱若病夫"，"欲以此角胜世界文明之猛兽，岂有济乎"③？这与青年毛泽东的观点极为相近。

　　青年毛泽东笃信"身心可以并完"，因而严斥"用思想之人每欠于体，而体魄蛮健者多缺于思"的谬说；他极其赞赏"喑呜颓山岳，叱咤变风云，力拔项王之山，勇贯由基之札"的壮士，力倡"运动"，认为"天地盖惟有动而已"。④

　　可贵的是，他不仅有这样的见解，而且身体力行，创造了"风浴""雨浴""日浴"，并经常游泳、爬山，风餐露宿，甚至在狂风暴雨的深夜，还去作"纳于大麓，烈风雷雨弗迷"的体验。青年毛泽东和他的朋友们，生活十分清苦，穿着相当简单，然而他们所追求的却是真正的、身心全面发展的"完人""美人"。由此倒使我们联想起丹纳在《艺术哲学》中所描述的古希腊人："仿佛他们对于人与人生刻画了一个感觉得到的分明的轮廓，把其余的观点都抛弃了，心里想：'这才是真实的人，一个有思想，有意志，又活泼又敏感的身体；这才是真正的人生，在呱呱而啼的童年与静寂的坟墓之间的六七十年寿命：我们要使这个身体尽量的矫健、强壮、健全、美丽，要在一切坚强的行动中发展这个头脑这个意志，要用精细的感官，敏捷的才智，豪迈活跃的心灵所能创造和体会的一切的美，点缀人

　　① ［美］埃德加·斯诺：《西行漫记》，董乐山译，生活·读书·新知三联书店1979年版，第123页。
　　② 毛泽东：《体育之研究》，《新体育》1979年第8期。
　　③ 陈独秀：《今日之教育方针》，《新青年》第1卷第2号，1915年10月发行。
　　④ 毛泽东：《体育之研究》，《新体育》1979年第8期。

生。'"① 青年毛泽东的生活正如古希腊人一样简朴，对人生哲理的探索也像古希腊人一样勤谨和敏锐。如果说古希腊人的美学理想如同文克尔曼所说是一种"高贵的单纯，静穆的伟大"②，那么我们是否可以借用这一句话而稍加改动来说明青年毛泽东的美学理想呢？这就是"高贵的充实，运动的伟大"。

人的精神可以靠人的努力修养而趋于文明，人的身体可以靠锻炼而达到强健、野蛮，这种思想根源于青年毛泽东的经验论与认识论。他在《伦理学原理》的批语中写道："其知也，亦经而知之。"③ 列宁认为，"在'经验'这个字眼下，无疑地可以隐藏哲学上的唯物主义路线和唯心主义路线"④。就毛泽东当时所持的经验论来看，倒是唯物的成分居多，因为他在谈到语言的时候，就认为客观是第一性的，语言是第二性的。他说："此种言语在其起源确已合乎客观界之事实，乃由种种经验而来者也。"他强调从天然本质中去求真理："有无价值，人为之事也；是否真理，天然之事也。学者固当于天然本质中求真理，其有无价值其次也。"⑤ 很明显，他主张追求的是客观的真理，而批判的是从价值出发的实用主义的"真理"。

在善恶问题上，他写道："主观客观皆满足，而后谓之善也。""吾人须以实践至善为义务。""吾人评论历史，说某也善，某也恶，系指其人善恶之事实，离去事实无善恶也。是故思留名于千载者妄，欣羡他人之留名者亦妄也。"⑥ 这是一种实实在在的善恶观，善恶都是客观存在的事实，没有事实就没有善恶。他提出应以实践"至善"为义务，这反映了青年毛泽东重实行、重事实的美德。这里的"至善"，主要是指人的远大理想和崇高的情操，实际上也是一种美的境界。

青年毛泽东重视"个人价值"，强调解放个性。在《〈伦理学原理〉批

---

① ［法］丹纳：《艺术哲学》，傅雷译，人民出版社 1963 年版，第 262—263 页。
② 朱光潜：《西方美学史》下卷，人民文学出版社 1979 年版，第 659 页。
③ 毛泽东：《〈伦理学原理〉批语》，《湖南师院学报》1979 年第 3 期。
④ 中共中央马克思恩格斯列宁斯大林著作编译局编：《列宁选集》第 2 卷，人民出版社 1995 年版，第 153 页。
⑤ 毛泽东：《〈伦理学原理〉批语》，《湖南师院学报》1979 年第 3 期。
⑥ 李锐：《毛泽东同志的初期革命活动》，中国青年出版社 1957 年版，第 43 页。

语》中，提出要"充分表达自己身体及精神之能力"，正因如此，他反对"压抑"，赞赏"抵抗"。在原书"世界一切之事业及文明，固无不起于抵抗决胜也"一段上，他批有："河出潼关，因有太华抵抗而水力益增其奔猛；风回三峡，因有巫山为隔而风力益增其怒号。"在原书"盖历史生活之形式，不外乎善恶相竞之力、与时扩充而已"一段上，他批有："伊古以来，一治即有一乱，吾人恒厌乱而望治，殊不知乱亦历史生活之一过程，自亦有实际生活之价值。吾人揽（览）史，恒赞叹战国之时、刘项相争之时、汉武与匈奴竞争之时、三国竞争之时，事态百变，人才辈出，令人喜读。"① 以上观点对毛泽东的实践活动有着很深的影响。

抵抗、斗争、"善恶相竞"，不但与人类进步关系极大，而且是充分发达身体和精神能力的最佳形式，也是人的生命价值的集中体现。毛泽东往往从宏观世界着眼，把斗争看作人一生的幸福。他那奔放的热情和积极进取的斗争精神，加上他那以宇宙、以天下万世为大我的美的理想，才与祖国人民一起谱写了震古烁今的中国革命伟大而美丽的诗章。

我们说青年毛泽东以"身心并完"的人作为自己的审美理想，以崇高、伟美作为自己的审美志趣，却绝不是说他有任何专务空名、好大喜功的倾向，相反，他非常注重实际，也不鄙薄功利。他对"君子谋道不谋贫"提出了批判，他在课堂笔记中写道："志不在温饱，对立志而言，若言作用，则王道之极，亦只衣帛食粟、不饥不寒而已，安见温饱之不可以谋也？"他主张办事精细，认为"小不谨，大事败矣"。可见，他虽注目宇宙、心怀天下，却并不轻视实际；虽崇尚伟美，弃绝琐碎，却不粗枝大叶。

他对优美的自然景色也有着很强的感受能力。即使在战火纷飞的年代里，在延安那简陋的窑洞中，他依然能清楚、生动地述说自己对1918年北京故都的美好回忆，他说："我自己在北京的生活条件很可怜，可是在另一方面，故都的美对于我是一种丰富多彩、生动有趣的补偿。……在公园里，在故宫的庭院里，我却看到了北方的早春。北海上还结着坚冰的时

① 李锐：《毛泽东同志的初期革命活动》，中国青年出版社1957年版，第42页。

候，我看到了洁白的梅花盛开。我看到杨柳倒垂在北海上，枝头悬挂着晶莹的冰柱，因而想起唐朝诗人岑参咏北海冬树挂珠的诗句：'千树万树梨花开。'北京数不尽的树木激起了我的惊叹和赞美。"①

这是一段多么富有诗情画意的散文！透过这种娓娓的深情的叙述，我们可以看出青年毛泽东那冰清玉洁的心境和他那纯正高尚的审美情趣。自然美的欣赏可以补偿生活的艰辛，这道出了美对于人生所具有的重要意义。只有不以肌腹之欲为生活目的的人，只有真正懂得人生价值的人，才有如此高洁的审美心境。

可见，青年毛泽东不仅有着发达的哲学思辨的头脑，而且有着卓越的形象思维的能力。他的感情是丰富的，审美能力是超绝的。他喜欢自然美，热爱祖国壮丽的名山大川；也喜欢追忆历史，凭吊古迹，思索祖国五千年悠久的历史。他甚至在无钱购买车票的旅途上，还兴致勃勃地去观光遗迹。他回忆说："我在北海湾的冰上散步。我沿着洞庭湖环行，绕保定府城墙走了一圈。《三国》上有名的徐州城墙，历史上也有盛名的南京城墙，我都环绕过一次。最后，我登了泰山，看了孔墓。这些事情，我在那时看来，是可以同步行游历湖南相比美的。"②

就青年毛泽东的禀赋来说，他完全可以成为一个伟大的诗人、作家、历史学家、哲学家、美学家，然而，他那以天下为己任的政治抱负，却使他把"身心并完"的、叱咤风云的仁人志士作为自己的最高审美理想，并以此胜过了、掩盖了其他方面的审美志趣。青年毛泽东以人生、世界、宇宙为审美对象，追求的是伟美、崇高、豪放、壮观的审美感受，在某种程度上，这几乎成了他一生的气质和风格，也决定了他最终成为思想家、战略家和革命家。

他在1925年写的那首有名的《沁园春·雪》里，首先追忆的是那些志同道合的朋友："恰同学少年，风华正茂；书生意气，挥斥方遒。指点江山，激扬文字，粪土当年万户侯。"那些有才华、有志气、有胆识、有能

---

① ［美］埃德加·斯诺：《西行漫记》，董乐山译，生活·读书·新知三联书店1979年版，第128页。

② 同上书，第129页。

力、敢斗争、敢拼搏、雄姿英发、身体矫健的少年英雄形象，不是始终在毛泽东同志的心目中萦绕吗？这批少年英雄是精神与体魄并完的。特别是他们有着抑恶扬善的明确的善恶观，有着指点江山、改造世界的伟大抱负，这在"武风不振"，青年多以"白面书生"称美的半封建半殖民地的旧中国，应当是特别珍贵的。有了这样的少年英雄，改造社会就有了希望。对还没有得到马克思主义武装的青年毛泽东来说，尽管尚未摆脱进化论和人本主义的影响，但就他所具有的美学理想来看，不是已经有了十分积极的意义吗？

二

随着十月革命的胜利和五四运动的兴起，马克思主义在中国得到了广泛的传播。青年毛泽东那激进的新思想如同青苗沐浴着春风，他很快成长为一个马克思主义者。毛泽东说："到了1920年夏天，在理论上，而且在某种程度的行动上，我已成为一个马克思主义者了，而且从此我也认为自己是一个马克思主义者了。"[①]

马克思主义者毛泽东，在哲学上，能自觉地、创造性地运用辩证唯物主义和历史唯物主义来观察世界、分析问题；在政治上，则用阶级、阶级斗争的观点来看待、分析社会。他认定，一个长期为帝国主义所蹂躏的，贫穷、落后、积重难返的旧中国，不用革命的手段是无法改变的。武装的革命反对武装的反革命，这是拯救中国的唯一有效的法宝。于是，他早期那种"善恶相竞""抵抗决胜"的思想和崇尚伟美，以宇宙为"大我"、以"天下万事为身"的审美志趣，此时便完全熔铸成武装革命斗争的新思想。革命斗争，是毛泽东得心应手的事情，也是他最大的幸福。他熟谙中国革命战争的规律，他能巧妙地把敌人玩弄于股掌之上。因此，在艰苦的革命斗争中，他能领略到一种最有价值的美——崇高。

---

① ［美］埃德加·斯诺：《西行漫记》，董乐山译，生活·读书·新知三联书店1979年版，第131页。

他写道:"革命不是请客吃饭,不是做文章,不是绘画绣花,不能那样雅致,那样从容不迫,文质彬彬,那样温良恭俭让。革命是暴动,是一个阶级推翻另一个阶级的暴烈的行动。"① 革命的暴烈行动所显示出的巨大正义力量,具有摧枯拉朽的磅礴气势,这样的一种阳刚之美,是那种乏力的文质彬彬、雅致的绘画绣花所无法比拟的。所以,他用最美好的语言颂赞革命和革命战争。在他看来,战地"黄花"分外香,战地的秋天"胜似春光";革命根据地那飘扬的红旗像图画一样美丽,子弹洞穿的墙壁装点了关山,使它格外好看。他从心底企盼着革命高潮的到来,并把这种革命高潮的快要到来深情地喻为"站在海岸遥望海中已经看得见桅杆尖头了的一只航船""立于高山之巅远看东方已见光芒四射喷薄欲出的一轮朝日""躁动于母腹中的快要成熟了的一个婴儿"。②

对革命斗争的这种渴望和期待,对革命斗争的这种美的感受,是以解放全人类为宗旨的无产阶级革命者所独具的,也是那些自私的、胆怯的、狭隘的庸夫俗子所永远不能领略的。毛泽东为什么要把武装革命斗争视为最伟大、最豪壮的行动呢?这是因为,"革命战争是一种抗毒素,它不但将排除敌人的毒焰,也将清洗自己的污浊。凡属正义的革命的战争,其力量是很大的,它能改造很多事物,或为改造事物开辟道路"③。

毛泽东长期地从事领导、组织和发动革命的工作,长期地从事指挥战争的戎马生涯,所以,在美学思想上便逐渐形成和发展了以辩证唯物论的认识论为主导的革命功利主义美学观。

早在土地革命时期,毛泽东在谈到苏区文化教育改革时,就开宗明义地指出,文化教育改革是"为着革命战争的胜利,为着苏维埃政权的巩固与发展,为着动员民众一切力量,加入于伟大的革命斗争,为着创造革命的新时代"。正是从这一基本思想出发,遂制定了苏维埃文化教育的总方

---

① 毛泽东:《湖南农民运动考察报告》,载《毛泽东选集》第1卷,人民出版社1966年版,第18页。

② 毛泽东:《星星之火,可以燎原》,载《毛泽东选集》第1卷,人民出版社1966年版,第110页。

③ 毛泽东:《论持久战》,载《毛泽东选集》第2卷,人民出版社1966年版,第447页。

针。这个总方针的中心内容，"在于以共产主义的精神来教育广大的劳苦民众，在于使文化教育为革命战争与阶级斗争服务，在于使教育与劳动联系起来，在于使广大中国民众都成为享受文明幸福的人"。①

这里虽没有明确地谈到美学问题，只是笼统地讲了文化教育，但从中可以很容易领会到毛泽东革命功利主义的出发点。

到了抗日战争时期，毛泽东则更明确地指出："世界上没有什么超功利主义，在阶级社会里，不是这一阶级的功利主义，就是那一阶级的功利主义。我们是以占全人口百分之九十以上的最广大群众的目前利益和将来利益的统一为出发点的，所以我们是以最广和最远为目标的革命的功利主义者，而不是只看到局部和目前的狭隘的功利主义者。"② 长期以来，他不仅用这种革命功利主义的美学思想影响和改变着全党和广大革命群众的审美志趣，而且有效地运用、体现着这一美学思想的、一个完整的文艺理论体系，规范和指导着革命文艺工作者和全国工农大众。

首先，毛泽东同志指出："马克思主义的哲学认为十分重要的问题，不在于懂得了客观世界的规律性，因而能够解释世界，而在于拿了这种对于客观规律性的认识去能动地改造世界。"③ 他反对那种见物不见人的哲学，强调人的自觉的能动性。他认为："思想等等是主观的东西，做或行动是主观见之于客观的东西，都是人类特殊的能动性。这种能动性，我们名之曰'自觉的能动性'，是人之所以区别于物的特点。"④ 在这种马克思主义的、能动的革命反映论基础上，他进而提出了"一定的文化（当作观念形态的文化）是一定社会的政治和经济的反映，又给予伟大影响和作用于一定社会的政治和经济"这一基本观点⑤。从这一基本观点出发，他认定发展革命文艺的目的，在"求得革命文艺对其他革命工作的更好的协

---

① 毛泽东：《毛泽东同志论教育工作》，人民出版社1958年版，第12、15页。

② 毛泽东：《在延安文艺座谈会上的讲话》，载《毛泽东选集》第3卷，人民出版社1966年版，第866页。

③ 毛泽东：《实践论》，载《毛泽东选集》第1卷，人民出版社1966年版，第280—281页。

④ 毛泽东：《论持久战》，载《毛泽东选集》第2卷，人民出版社1966年版，第467页。

⑤ 毛泽东：《新民主主义论》，载《毛泽东选集》第2卷，人民出版社1966年版，第656—657页。

助，借以打倒我们民族的敌人，完成民族解放的任务。"① 毛泽东像列宁一样，把文学事业看成"无产阶级总的事业的一部分"，看成"一个统一的、伟大的、由整个工人阶级全体觉悟的先锋队所开动的社会民主主义的机器的'齿轮和螺丝钉'"②，因而，他坚决否定了唯美主义的艺术，超阶级的艺术；主张文艺应该"服从党在一定革命时期内所规定的革命任务。"③ 他充分估计文艺对于革命的作用，把它看成"团结人民、教育人民、打击敌人、消灭敌人的有力的武器"。④

毛泽东从战略家的眼光出发，常常喜欢把整个社会比喻为大的舞台，他认为，"军事家活动的舞台建筑在客观物质条件上面，然而军事家凭着这个舞台，却可以导演出许多有声有色威武雄壮的活剧来"⑤。他强调在一定物质条件下发挥人的主观能动作用的重要性，因此特别注重对人的教育和改造；而文艺则有着使人民群众惊醒、感奋和帮助群众推动历史前进的巨大作用。这种重视文学艺术的革命功能的功利主义美学思想，影响到毛泽东的一系列美学理论和文艺观点。

正是在革命功利主义美学思想指导下，毛泽东明确地提出了衡量文学艺术作品的两个标准：政治标准和艺术标准；并指出这两者之间的关系是政治标准第一，艺术标准第二。政治标准的内容是，"一切利于抗日和团结的，鼓励群众同心同德的，反对倒退、促成进步的东西，便都是好的；而一切不利于抗日和团结的，鼓动群众离心离德的，反对进步、拉着人们倒退的东西，便都是坏的"。而在好与坏的问题上，他更进一步提出了辩证唯物主义的动机和效果统一的观点，强调"为大众的动机和被大众欢迎的效果，是分不开的，必须使二者统一起来"。艺术标准的内容则是，"一

---

① 毛泽东：《在延安文艺座谈会上的讲话》，载《毛泽东选集》第3卷，人民出版社1966年版，第849页。

② 中共中央马克思恩格斯列宁斯大林著作编译局编：《列宁选集》第1卷，人民出版社1995年版，第647页。

③ 毛泽东：《在延安文艺座谈会上的讲话》，载《毛泽东选集》第3卷，人民出版社1966年版，第867页。

④ 同上书，第850页。

⑤ 毛泽东：《中国革命战争的战略问题》，载《毛泽东选集》第1卷，人民出版社1966年版，第175页。

切艺术性较高的，是好的，或较好的；艺术性较低的，则是坏的，或较坏的"。①

在阶级斗争十分激烈的情势下，这两个标准的规定及对两者关系的说明，无疑有着非常重要的现实意义。为防止人们对它作片面的简单化理解，毛泽东又特别声明："我们的要求则是政治和艺术的统一，内容和形式的统一，革命的政治内容和尽可能完美的艺术形式的统一。缺乏艺术性的艺术品，无论政治上怎样进步，也是没有力量的。"显然，毛泽东充分考虑到了艺术的特点和规律，在强调艺术品的政治标准的同时，也在尽量避免伤害艺术本身固有的规律性。

艺术，这个一向被认为飘忽无常、具有任意性的门类，有多少美学家为了捕捉它的规律，为了研究它的功用和探讨它的评判标准，而花去毕生的精力，然而，这些问题却长期没有解决好。早期的马克思主义者普列汉诺夫，从唯物史观阐述过艺术的起源，他认为，"劳动先于艺术"，"人最初是从功利观点来观察事物和现象，只是后来才站到审美的观点上来看待它们"②。鲁迅先生则在普列汉诺夫理论的基础上有所发挥，他说："在一切人类所以为美的东西，就是于他有用——于为了生存而和自然以及别的社会人生的斗争上有着意义的东西。功用由理性而被认识，但美则凭直感底能力而被认识。享乐着美的时候，虽然几乎并不想到功用，但可由科学底分析而被发见。所以美底享乐的特殊性，即在那直接性，然而美底愉乐的根柢里，倘不伏着功用，那事物也就不见得美了。并非人为美而存在，乃是美为人而存在的。"③ 这些精辟的见解已经道破了艺术美的实质。毛泽东则在理论上，从革命功利主义的美学观出发，阐明了艺术美后面伏着的功用。而且为了无产阶级革命的利益，为了革命战争的胜利，他直接把政治功用作为衡量文学艺术的第一标准，但同时，他也强调了功用和审美的

---

① 毛泽东：《在延安文艺座谈会上的讲话》，载《毛泽东选集》第 3 卷，人民出版社 1966 年版，第 870 页。

② ［俄］普列汉诺夫：《没有地址的信　艺术与社会生活》，曹葆华、丰陈宝译，人民文学出版社 1962 年版，第 106 页。

③ 鲁迅：《〈艺术论〉译本序》，载《鲁迅全集》第 4 卷，人民文学出版社 1957 年版，第 207—208 页。

统一、内容和形式的统一。这一切，都是对马克思主义美学理论的丰富和发展。然而，作为无产阶级革命领袖的毛泽东，更注重的却一直是作品的政治内容。他认为："内容愈反动的作品而又愈带艺术性，就愈能毒害人民，就愈应该排斥。"① 他不流连形式的美，也不玩味作品的艺术性，一上来就明确地宣布，检查作品首要的是检查它对人民的态度，在文艺批评中充分表现出了政治家的风度。

这样的艺术批评原则，这样的美学标准，对于推进革命战争，对于团结和鼓舞广大民众，对于瓦解和打击敌人，产生了不可估量的巨大作用。

正是在革命功利主义美学思想指导下，毛泽东提出了文艺为什么人服务的问题，并要求全国革命的文艺工作者"必须解决它，必须明确地彻底地解决它"。

毛泽东深切地知道，推动革命战争向前进的主力是占全人口百分之九十以上的工人、农民和人民军队，是他们正在和敌人做残酷的流血斗争。而他们由于长时期受封建阶级和资产阶级的统治，不识字，没文化，所以他们迫切要求一个普遍的启蒙运动，迫切要求得到他们所急需的艺术作品去提高他们的斗争热情和胜利信心，同时也提高他们的艺术欣赏能力。因此，毛泽东主张要"雪中送炭"，不要"锦上添花"；要"下里巴人"，不要"阳春白雪"，首先要普及，然后才是提高，实行在普及基础上的提高，在提高指导下的普及；号召文学专家、戏剧专家、音乐专家、美术专家都要和普及工作者密切联系，互相学习，互相帮助，以使各种艺术为群众所喜闻乐见。

这一关于普及和提高的指导方针，是牢牢地建立在马克思主义美学理论基础之上的。马克思主义的创始人早就明确阐述过美的对象和有审美力的主体之间的辩证关系，指出两者都是历史的产物，都是从人类的物质与精神生产活动过程中成长起来的；美的对象催生了有审美力的主体，有审美力的主体又催生美的对象。"艺术对象创造出懂得艺术和能够欣赏美的

---

① 毛泽东：《在延安文艺座谈会上的讲话》；载《毛泽东选集》第 3 卷，人民出版社 1966 年版，第 871 页。

大众——任何其他产品也都是这样。因此。生产不仅为主体生长对象,而且也为对象生产主体。"目前仅能欣赏"下里巴人"的人,随着审美力的提高,将来不仅能欣赏"阳春白雪",而且还能创造出"阳春白雪"来,这便是必然的逻辑。毛泽东所论的普及和提高的关系,正是对上述马克思主义美学理论的创造性运用。历史证明,毛泽东关于普及和提高的理论,是完全符合人民群众艺术审美的实际的。对于我们这样一个文盲充斥的、落后的农业国来说,这一理论不论在当时还是在以后的若干年内,都必然有着深远的重大意义。

也正是在革命功利主义美学思想指导下,毛泽东提出了对待古代文化遗产的批判继承原则,主张"剔除其封建性的糟粕,吸收其民主性的精华"①,强调"继承一切优秀的文学艺术遗产"。之所以这样做,是为了革新和创造,为了更好地发展无产阶级文艺。对待外国的东西,毛泽东坚决反对"全盘西化",而主张"凡属我们今天用得着的东西,都应该吸收"。②吸收的目的是发展民族的新文化、新艺术。他认为,古人和外国人的文学艺术作品,虽不是源,却是流,它们对于无产阶级文学艺术的发展提供了十分重要的借鉴资料。"有这个借鉴和没有这个借鉴是不同的,这里有文野之分,粗细之分,高低之分,快慢之分。"③只有积极地继承和借鉴古人和外国人,才可以更有效地提高艺术品的美学价值,也才能尽快地创造出高水平的艺术品。

马克思主义的这一批判继承的观点,毛泽东后来把它概括为"古为今用""洋为中用""推陈出新"。这无论是对于发展我国无产阶级的文学事业,还是对于培养我国人民健康的审美情趣,都有着光辉的指导意义。

其次,毛泽东在他的哲学著作《实践论》中,强调指出了人的认识来源于实践而又服务于实践。根据这一马克思主义的认识论原理,他完满地解决了艺术对现实的关系这一美学史上长期争论不休的问题。

---

① 毛泽东:《新民主主义论》,载《毛泽东选集》第 2 卷,人民出版社 1966 年版,第 701 页。
② 同上书,第 700 页。
③ 毛泽东:《在延安文艺座谈会上的讲话》,载《毛泽东选集》第 3 卷,人民出版社 1966 年版,第 862 页。

他指出，认识来源于实践，"作为观念形态的文艺作品，都是一定的社会生活在人类头脑中的反映的产物""人民生活中本来存在着文学艺术原料的矿藏，这是自然形态的东西，是粗糙的东西，但也是最生动、最丰富、最基本的东西；在这点上说，它们使一切文学艺术相形见绌，它们是一切文学艺术的取之不尽、用之不竭的唯一的源泉"。[①] 毛泽东深刻地揭示了文艺的本质，阐明了文艺的源泉，把文学艺术与社会生活的关系牢固地建立在唯物主义的基础之上，从而驱散了唯心主义者在艺术来源问题上布下的迷雾。在此基础上，毛泽东又分析道："人类的社会生活虽是文学艺术的唯一源泉，虽是较之后者有不可比拟的生动丰富的内容，但是文艺作品中反映出来的生活却可以而且应该比普通的实际生活更高，更强烈，更有集中性；更典型，更理想，因此就更带普遍性。"在这里，毛泽东以辩证唯物主义和历史唯物主义的观点明确指出，人类社会生活的美和文学艺术的美，两者都是美，艺术美来源于生活美；生活美在内容的丰富和生动方面是艺术美所无法比拟的。但艺术美却也绝不是生活美的简单摹写和复制，而是经过了作家、艺术家的选择、提炼、集中、概括等一系列典型化的手法；特别是已经融注了作家、艺术家的理想，所以，较之生活美则更高，更强烈，更有集中性，更典型，更理想，更带普遍性。毛泽东的这一著名论断，科学地概括了文艺创作反映现实生活的特点和规律，明确地提出了文学艺术的典型化原则，深刻地阐述了生活美和艺术美的辩证关系，既反对了形形色色的唯心主义美学家从上帝出发、从心灵出发的神秘主义观点，又反对了旧唯物主义者忽视艺术家的主观能动性、创造性，否认艺术对现实的反作用的形而上学观点。这是对马克思主义美学理论的丰富和发展。

在美学史上，以黑格尔为代表的客观唯心主义美学，基于"美是理念的感性显现"这一认识，强调感性形式从属于理性内容，因而特别看重艺术美，认为只有艺术美才经过了艺术家心灵的创造，才是真正的理性内容

[①] 毛泽东：《在延安文艺座谈会上的讲话》，载《毛泽东选集》第 3 卷，人民出版社 1966 年版，第 862 页。

的显现；而对自然美、生活美则不予承认。以俄国革命民主主义者车尔尼雪夫斯基为代表的旧唯物主义美学，认为"美是生活"，现实中美的事物自身就是美的，艺术只不过是对现实的模仿，因而无论如何也比不上生活美。车尔尼雪夫斯基的美学观受费尔巴哈机械唯物论影响较深，没有充分注意到人的主观能动性和创造活动。毛泽东纠正了黑格尔和车尔尼雪夫斯基所代表的两种美学观点的偏颇，对生活美和艺术美的相互关系这一经久争论的问题作出了马克思主义的回答。

　　然而，并不是任何一个作家、艺术家都能感受到生活中的美，也不是任何一个作家、艺术家都能创造出高于生活的艺术美来。毛泽东认为，作家、艺术家的世界观和生活积累决定了他们如何看待生活和如何反映生活。因此，他特别强调作家们的思想改造，而且给他们指出一条同群众结合并亲身参加群众革命斗争的可行之路。他指出："中国的革命的文学家艺术家，有出息的文学家艺术家，必须到群众中去，到唯一的最广大最丰富的源泉中去，观察、体验、研究、分析一切人、一切阶级、一切群众、一切生动的生活形式和斗争形式、一切文学和艺术的原始材料，然后才有可能进入创作过程。"[①] 毛泽东从马克思主义的认识路线出发，为作家和艺术家指出了一条唯一正确的创作道路。只有长期地到人民群众中去，才能熟悉他们、了解他们，与他们息息相通、心心相印；才能学会他们的语言，懂得他们的感情，从而发现他们生活中的真、善、美，成为他们忠实的代言人。只有这样，才能创造出为他们所喜闻乐见而又反映生活本质和主流的优秀作品来。

　　再次，毛泽东运用阶级分析的方法，对资产阶级美学领域内长期流行的一些理论和观点进行了批判。目的在使无产阶级的文学艺术不致为资产阶级美学理论所浸染和腐蚀，从而失去其应有的锋芒。

　　关于"人性论"，毛泽东认为人性是有的，"但是只有具体的人性，没有抽象的人性。在阶级社会里就是只有带着阶级性的人性，而没有什么超

---

　　① 毛泽东：《在延安文艺座谈会上的讲话》，载《毛泽东选集》第 3 卷，人民出版社 1966 年版，第 862 页。

阶级的人性"。他把人性和阶级性密切关联起来，目的在于揭露地主、资产阶级的虚伪和欺骗。

关于"人类之爱"，毛泽东指出，"爱是观念的东西，是客观实践的产物。我们根本上不是从观念出发，而是从客观实践出发"；"世上决没有无缘无故的爱，也没有无缘无故的恨。至于所谓'人类之爱'，自从人类分化成为阶级以后，就没有过这种统一的爱"。

关于"歌颂"和"暴露"的问题，毛泽东认为，"一切危害人民群众的黑暗势力必须暴露之，一切人民群众的革命斗争必须歌颂之，这就是革命文艺家的基本任务"。

这些极富感情色彩的批判和措辞严厉的论断，无疑都是为了激励无产阶级和人民大众的革命精神、消灭资产阶级的嚣张气焰，推动阶级、阶级斗争向更深处发展，以便摧毁廓清，建立一个崭新的、人民当家做主的社会。在大规模的急风暴雨式的阶级斗争面前，如果听任上述资产阶级美学思想泛滥，那就只能软化无产阶级的意志，泯灭战斗精神；只能有利于地主、资产阶级而不利于无产阶级和人民大众。因此，毛泽东进一步要求作家和艺术家学习马克思主义，用辩证唯物论和历史唯物论的观点去观察社会，观察文学艺术，树立无产阶级的革命人生观、审美观。但他反对在文学艺术作品中写哲学讲义，他认为"马克思主义只能包括而不能代替文艺创作中的现实主义"[①]。

毛泽东的这些建立在辩证唯物论的认识论基础上的卓越美学理论，构成了一个完整的中国化的马克思列宁主义美学体系。毛泽东娴熟地运用了优美、生动和规范化的民族语言，把这些高深的美学理论讲得深入浅出、娓娓动听。这些美学新思想如同清泉一样，流贯所有的解放区，注入所有革命的文学家、艺术家的心田。于是，一大批富有生机的、崭新的、内容与形式完美结合的普及性文学艺术作品奇迹般地出现了。《小二黑结婚》《李有才板话》《暴风骤雨》《王贵与李香香》《漳河水》《白毛女》《兄妹开

_____

① 毛泽东：《在延安文艺座谈会上的讲话》，载《毛泽东选集》第3卷，人民出版社1966年版，第875页。

荒》以及群众性的"斗争秧歌"等。这些作品对于推动抗日战争、土地改革和解放战争所起的作用,无论怎样评价也不会过分。不仅如此,这些新的美学理论如同春风一样,很快吹进了敌占区,极大地鼓舞了那里所有正直的文学家、艺术家,对那里的民主运动和进步艺术作品的创作,起了积极的影响和推动作用。

应该指出,毛泽东的这些美学理论诞生在烽火连天的战争年代,诞生在中华民族血火飘摇的危急时刻,诞生在冬季严寒、夏季酷热的窑洞里,诞生在昏暗的油灯旁。因此,强烈的革命功利主义美学思想便决定了这些理论的革命功利性质。革命功利主义的总的规范,就是要求文学艺术民族化、科学化、大众化,用毛泽东的话说,即创造"民族的科学的大众的文化"①。这种文化是战斗的、批判的,是抗战的一翼,是文、武两条战线中的一条。这在当时的中国是完全合乎实际的,与革命和战争是完全协调一致的。列宁指出:"在分析任何一个社会问题时,马克思主义理论的绝对要求,就是要把问题提到一定的历史范围之内。"② 只要将毛泽东的这些美学理论同诞生这些理论时的特殊背景相联系,我们就会深切地感到这些理论的高明和卓越。

毫无疑问,在马克思主义美学领域内,毛泽东的理论是富有创造性的,它丰富和发展了马克思主义美学理论,是不朽的。只是囿于当时战争的环境,一切服从战争成为当务之急,所以在对文学艺术的总的要求方面,它更多地注重和强调政治内容,而相应地对艺术方面的要求却略显不够。在把艺术作品分为政治内容和艺术形式两方面来评论时,较多强调的是政治内容方面。因而,在某种程度上,对作品的艺术美重视不够不能不算是毛泽东美学理论的一个偏颇。

---

① 毛泽东:《新民主主义论》,载《毛泽东选集》第 2 卷,人民出版社 1966 年版,第 696 页。
② 中共中央马克思恩格斯列宁斯大林著作编译局编:《列宁选集》第 2 卷,人民出版社 1995 年版,第 512 页。

三

中国共产党卓有成效地领导着全国人民跨过了战争的漫长而艰难的路程，毛泽东所设想的一个新民主主义的政治、新民主主义的经济和新民主主义的文化相结合的新民主主义共和国出现了，和平时期到来了。在把新中国推进到繁荣昌盛的社会主义社会的漫长征途上，毛泽东的革命功利主义美学思想又有了新的发展。

早在 1937 年，毛泽东在《矛盾论》中就指出："我们承认总的历史发展中是物质的东西决定精神的东西，是社会的存在决定社会的意识；但是同时又承认而且必须承认精神的东西的反作用，社会意识对于社会存在的反作用，上层建筑对于经济基础的反作用。"[①] 他以辩证唯物主义的观点深刻地阐述了社会存在与社会意识、物质与精神、经济基础与上层建筑之间辩证的相互作用的关系。新中国成立以后，在这一哲学思想基础上，他更强调了上层建筑对经济基础的适应，强调了精神对物质的反作用。他尤其重视人的思想改造，重视先进思想的宣传。他认为，"人们的社会存在，决定人们的思想，而代表先进阶级的正确思想，一旦被群众掌握，就会变成改造社会、改造世界的物质力量"。[②]

文学艺术具有改变人的思想的巨大潜能，它有着一般政治宣传所无法相比的潜移默化的功效。正因如此，毛泽东才把文学艺术的改革工作放在了特别重要的地位上。他对文学艺术传统的内容和形式感到不满，认为这些旧的文艺以及人们具有的旧的审美习惯会腐蚀、瓦解社会主义的经济基础，因此，他用了许多精力来注意这一方面的问题。

他先是对电影《武训传》进行了严厉的批判，认为武训处在清朝末年中国人民反帝反封建的斗争时代，却根本不去触动封建经济基础及其上层建筑的一根毫毛，反而去宣传封建文化并极尽奴颜婢膝之能事，这是丑恶

---

① 毛泽东：《矛盾论》，载《毛泽东选集》第 1 卷，人民出版社 1966 版，第 314 页。

② 毛泽东：《人的正确思想是从哪里来的？》，载《毛泽东著作选读》（甲种本），人民出版社1965 年版，第 524 页。

的，这是为革命功利主义的美学思想所不容的。他认为，如果容忍《武训传》这样的作品，就是保护旧事物使其免于死亡。为此，他表示了愤怒。

继而在《红楼梦》研究问题上，他主张用历史唯物主义的观点去分析，去评论，反对过多地从美学的角度去玩味它；他力倡把《红楼梦》当作一部政治历史小说去读。另外，他还公开地对旧戏表示了厌恶的感情。

所有这些，都是他革命功利主义美学思想促成的结果。但是，由于没有严格地区分文艺与政治、学术问题与思想问题，以致在某种程度上曾一度给作家、艺术家造成了一定的政治压力，从而影响了他们真情实感的抒发。

然而，毛泽东毕竟是运用唯物辩证法的大师，他在 20 世纪 50 年代提出了"百花齐放、百家争鸣"[①] 的方针。他意识到，"利用行政力量，强制推行一种风格，一种学派，禁止另一种风格，另一种学派"，会有损于艺术和科学的发展；因此主张"艺术上不同的形式和风格可以自由发展，科学上不同的学派可以自由争论"。这一发展和繁荣社会主义文学艺术的方针，不管从理论上还是从实践上看，都是十分正确的。它是建立在坚实的辩证唯物主义的基础之上的，是对马克思主义美学理论的新发展。

特别是毛泽东还从对立统一规律这一根本原理出发，指出了美的发展规律，也指出了真理发展的规律。他说："正确的东西总是在同错误的东西做斗争的过程中发展起来的。当着某一种错误的东西被人类普遍地抛弃，某一种真理被人类普遍地接受的时候，更加新的真理又在同新的错误意见做斗争。这种斗争永远不会完结。"[②] 毛泽东从哲学的高度指出了美的相对性，在美学范畴中第一次清楚地把真、善、美和假、恶、丑的对立统一关系做了马克思主义的阐述。这对于文艺作品的创造，对于人们的审美实践，都有着普遍的指导意义。比如，正面人物形象和反面人物形象的塑造，主要角色和次要角色的安排，光明面与阴暗面的描写，美与丑的相互衬托……这一切方面在艺术创作和审美活动中占据着怎样的地位，都可以

---

① 毛泽东：《关于正确处理人民内部矛盾的问题》，载《毛泽东著作选读》（甲种本），人民出版社 1965 年版，第481页。

② 同上书，第483页。

在毛泽东的这一论断中找到理论上的解答。

毛泽东习惯于把真善美的统一叫作香花，把假丑恶的撮合叫作毒草；他认为香花和毒草的辨别，不论对于人的思想改造还是对于国家政权的巩固，都是十分重要的。他时时刻刻都把艺术审美与政治关联在一起。出于革命功利主义的美学思想，他还特地为辨别香花和毒草规定了六条政治标准，把坚持社会主义道路、加强党的领导、加强团结、巩固民主专政和民主集中制等内容写入标准之中。这些标准在社会主义的文艺发展中，在社会道德和审美情趣的培养中，起了长时期的作用，产生了深远的影响。

就对立统一规律的实质来说，世间一切事物应该都是相比较而存在、相斗争而发展的。没有假恶丑也就没有真善美；所谓"百花齐放"，也不应该理解为只有"香花"才放。但是在实际推行的文艺政策中却规定得太死板；而且由于过分强调政治标准，就自觉或不自觉地把一大批为中国人民所喜闻乐见的传统艺术和文学作品推入了禁区。在某些作家、艺术家的心目中，形成了讲求政治保险而追求艺术危险的错觉，从而轻视了对艺术美的追求，放松了对个人风格的培养。并且在相当的一段时期，有这样一种倾向，即批判中忘了继承，普及时不注意提高，政治标准取代了艺术标准，使得文艺作品和人们的生活审美在某种程度上趋向于程式化、简单化。这种倾向的一度出现，并不是因为毛泽东的美学理论不正确，而是因为实践背离了理论，感情替代了政策所造成的。

就人们的审美要求来看，由于从动荡的战争年代进入了和平建设时期，人们生活的某些方面已慢慢发生变化，艺术品的质量需要提高，审美也需要不断地丰富和更新。这样，单是《白毛女》，单是《兄妹开荒》，已不能满足广大人民的审美要求。人们要求作家在现实生活中开掘，要求艺术家用多样化的艺术手法进行创造，深入地反映他们的新生活、新思想、新矛盾、新问题，从而创造出大批高水平的作品来。在这方面，毛泽东似乎没有给予应有的注意。尽管这样，他在主要问题上却始终是正确的。他清楚地理解一些传统的文学作品和剧目的作用，通过这些艺术作品所引起的软绵绵的思古幽情和无济于事的感伤，是不利于革命的。因此，他决心大刀阔斧地进行文艺上的改革。

20世纪50年代末，他提出了革命的现实主义和革命的浪漫主义相结合的创作方法，且号召作家、艺术家都尝试运用这一方法进行创作。从哲学层面来说，"两结合"的方法是对立统一规律在文艺创作中的大胆运用，无疑是正确的。创作既立足于现实，又不拘泥于现实；既源于生活，又高于生活；既有实事求是的精神，又有远大的革命理想；既看到眼前，又想着未来。如果能对这一新的创作方法全面理解和正确运用，是会产生出高水平的作品来的。实践证明，的确产生了一大批像《红岩》《青春之歌》《林海雪原》等比较优秀的文学作品，这些作品既表现了历史现实，又写出了革命的远景；既描绘了斗争的艰苦，又歌颂了革命英雄主义精神，因此，给人们的鼓舞是很大的。同时，"两结合"的创作方法还广泛地影响到美学的各个领域，如建筑、雕塑、美术、城市建设、园林规划等方面，其所受到的影响是很显明的。

但是也应当看到，毛泽东的美学理论在指导艺术实践的过程中并非没有曲折。比如，某些文艺领导机关，在强调写革命理想、强调表现革命英雄主义的同时，却根本忘记了现实主义，忘记了生活是文学艺术的唯一源泉，而是用理想去替代对现实的反映。后来竟出现了领导出题目、群众出生活、作家出技巧这样一种直接违背艺术规律的做法；这种做法不但没有被及时制止，反而在某种程度上受到鼓励；某些违背生活真实的戏剧、电影、诗歌，被当作"两结合"创作的样板来宣传。这对文学艺术的健康发展是有伤害的。

然而，毛泽东毕竟是伟大的马克思主义者，他始终牢牢地抓住唯物辩证法这个强大的思想武器，密切注视着实践中出现的偏差。虽然革命功利主义的美学思想使他有时过分地强调文学艺术服从和配合政治，但是他对创造美的规律和文艺本身的发展规律，却并非没有看到。他在很多谈话和书信中，涉及美学的一些基本问题，并在这些基本问题上表达了他卓越的见解。

1956年8月，在同音乐工作者谈话中指出："艺术的基本原理有其共同性，但表现形式要多样化，要有民族形式和民族风格。"① 他认为中国和外国的艺术之间，有共性，也有个性，有相同的方面，也有不同的方面；外国的合理原则，我们可以采取，但不能"全盘西化"，要有民族特色，要有自己的特殊风格，独树一帜。他要求西洋的一般音乐原理和中国的实际相结合，这样可以产生很丰富的表现形式。

毛泽东认为，在音乐美的创造上，中外有共同性的原理，只是表现形式不同。这已经清楚地指出了人类在艺术探索上的共同性。这种共同性就是各国、各民族互相借鉴和交流的基础。但毛泽东突出强调的还是民族形式问题。他认为，"艺术有形式问题，有民族形式问题。艺术离不了人民的习惯、感情以至语言，离不了民族的历史发展。艺术的民族保守性比较强一些，甚至可以保持几千年。古代的艺术，后人还是喜欢它"。这已经揭示了艺术审美的民族继承性问题。对艺术审美来说，这虽属社会意识形态问题，但并不必然地随着经济基础的变革而变革，而是有其相对独立的发展线索，其民族保守性甚至可以保持几千年。在这里，毛泽东已经回答了马克思所提出的古代艺术为什么至今仍然有其艺术魅力的问题。

在这次谈话中，毛泽东已经意识到，革命胜利以后，人们的审美趣味会发生大的改变，他说："妇女的服装和男的一样，是不能持久的。在革命胜利以后的一个时期内，妇女不打扮，是标志一种风气的转变，表示革命，这是好的，但不能持久。"所以，他特别提出要反对"雷同"，提倡"标新立异"，提倡"多样化"。这些宝贵的意见，对于确立和健全我们民族新的审美志趣，对于促进和繁荣我国的艺术事业，均有着极其重要的指导意义；同时，对于美学基本原理的研究，也有着重大的启迪作用。

1961 年 1 月，毛泽东在接见著名诗人何其芳时，又谈到了一个很重要的美学理论问题。他说："各个阶级有各个阶级的美，各个阶级也有共同的美。'口之于味，有同嗜焉'。"② 这一谈话为我们后来打破美学研究上的禁区和深入探讨美学基本原理打下了基础。毫无疑问，他的这次谈话是他

---

① 毛泽东：《同音乐工作者的谈话》，载《毛泽东文集》第 7 卷，人民出版社 1999 年版，第 76 页。
② 何其芳：《毛泽东之歌》，《人民文学》1977 年第 9 期。

多年的思维成果，不是随便讲的。在某种程度上可以看作对延安时期某些观点的补充。这一基本理论问题的突破，给美学研究带来的利益已经为广大美学研究者深切感受到了。

1965 年 7 月，毛泽东在《给陈毅同志谈诗的一封信》里，除了指出新诗和一般文艺今后发展的大方向外，最重要的是肯定了形象思维在文艺创作中的重要作用。他说："诗要用形象思维，不能如散文那样直说，所以比、兴两法是不能不用的。"紧接着，他又指出了不用形象思维的弊病，"宋人多数不懂诗是要用形象思维的，一反唐人规律，所以味同嚼蜡"。联系到新诗，他又说，"要作今诗，则要用形象思维方法，反映阶级斗争与生产斗争，古典绝不能要"。[①] 在这封信里，毛泽东解决了美学理论中一个在国内久经争论的问题，并为后来批判"四人帮"所鼓吹的"从路线出发""主题先行"和"三突出"之类谬论及其在文艺界造成的歪风邪气，为马克思主义文艺理论的发展和我国文艺创造的繁荣奠定了基础。

在其逝世的前一年，毛泽东还仍然深切地关注着党内文艺政策的调整。在《关于电影〈创业〉的批示》中，表示了他对"四人帮"假借他的名义而推行的一套"左"的文艺政策的不满，指出对文艺作品"不要求全责备"，并责怪"四人帮""太过分了"。这说明直到晚年，毛泽东的美学思想并没有离开唯物辩证法的轨道；尽管在某些地方出过偏差，甚至犯了错误，但他在不断地纠正着自己，并且不断地探索着新的前进方向。

毛泽东是思想和行动的巨人。他不仅有着运筹帷幄而决胜千里的缜密思考和准确判断的战略指挥才能，而且有历经烽火、"万水千山只等闲"的坚毅力量和强健体魄；不仅有着博大精深的逻辑思维和理性论辩的头脑，而且有着很强的形象思维能力。他在马背上哼成的那些情深意浓的小令，在国事繁忙的间隙挥笔赋就的诗章，为无产阶级的诗坛增添了新的瑰宝，闪烁着灿烂的艺术美的光彩。革命功利主义的美学思想，使他严格地遵循着"诗言志"的法则，往往用很少的美丽雄壮的诗句，就能创造出一种宏伟壮阔的诗的意境，从而抒发出自己战斗的豪情。他继承了中国古典

---

① 毛泽东：《毛泽东给陈毅同志谈诗的一封信》，《诗刊》1978 年 1 月号。

诗歌的优秀传统又有所创发，用旧体诗词的形式而又不落窠臼，艺术地表达了他的审美理想。毛泽东光辉的诗作正可以和他的美学理论互相映照。在这一方面，本文不拟作更详细的论列。

　　总之，毛泽东是一位伟大的开拓者。他一生都在按照他的美学理想改造中国、改造社会，功效是卓著的。他为我们留下了宝贵的遗产。他的学说和思想将永远激励我们前进。

一九八三年八月

毛泽东的诗歌理论与创作特色

毛泽东不仅是中国人民革命的伟大领袖，而且是伟大的诗人。在马克思主义经典作家的行列中，像毛泽东这样从早岁到晚年一直没有间断诗歌创作的实践的确属罕见。他是在中国这样一个被称为"诗歌王国"的大环境中成长起来的，受到了灿烂的古典文化的长期哺育。因此，他继承了中国古典诗歌的优秀传统并有所创新，用旧体诗词的形式而又不落窠臼；以他雄视千古的伟大胸襟和天风海涛的气势，创造出了前无古人的意境。不仅如此，在诗歌理论方面，他也有开拓性的贡献。他的诗歌理论和诗歌创作实践，对无产阶级社会主义文艺创作的繁荣和发展，已经并将继续产生巨大的鼓舞、推动作用。

一 毛泽东的诗歌理论

毛泽东之所以能够成为一代杰出的诗人和语言大师，写出大量文字优美、词汇丰富、气势磅礴的诗词和文章，是因为他从青少年时代起，便潜心阅读大量中国史书、古典小说、诗词曲赋等各种形式的文学作品，获得了丰富的文化营养，有着深厚的国学根基。他的诗歌理论便是从这个根基上生发出来的。

第一，在作家与作品的关系方面，他推崇"诗言志"说，并十分注重诗文的"气""势"。早在青年时期，毛泽东在广收博采地选择和消化文学遗产的过程中，就明显地体现出张扬主体情志、推崇气势的倾向。《讲堂录》摘记了不少有关古代文学现象和文学思想的语录，从中不难看出，青年毛泽东继承了传统的"言志""缘情"的诗文观，认为作家主观的性情、才识和精神状态，是写出好作品的先决条件："有情而后著之于诗始美且雅"①；也是真正领悟诗文精奥所在的先决条件："性情识见俱到，可与言诗也"②。他赞同泡尔生《伦理学原理》所谈的"诗人之行吟，美术家之奏技，自实现其精神界之秘妙而已"。并在批注中进一步发挥说："所谓为他人而著书，诚皮相之词。吾人之种种活动，如著述之事，乃借此以表彰自我之能力也。著书之时，前不见古人，后不见来者，振笔疾书，知有著书，而不知有他事，知有自我，而不知有他人。必如此，而后其书大真诚，而非虚伪。"③ 从诗文创作的角度看，青年毛泽东强调的是"大真诚"的品格和志向，表现个人精神界之秘妙。这与"诗言是其志也"的意思是相同的。到 20 世纪五六十年代，毛泽东曾几次题写"诗言志"三字，说明他从青年到老年一直是赞同、欣赏这一观点的。

"诗言志"，出自《尚书·虞书·舜典》中的"诗言志，歌永言，声依永，律和声"一段话。近人朱自清认为这是中国诗论"开山的纲领"④。毛泽东也认为"诗言志"抓住了诗歌写作的关键，只是他理解的"志"与古人所说的"志"的内涵完全不同。志，无非是诗作者的思想感情，作为无产阶级革命家的毛泽东，他的思想感情当然是封建地主阶级的诗人所无法比拟的。即使朋友、同学之间的私下赠答，也洋溢着无产阶级革命家乐观的勃勃情志：

> 春江浩荡暂徘徊，
> 又踏层峰望眼开。
> 风起绿洲吹浪去，

---

① 中共中央文献研究室、中共湖南省委《毛泽东早期文稿》编辑组：《毛泽东早期文稿》，湖南人民出版社 1990 年版，第 582 页。
② 同上。
③ 同上书，第 247 页。
④ 朱自清：《〈诗言志辨〉序》，转引自《中国文学理论批评史》，人民文学出版社 1981 年版，第 11 页。

雨从青野上山来。
尊前谈笑人依旧，
域外鸡虫事可哀。
莫叹韶华容易逝，
卅年仍到赫曦台。①

在人生的道路上没有蹙额皱眉，没有韶华易逝的哀叹，即使在最困难的时候，也怀有必胜的信心。这就是无产阶级的情志。这就正如列宁所说的："绝望是那些不了解祸害的来源、看不见出路和没有能力进行斗争的人所特有的。现代产业无产阶级并不是这样的阶级。"② 正是无产阶级这种品格，决定了无产阶级特有的思想感情、抱负志向。"诗言志"这一"开山的纲领"之所以得到毛泽东的首肯，道理就在于此。

关于"气""势"，也是我国古代吟诗著文、笔书作画经常讲到的。自曹丕首倡"文气"之说，刘勰深研"文势"之论，历代诗文家、批评家对"气"和"势"多有论述。一般来说，"气"泛指诗文家的情态、才质、性格和精神状态；而"势"，大体指作品的节奏、结构、义法，以及由此形成的对读者的感染力度。两者结合起来便是"气势"，是一种创作风格的表现③。青年毛泽东在《讲堂录》中摘记了绝句为"律诗之半"的观点后，在谈到如何截留律诗各联而又不留缝隙痕迹、获得浑然天成的艺术效果时说："惟是识见必高，气脉必贯，乃能无缝焉。"强调的是主体的"气"。《讲堂录》中还讲到"文章须蓄势"，诗文应如大河奔流："河出龙门，一泻至潼关。东屈，又一泻至铜瓦。再东北屈，一泻斯入海。当其出伏而转注也，千里不止，是谓大屈折。行文亦然。"④ 对此，毛泽东身体力行。在他的诗文中，非常注意气势流贯和大气磅礴。甚至在后期论人、论诗文也

① 毛泽东：《毛泽东书信选集》，人民出版社 1983 年版，第 500 页。

② 中共中央马克思恩格斯列宁斯大林著作编译局编译：《列宁全集》第 16 卷，人民出版社 1988 年版，第 331 页。

③ 参见陈晋《青年毛泽东的文艺创作观及其文化性格》，《毛泽东思想研究》（成都版）1990 年第 2 期。

④ 中共中央文献研究室、中共湖南省委《毛泽东早期文稿》编辑组：《毛泽东早期文稿》，湖南人民出版社 1990 年版，第 588 页。

仍保有以"气"为准的习惯。他称赞友人周世钊"骏骨未凋，尚有生气"①；赞扬陈毅元帅说："你的大作，大气磅礴。"② 可见，他是一贯推崇我国古代以"气"论人、论诗文的传统的。"气""势"作为我国古典美学范畴，是一种很高的审美要求，毛泽东喜欢有气势的诗文。经他亲自修改过的陈毅的《西行》，就有这种品格："万里西行急，乘风御太空。不因鹏翼展，哪得鸟途通。海酿千钟酒，山栽万仞葱。风雷驱大地，是处有亲朋。"确实是大气磅礴的佳作。

第二，在评诗标准方面，他讲究"诗味"。毛泽东在《致臧克家等》的信中，曾谓自己的旧体诗词"诗味不多"③；毛泽东在《致陈毅》论诗的信中，说"宋人多数不懂诗是要用形象思维的，一反唐人规律，所以味同嚼蜡"④。以"味"论诗，早在5世纪时钟嵘的《诗品》中就已提出。钟嵘认为，五言诗的艺术表现力不仅高于四言诗，也高于骚体，并且十分适合于世人的口味（"会于流俗"），所以他说："五言居文辞之要，是众作之有滋味者也，故云会于流俗。"⑤ 从钟嵘的论述来看，"有滋味"是他所标榜的诗歌之最高造诣和境界，那么，诗的"滋味"又是什么呢？概括地说，就是"指事造型，穷情写物，最为详切"。"指事造型"的目的，在于"穷情写物"；"详"，是描写的细致；"切"，指描写的深刻。就是说，诗歌不仅应该尽可能准确地描摹自然万物，而且在描写中要尽可能充分地反映作者主观的情意，使"穷情"和"写物"很好地结合起来，做到情景交融。钟嵘十分强调诗歌抒发情感的特点，他认为，没有情感也就不会动人，就更谈不上"有滋味"了。他觉得永嘉（晋怀帝年号，307—312）以后的玄言诗之所以"淡乎寡味"，就是由于"理过其辞""平点似道德论"，缺乏情感，缺乏鲜明的形象性，即没有做到"穷情写物"。钟嵘"滋味"说的提出，为诗话提供了新的概念。唐代诗人司空图则在"滋味"说基础上，

---

① 中共中央文献研究室编：《毛泽东书信选集》，人民出版社1983年版，第345页。

② 同上书，第607页。

③ 同上书，第520页。

④ 同上书，第608页。

⑤ 钟嵘：《诗品序》，转引自敏泽《中国文学理论批评史》，人民文学出版社1981年版，第235页。

又提出并强调"韵味",即认为好诗必须有"韵外之致""味外之旨",并且这"味"还要妙在"咸酸之外"。在司空图看来,"辨于味,而后可以言诗也"①。他所说的"味外之旨",实际上是要求诗歌语言(即"韵")不仅精美,而且有意味,有内涵;这意味不仅应该在诗句内得到,更应该求诸诗句之外,通过诗句捕捉到那种"味外之味"。

毛泽东继承了中国诗话中以"味"论诗的传统,主张诗要有"诗味"。这也就是要求诗文情景交融,含蓄蕴藉。他特别喜欢唐诗中"三李"即李白、李贺、李商隐的诗。尤其是李白的诗,因为其气势宏大,感情充沛,具有神奇的想象力和高超的艺术魅力,"穷情""写物"的水平极高,"诗味"特浓,所以毛泽东抄录和背诵过好多首李白的诗。毛泽东批评宋诗"味同嚼蜡",主要是指宋代涌现的道学诗。北宋道学或理学的代表人物如朱熹、周敦颐、程颢、程颐、邵雍、张载等人,在政治上、哲学上、学术上都对北宋社会产生了极大影响。这些高谈义理的道学家们,许多都是排斥文学作品的,他们常常把抒情写景的诗歌和其他文学作品,看作玩物丧志、伤理害道之事,因之,不屑以为。其中喜欢写诗的人也不少,但往往是以理入诗,诗作往往是"讲义语录之押韵者"②,"以论理为本",这正是道学家的诗风和文风。正是鉴于此,毛泽东才说宋诗是"一反唐人规律,所以味同嚼蜡"。之所以造成这种后果,是因为宋诗中有不少作品缺少生动的形象和强烈的情感,把诗歌变成了道学家的语录和讲义。这就从根本上违反了文学艺术的规律。毛泽东的批评还是十分中肯的。当然,毛泽东在这里是把宋诗与唐诗比较,就总的倾向上讲,并非说宋诗都没有诗味。宋诗也有优秀的篇章。

第三,在诗歌的创作方法上,强调用"比""兴"。"比""兴",是我国传统的诗歌表现方法。早在《周礼·大师》中就讲道,"太师……教六诗,曰风,曰赋,曰比,曰兴,曰雅,曰颂"。后来《毛诗序》则把"比""兴"与"风""雅""颂""赋"合称为"六义"。历来对比、兴的解释众

---

① 司空图:《司空表圣文集》卷二。
② 刘克庄语,转引自敏泽《中国文学理论批评史》,人民文学出版社1981年版,第488页。

说纷纭。毛泽东独取朱熹注："比者，以彼物比此物也"；"兴者，先言他物以引起所咏之词也"。① 就是说，他同意把比、兴看作诗歌创作的一种技巧和手法，故言"比、兴两法是不能不用的"。但不论是"以彼物比此物"，还是"先言他物以引起所咏之词"，都离不开"物"的形象。在诗中，物象是用以表达情感的，情与物水乳交融，不可分离，所以说比、兴实质上又是我国古代诗歌创作中形象思维的方法。毛泽东强调诗要用形象思维，就不能不强调比、兴两法。这是避免以理入诗，把诗歌概念化、抽象化的有效方法，也是保证诗味不被破坏的得力措施。在强调比、兴两法的同时，毛泽东也谈到了"赋"，在诗歌创作中，"赋也可以用"，其特点是"敷陈其事而直言之也"。但它比起比、兴两法来，就不显得那么重要了。

第四，努力为新诗歌的发展探索道路。中国的诗歌发展应该走什么样的道路，这是文艺界长期争论而又难以形成统一意见的重大问题。对此，毛泽东有自己的思考和独到的见解。

首先，就他个人的创作风格和审美倾向来看，从青少年时代起便有"学古"的偏好。《讲堂录》明确提出："学不胜古人，不足为学。"② "谈理要新，学文要古。"③ 又说："明代人才辈出，而学问远不如古。"④ 他从小学读书时起，便写得一手好古文。值得注意的是，在"五四"新文化运动中，周恩来、陈毅等都曾追随新文学的潮流，写过新诗乃至白话小说，而毛泽东则终其一生，都没有用过新文学样式。他喜欢对古籍中素材的运用，追踪前人，师法名家。当然，他虽学于古，却绝不拘泥于古。他是择善而撷，有标准、有倾向地加以选择。他喜欢屈原、孔融、韩愈三人的奇气酣畅；喜欢恣肆纵横、气势汪洋的诸子散文和传记作品；喜欢具有神奇的想象力和高超艺术技巧的唐朝"三李"诗；喜欢宋词中气势磅礴，豪迈

---

① 中共中央文献研究室编：《毛泽东书信选集》，人民出版社 1983 年版，第 608 页。
② 中共中央文献研究室、中共湖南省委《毛泽东早期文稿》编辑组：《毛泽东早期文稿》，湖南人民出版社 1990 年版，第 587 页。
③ 同上书，第 599 页。
④ 同上书，第 598 页。

奔放的苏东坡和辛弃疾。所以，他的诗歌创作实践，主要是以古典的形式写成的诗词。尽管他喜欢学古，但当他把目光投向现代社会，投向诗歌的未来发展时，却明确地宣示："这些东西，我历来不愿正式发表，因为是旧体，怕谬种流传，贻误青年"；"诗当然应以新诗为主体，旧诗可以写一些，但是不宜在青年中提倡，因为这种题材束缚思想，又不易学。"① 这不是谦辞，而是他对诗歌发展的一种慎重的见解。因为他早就指出："对于人民群众和青年学生，主要地不是要引导他们向后看，而是要引导他们向前看。"② 文艺创作当然要遵循这一原则，否则就容易走上"颂古非今"或"厚古薄今"的错误道路。可见，毛泽东在诗歌创作道路问题上，是严格地把自己的个人爱好与文艺发展的固有规律加以区别的。在他看来，诗歌应面向人民大众，从而去创作他们所喜闻乐见的新体诗歌。

其次，正是在把个人爱好与群众欣赏习惯严格区分的前提下，毛泽东指出："要做今诗，则要用形象思维方法，反映阶级斗争与生产斗争，古典绝不能要。"③ 这里既指出了方法，又讲到了内容。形象思维的方法是一切文学艺术作品创作过程中都必须应用的思维方法，在这里强调，是特意防止有些人借口写"今诗"而抛弃"诗味"，把诗歌变为标语、口号。写现代诗，也必须抒发饱满的、健康的感情，也必须描绘生动的、鲜明的物象，也必须具备含蓄隽永的语言，否则，就称不上诗。在内容上，则是要反映阶级斗争与生产斗争，因为这是社会生活实践的主要内容。"人的正确思想，只能从社会实践中来，只能从社会的生产斗争、阶级斗争和科学实验这三项实践中来。"④ 好的诗歌也只能是现实生活的反映，阶级斗争、生产斗争自然是现代诗歌反映的主要内容。既是"今诗"，就要形式新、内容新，"古典绝不能要"。毛泽东曾批评有些人"爱好一种半文言半白话的体裁，有时废话连篇，有时又尽量简古，好像他们是立志要让读者受苦

① 中共中央文献研究室编：《毛泽东书信选集》，人民出版社 1983 年版，第 520 页。
② 毛泽东：《毛泽东选集》，人民出版社 1969 年版，第 668 页。
③ 中共中央文献研究室编：《毛泽东书信选集》，人民出版社 1983 年版，第 608 页。
④ 毛泽东：《毛泽东著作选读》（甲种本），人民出版社 1965 年版，第 524 页。

似的"①。写今诗如果把古典也掺进去，弄不好就会出现半文言半白话的状况，所以应特别提起注意。

最后，毛泽东对将来诗歌发展趋势进行了探讨。他是在考察诗歌发展现状的基础上对未来进行展望的。他认为，从"五四"新文化运动到现在，白话诗的发展并不令人满意，"几十年来，迄无成功"。这单就白话诗而论，并不包括其他文学样式。从总体上看，白话诗的成就不大，与旧体诗相比，它是逊色的。毛泽东的这种估计，还是相当符合诗坛实际的。白话诗不论从数量上还是从质量上，都与我们这个"诗的王国"不相称。与此相对照的是，"民歌中倒是有一些好的"。从这种基本情况出发，毛泽东认为，中国诗歌的将来趋势，"很可能从民歌中吸引养料和形式，发展成为一套吸引广大读者的新体诗歌"②。这是他总结"五四"以来几十年白话诗发展的历史所得出的结论。应该说，对新诗发展趋势的这一论断，基本上符合中国新诗发展的实际。新中国不少有成就的诗人和成功的作品，大致是走了这条路子的。当然，由于"十年动乱"以及其他各种原因，到目前为止，毛泽东所期望的这种"新体诗歌"还没有完全成熟，但就其方向来说，不失为新诗发展的一条途径。马克思主义者不是算命先生，对未来的发展变化不可能作出绝对确切的判断，正因如此，毛泽东只说是"很可能"，并未说"一定"。所以，我们在理解毛泽东的这一论断时，应从其基本方向和总体精神上去把握；对诗歌发展的现状和未来的走向，也应从总体上、主流上去探察。把这两方面结合起来，就自然能领略到毛泽东这一理论的实际价值。

综上所述，毛泽东的诗歌理论是从他自己的创作实践中概括出来的，既有创作体会，也有经验总结。它扎根于中国传统文化的土壤，同时又极富时代气息，对中国诗歌的发展具有重大的指导意义。这是毛泽东为我们留下的一份珍贵遗产。

---

① 中共中央文献研究室、新华通讯社编：《毛泽东新闻工作文选》，新华出版社 1983 年版，第 180 页。

② 中共中央文献研究室编：《毛泽东书信选集》，人民出版社 1983 年版，第 608 页。

二 毛泽东诗词的创作特色

毛泽东的诗词创作实践是与他传奇的伟大革命实践密不可分的。毛泽东诗词正是革命家的人格和文学家的气质高度融合的产物。作为政治家的毛泽东，他始终充满着想象力和创造力，有着豪放的人格、坚毅的意志、开阔的思路和改造旧世界的抱负。他以大无畏的胆识完成了举世瞩目的壮举——长征；以不知疲倦的精力走遍了祖国的大江南北，真正实现了他青年时代立下的"以宇宙为大我，以天下万世为身"的宏愿。作为诗人的毛泽东，正是这些富有传奇色彩的、最令人振奋的革命历程，使他获得了无限诗情和灵感；那惨烈的战斗，伟大的牺牲，雄关险隘、名胜古迹，在他的笔下化成一股挥洒雄放的气势，变为巨大的空间形象和深沉的历史意识。

毛泽东诗词正式发表的共有四十二首（其中经过作者生前校订定稿的三十九首，另三首是其逝世后发表的）。从写作时间上看，从1923年的《贺新郎》到1965年秋的《念奴娇·鸟儿问答》，四十二首诗词整整贯穿四十二年的历史。在这四十二年的漫长岁月里，中国这块古老的土地上，曾经有过漫漫的长夜，曾经有过铁马冰河的激战，也曾经有过胜利后的欢欣，更有过改天换地的社会主义建设高潮。这一切都是历史，都在毛泽东诗词中得到了艺术的再现。所以说，毛泽东的光辉诗篇，组成了一部中国革命的伟大史诗，这绝非言过其实。

综观毛泽东的这些壮丽诗篇，其特色异常鲜明突出。这不仅表现为它所包容的历史的滔滔烟云、斗争的浩浩长风，而且表现在它巨大的艺术魅力和精湛的艺术技巧上。高亨先生在学习和研究毛泽东诗词后，曾写过一首《水调歌头》，把毛泽东诗词的特色作了艺术的概括。他写道：

"掌上千秋史，胸中百万兵，眼底六洲风雨，笔下有雷声。唤醒蛰龙飞起，扫灭魔炎魅火，挥剑斩长鲸。春满人间世，日照大旗红。

抒慷慨，写鏖战，记长征。天章云锦，织出革命之豪情。细检诗坛李杜，词苑苏辛佳什，未有此奇雄。携卷登山唱，流韵壮东风。"①

这首词恰到好处地写出了毛泽东诗词创作的题材、风格、艺术成就和美学价值，也表现了毛泽东那非凡的气度和博大的胸怀。毛泽东诗词的特色，具体来说有以下几点。

其一，是它巨大的思想深度。恩格斯在评论拉萨尔的历史剧《弗兰茨·冯·济金根》时，曾指出，"较大的思想深度和意识到的历史内容，同莎士比亚剧作的情节的生动性和丰富性的完美的融合，大概只有在将来才能达到"②。毛泽东诗词即是恩格斯所说的"三融合"的艺术作品，其突出的特点，便是通过独特的形象和境界，表现了巨大的思想深度。这里所说的思想深度，并不是在诗歌中写哲学讲义，去简单地复述某些现成的理论概念，而是在马克思主义世界观的指导下，通过生动的艺术形象来表达作者对生活独特的真知灼见。这只有从实际生活出发，在革命实践中对于具体生活现象深入地观察和研究，从而进行艺术创造，才有可能实现。例如，《菩萨蛮·大柏地》是1933年夏毛泽东战地重游时写下的作品。上阕用绚烂的笔触，画出了大柏地彩虹飞舞、关山苍翠的美好景象，寄托了对革命根据地的深情赞美。然而，这首词着重的却是下阕："当年鏖战急，弹洞前村壁。装点此关山，今朝更好看。"寥寥几笔，令人豁然开朗，将词意升华到一个又新又深的境界。为什么弹洞装点，关山愈美？因为大柏地此前并不属于人民，经过革命战争的洗礼，如画的关山才回到人民的怀抱。这样一渲染，便赋予自然美以深刻的社会内容。作者正是通过这幅独具特征的生活画面，具体地揭示了革命战争和人民之间的内在联系，生动地体现了无产阶级的革命战争观与美学观。毛泽东之所以能从这儿的生活获得如此深刻的发现，是因为他本人正是当年战斗的参加者，正是他率领工农红军于1929年春经过浴血奋战解放了大柏地，抚今追昔，自然从当年鏖战留下的弹洞中发掘出无限美好的诗意。可见，巨大的思想深度，需要在斗争实践中，洞察生活的某种底蕴，从新的角度，用新的方式，去说明

---

① 高亨：《水调歌头》，《文史哲》1964年第1期。

② 中共中央马克思格斯列宁斯大林著作编译局：《马克思恩格斯全集》第29卷，人民出版社1965年版，第583页。

和评价生活，并且以生动的形式，即通过具体的生活画面自然而然地流露出来。《采桑子·重阳》之所以能突破"怀旧"的老调，跳出"悲秋"的窠臼，抒发"战地黄花分外香"的喜悦和表达对"寥廓江天万里霜"的赞美，同样在于，毛泽东从亲身参加的无产阶级伟大革命实践中汲取了诗情，感受到了战斗的欢乐。他在如鱼得水的人民战争大舞台上，有效地实现了自己改造旧中国的理想。所以，他才有迥异于前人的对于秋色的歌赞。而这种秋色胜似春光的歌赞和抒情所体现的"斗争就是幸福"的生活感受，本身就包含着深刻的思想内容，闪耀着强烈的时代精神的光芒。

其二，毛泽东诗词在创作方法上做到了革命现实主义和革命浪漫主义的完美结合，从而使革命理想和革命现实在作品中达到辩证的统一。通过对革命实践的艺术概括，鲜明突出地表现无产阶级主宰历史、改造世界的英雄气概和革命乐观主义精神，是毛泽东诗词的重要特点。所以，毛泽东诗词所表现的理想是有现实基础的理想，而所描述的现实则是被理想照亮了的现实。《送瘟神》二首在新、旧社会天渊之别的两番景象的对照中，描绘了社会主义时代劳动人民战天斗地的英雄气概和祖国山河天翻地覆的变化。"红雨随心翻作浪，青山着意化为桥。天连五岭银锄落，地动三河铁臂摇"，这些诗句的浪漫色彩很浓，可谁也不能否认他写的又确实是我们时代的现实。在《反第一次大"围剿"》里，"万木霜天红烂漫，天兵怒气冲霄汉"这种对红军所满怀的阶级仇恨和战斗激情的渲染和描绘，则比现实更高、更强烈、更动人。以革命现实为基础的革命浪漫主义，渗透毛泽东诗词的每一个诗句，每一个比喻，每一个意向之中。如《六盘山》中的"今日长缨在手，何时缚住苍龙"，早在 1935 年，就立下了彻底打垮蒋介石的坚定决心。《昆仑》写的是山，却不是一般的写山，而是站在历史的高度，评说了莽莽昆仑的千秋功罪，并指令它不要再为害于人民，还要抽出倚天宝剑，把它裁为三截，分赠世界各方，实现世界大同。《答李淑一》，虽是悼亡之作，却不是抒发个人的哀思，而是运用神话，让天上的仙人同地上的人民一道表达对革命烈士无限崇敬的革命情意。这些富于革命浪漫主义精神的奇伟构思、豪迈气势、崇高感情，固然与毛泽东深厚的艺术修养和精湛的艺术技巧分不开，但更重要的还在于他的伟大思想和伟大实践。正是毛泽东的博大革命胸怀和丰富战斗经历，才使诗人笔下的现实插上了理想的翅膀。

　　既有极其丰富的想象，又符合客观的实际，这是毛泽东诗词的一个显著特点。他无论是歌咏过去与当前的斗争，还是预言将来的远景，都运用雄伟壮丽的形象反映革命的现实，即使对于宇宙的实际，也驰骋他的想象力，如实反映。《送瘟神》里"坐地日行八万里，巡天遥看一千河"这样充满幻想精神的诗句，也并没有脱离实际，而是合乎科学的。"地球直径约一万二千五百公里，以圆周率三点一四一六乘之，得约四万公里，即八万华里。这是地球的自转（即一天时间）里程。坐火车、轮船、汽车，要付代价，叫做旅行。坐地球，不付代价（即不买车票），日行八万华里，问人这是旅行么，答曰不是，我一动也没有动。"① 经毛泽东本人这一解释，这不完全合乎事实吗？如果说这两句诗囊括了无边的宇宙，那么《贺新郎·读史》一词则又概括了人类几十万年发展的历史。革命现实主义与革命浪漫主义相结合的创作方法要求作者有革命者远大的理想和雄伟的气魄，也要求作者能掌握自然界的和人类社会的客观规律。毛泽东的诗词在这方面为我们树立了光辉的榜样。

　　其三，活用典故，化腐朽为神奇。用典是古典诗词中常见的表现手法。典故运用得好，可以寓意丰富，以浅喻深，含蓄蕴藉，增强作品的表现力。但很多典故由于形成的年代久远，已经陈腐，不宜再引用。毛泽东最善于用典，有些久已不用的典故在毛泽东笔下却被赋予了崭新的意义。如《反第一次大"围剿"》词中，对"不周山"典故的运用，毛按："诸说不同。我取《淮南子·天文训》，共工是胜利的英雄。你看，'怒而触不周之山，天柱折，地维绝。天倾西北，故日月星辰移焉；地不满东南，故水潦尘埃归焉'。他死了没有呢？没有说。看来是没有死，共工是确实胜利了。"而在不少史书上，对怒而触不周之山的共工则是多所非难，被说成凶神恶煞。毛泽东却把共工看成敢于砸碎旧世界、建立新世界的胜利的英雄。通过这一典故的活用，高度赞扬了工农红军大无畏的革命精神，并展

---

　　① 中共中央文献研究室编：《毛泽东书信选集》，人民出版社1983年版，第549页。

示了人民必胜的革命前景。《鸟儿问答》则借用了鲲鹏和斥鷃的寓言故事。此故事在庄周的《逍遥游》里，是说大、小两种飞禽都受一定的限制，不能"无恃"地"逍遥"。庄周追求的是绝对自由的境界。毛泽东在运用这一典故时，扬弃了庄周的消极思想，只取鲲鹏的"极大"和斥鷃的"极小"，并把两者放在对立的地位上，突出描绘了马克思主义者的高大形象，尖锐讽刺了国际霸权主义者的卑微和渺小。

与活用典故相关的，是对古典诗词的传统题材的点化和出新。如对陆游咏梅词的"反其意而用之"，就是一例。梅花历来为诗人所钟爱，成为歌咏的对象，单是陆游的咏梅诗词就有百首以上。然而出现在陆游笔下的梅花却是孤独、寂寞、凄凉的，诗人正是通过这种形象来寄托自己孤芳自赏、无可奈何的消极情绪。而在毛泽东的《咏梅》词中，则赋予梅花傲霜斗雪、谦虚自处的纯洁高尚的品德，抒发了坚持走社会主义道路的马克思主义者坚贞不屈、光明磊落、不沽名钓誉的献身精神。这样就一改千百年来咏梅诗词中借梅自叹、自嘲、自命不凡的旧思想、旧感情，为这类传统题材开拓了崭新的境界。

其四，语言精练，犹如炉火纯青；词采华美，胜似江山壮丽。我们祖国原本就是一个"诗的王国"，历代诗人写诗，均十分讲究诗歌语言的锤炼。所谓"二句三年得，一吟双泪流"，说的就是语言的锤炼功夫。所以，古代典籍和诗文作品的词汇非常丰富，其中有些诗句和词语经过千百年的锤炼延续至今，具有很强的表现力和感染力。毛泽东本着"要学习古人语言中有生命的东西"[1]的原则，博采古人语汇之长，稍一变化和渲染，就翻出新意，凝练、恰切、生动、形象。如"可上九天揽月"一语，是从李白的《宜州谢朓楼饯别校书叔云》中的"俱怀逸兴壮思飞，欲上青天揽明月"这一诗句中脱化而来的。在李白诗中，表现的是脱离尘世的消极思想，他幻想着（"欲上"）离开人世，实际是不可能的。而在毛泽东诗词中，境界完全不同，它象征着当家做主的中国人民完全有能力创造人间奇迹，作出前人未曾作出的事业。"可上"，是信心和力量的表现。又如"天

---

① 毛泽东：《毛泽东选集》，人民出版社 1969 年版，第 944 页。

若有情天亦老"，是由李贺《金童仙人辞汉歌》中脱化而来的。李贺原诗是针对晚唐的现实而发出的怨愤和慨叹；而在毛泽东诗词中，则带上了深刻的哲理，指明社会历史发展有自己固有的规律，任何企图阻挡历史前进的人都是枉费心机。再如，"落花时节读华章"，则是从杜甫《江南逢李龟年》诗中"落花时节又逢君"一句脱化而来的，诗意盎然而又恰到好处地描绘了春末夏初读了柳亚子诗作的情景。将古人词汇中的精华，信手拈来，铸成新词，天衣无缝而境界全新，这是毛泽东诗词语言方面的一大特点。

毛泽东诗词在选词炼句上功力尤深。《沁园春·雪》在对中国历史上秦皇汉武、唐宗宋祖等几个著名的封建帝王进行评价时，仅用了"惜""略输""稍逊""只识"几个词，便将这些历史上的帝王轻轻放倒。一方面承认这些封建帝王在历史上确曾建树过功业，起过某些进步作用；另一方面也指出，由于他们是剥削阶级的代表人物，有其阶级的和历史的局限性，与今天的无产阶级毕竟不能同日而语。所以，这几个词，用得诙谐犀利，很有分寸而又意味深长。又如《清平乐·蒋桂战争》一词中，动词的运用实在妙绝。"红旗跃过汀江"中的"跃过"一词，既写出了红军所向无敌的军威，又写出了红军奋勇战斗的英姿；"直下龙岩上杭"中的"直下"一词，既写出了红军进军的神速，又写出了敌军的腐败无能；"收拾金瓯一片"中的"收拾"一词，则充分表现了工农红军的主人翁自豪感，要把被军阀、反动派弄得支离破碎的国土，重新整理、美化使其完好无缺。诸如上述选词炼句的范例，在毛泽东诗词中举不胜举。

毛泽东胸怀远大的革命目标，他早已为祖国绘制了未来的蓝图。在他的心目中，革命、战争、建设与困难抗争，都是美好的；他从来没有颓丧、没有消沉、没有畏惧。因此，他才能用华美辞藻去描绘所歌咏的对象。如，"须晴日，看红装素裹，分外妖娆""春风杨柳万千条""天高云淡，望断南飞雁""西风烈，长空雁叫霜晨月""苍山如海，残阳如血""赤橙黄绿青蓝紫，谁持彩练当空舞""万山红遍，层林尽染"，等诗句，色彩极其鲜丽明快，气势磅礴，格调高逸，把读者引向宏伟壮丽的境界。吟诵毛泽东诗词，感到词彩华美，音调铿锵，豪情满怀，斗志昂扬。其强烈的艺术感染力是历代诗人的诗所望尘莫及的。

另外，毛泽东还善于汲取俗语、口语入诗，使得诗句雅俗兼备，活泼幽默，新鲜而有魅力。如《满江红·和郭沫若同志》中的"小小寰球，有几个苍蝇碰壁。嗡嗡叫"，通俗、生动形象；《鸟儿问答》中的"怎么得了，哎呀我要飞跃""还有吃的，土豆烧熟了，再加牛肉"，等等，轻松，诙谐，嘲讽，亲切。这些富有独创性的语言，充分显示了毛泽东的个性和风格。

毛泽东诗词是雄奇、豪放、华美、瑰丽、亲切、生动而独具一格的艺术创造，在我国诗史上书写了灿烂的篇章。

一九八四年六月

中国无产阶级的美学宣言

　　文学艺术，这一所谓神圣的殿堂，长期被认为是少数人的领地，是"象牙之塔"，为剥削阶级所专擅，广大劳动人民根本无缘问津。

　　自马克思主义诞生之后，这种历史的颠倒才遇到强有力的挑战。马克思、恩格斯在《共产党宣言》中指出："过去的一切运动都是少数人的或者为少数人谋利益的运动。无产阶级的运动是绝大多数人的、为绝大多数人谋利益的独立的运动。"① 马克思主义创始人满怀信心地预言，无产阶级应当而且完全有条件掌握文艺的武器，艺术和美"这个世界迟早也是他们的"②。

　　正是本着为多数人谋利益这一原则，列宁在俄国首次声明：文学，"它不是为饱食终日的贵妇人服务，不是为百无聊赖、胖得发愁的'几万上等人'服务，而是为千千万万劳动人民，为这些国家的精华、国家的力量、国家的未来服务"。③

　　显而易见，为多数人还是为少数人，这就是判别真马克思主义还是假马克思主义的既简单又灵验的标准。

　　中国共产党，从它成立的那一天起，就是"全心全意地为人民服务，

---

① 中共中央马克思恩格斯列宁斯大林著作编译局编：《马克思恩格斯选集》第1卷，人民出版社1972年版，第262页。

② 同上书，第562页。

③ 中共中央马克思恩格斯列宁斯大林著作编译局编：《列宁选集》第1卷，人民出版社1972年版，第650页。

一刻也不脱离群众；一切从人民的利益出发，而不是从个人或小集团的利益出发"① 的中国无产阶级先锋队组织。50 年前，毛泽东同志在延安对文艺工作问题发表了讲话。他明确指出："为什么人的问题，是一个根本的问题，原则的问题。"郑重宣示："我们的文学艺术都是为人民大众的，首先是为工农兵的，为工农兵而创作，为工农兵所利用的。"这里的"人民大众"，包括了"占全人口百分之九十以上的人民，是工人、农民、兵士和城市小资产阶级"。这是一个真正代表人民利益的政党第一次在中国这块土地上对文艺的方向所提出的要求，是中国无产阶级的美学宣言。

文学艺术为人民大众服务，这是马克思主义唯物史观的要求。唯物主义历史观认为，历史是人民群众创造的，社会财富也是人民群众创造的，广大人民群众是推动历史前进的真正动力。在一个人民群众当家做主的社会里，文学艺术当然要为广大人民群众服务。这是科学的，是顺理成章的。所以，在理论上，在口头上，很少有人不赞成为人民大众服务的方向。但是，在实际上，在行动上，却并非如此。毛泽东同志指出，那些坚持个人主义的小资产阶级立场的作家，其兴趣主要放在少数小资产阶级知识分子上面，他们就不可能真正地为广大人民群众，特别是为革命的工农兵群众服务。"五四"以来，不少进步作家鉴于文艺运动圈子的狭小，曾设想过"大众化""普罗化""平民化"等，但终因立场问题和情感问题而未能奏效。由于立足点没有转移到最广大的人民一边，灵魂深处还是一个小资产阶级知识分子的王国，就必然在创作实践中偏爱小资产阶级知识分子乃至资产阶级的东西。因而，在这些作家、艺术家的情绪中、作品中、行动中，在他们对于文艺方针问题的意见中，就不免或多或少地发生和广大群众的需要不相符合、和实际斗争的需要不相符合的情形。甚至有些作家、艺术家把自己的作品当作小资产阶级的自我表现来创作，而对于工农兵，则不喜欢他们的姿态，不爱他们的感情，不爱他们的萌芽状态的文艺（如墙报、壁画、民歌、民间故事等），有时还公开地鄙弃他们。对于这种情况，毛泽东同志早就预言："要彻底地解决这个问题，非有十年八年的

---

① 毛泽东：《毛泽东选集》第 3 卷，人民出版社 1966 年版，第 1095 页。

长时间不可。"尽管如此，中国共产党仍丝毫不动摇其为广大人民群众服务的决心。毛泽东同志说："时间无论怎样长，我们都必须解决它，必须明确地彻底地解决它。"他要求文艺工作者必须完成这个任务，必须把立足点移过来，必须在深入工农兵群众、深入实际斗争的过程中，在学习马克思主义和学习社会的过程中，逐渐地移过来，移到工农兵这方面来，移到无产阶级这方面来。

党的十一届三中全会以后，社会主义建设的新时期开始了。党中央特别是邓小平同志，在设计改革开放的宏伟蓝图时，牢牢地把握住了为广大人民群众这一根本方向。在文艺问题上，鉴于和平建设时期与战争年代的不同，把为工农兵服务的提法修改为"为人民服务、为社会主义服务"。这不仅严格遵循了为绝大多数人谋利益这一马克思主义的原则，而且更实际、更准确地反映了社会主义建设新时期广大人民群众对文艺的新要求。因为我们的国家已经进入社会主义现代化建设的新时期，我们要在建设高度物质文明的同时，提高全民族的科学文化水平，发展高尚的丰富多彩的文化生活，建设高度的社会主义精神文明。战争年代的工农兵群众，如今已成为社会主义建设的主力，活跃在各行各业的各条战线上。他们的文化水准已有了不同程度的提高，审美要求也有了较大的变化。文艺为广大人民群众服务，也就是邓小平同志所说的，要"满足人民精神生活多方面的需要"，要"在描写和培养社会主义新人方面付出更大的努力，取得更丰硕的成果"，"通过有血有肉、生动感人的艺术形象，真实地反映丰富的社会生活，反映人们在各种社会关系中的本质，表现时代前进的要求和历史发展的趋势，并且努力用社会主义思想教育人民，给他们以积极进取、奋发图强的精神"。① 这无疑是在社会主义现代化建设新时期，对毛泽东同志提出的文艺为最广大的人民群众服务，尤其是为工农兵服务的方向的继续坚持和发展，显示了中国共产党人始终把人民利益看得高于一切的负责精神和伟大胸襟。

"二为"方向的确立，理所当然地得到了全国人民和广大文艺工作者

---

① 中共中央文献编辑委员会编：《邓小平文选》，人民出版社 1989 年版，第 181—182 页。

的热烈拥护和积极响应。为人民群众所喜闻乐见的各种文艺作品像烂漫的山花，竞相开放，给文艺园地增添了绚丽的春色。文艺创作的路子比战争年代明显地拓宽了。雄伟和细腻，严肃和诙谐，抒情和哲理，都在文艺园地里得到了应有的位置；英雄人物的业绩和普通人民的劳动、斗争和悲欢离合，现代人的生活和古代人的生活，都在文艺中得到了反映。

但是，毛泽东同志当年所提出的立足点转移问题，就某些人来说并没有根本解决。随着西方形形色色文艺理论派别和思潮的涌入，有的人公开表现出对人民群众所喜闻乐见的文艺形式的淡漠，强调和推崇的是表现"自我"，表现"潜意识"，为"广大人民群众"变成了为"自我"。对中国的传统文化、传统艺术，则百般挑剔，甚至全盘否定。在这种情况下，文学艺术的创新和发展还要不要遵循唯物史观？文艺反映社会生活的理论原则还要不要坚持下去？文艺为广大人民群众服务的方向对不对？这些似乎都成了问题。对此，邓小平同志明确、坚定地表示：在改革开放的新阶段，"必须坚持社会主义道路""必须坚持无产专政""必须坚持共产党的领导""必须坚持马列主义、毛泽东思想"。"对人民负责的文艺工作者，要始终不渝地面向广大群众，在艺术上精益求精，力戒粗制滥造，认真严肃地考虑自己作品的社会效果，力求把最好的精神食粮贡献给人民。"他反复强调，"人民是文艺工作者的母亲""人民需要艺术，艺术更需要人民"。① 广大文艺工作者，正是遵照邓小平同志的指示，对形形色色的"自由化"理论和倾向进行了坚决的斗争，从而使文学艺术在马列主义、毛泽东思想的旗帜下，得到了繁荣和发展。

实践证明，只要矢志不渝地坚持为广大人民群众服务，就一定能获得绝大多数人的真诚支持和拥护，就一定会使文艺的路子越走越宽，文艺题材和表现手法也会日益丰富多彩。反之，从自我出发，跟在外国人后面亦步亦趋，瞧不起、看不惯广大人民群众，以民族虚无主义的态度看待自己的传统文化，即使他本人才华横溢，到头来也只能是作茧自缚，不会有大的出息。

---

① 中共中央文献编辑委员会编：《邓小平文选》，人民出版社 1989 年版，第 150—151、183 页。

江泽民同志在《在庆祝中国共产党成立七十周年大会上的讲话》中，把建设有中国特色社会主义的文化作为当代中国共产党人庄严使命的组成部分提了出来。他强调指出："必须以马克思列宁主义、毛泽东思想为指导，不能搞指导思想的多元化；必须坚持为人民服务、为社会主义服务的方向和'百花齐放、百家争鸣'的方针，繁荣和发展社会主义文化，不允许毒害人民、污染社会和反社会主义的东西泛滥；必须继承发扬民族优秀传统文化而又充分体现社会主义时代精神，立足本国而又充分吸收世界文化优秀成果，不允许搞民族虚无主义和全盘西化。"江泽民同志的讲话，重申了中国共产党人坚持文艺为广大人民群众服务的方向，表示了不管在任何情况下都绝不动摇的决心。

毛泽东同志早就结合中国的具体情况指出："一定的文化是一定社会的政治和经济在意识形态上的反映。在中国，有帝国主义文化，这是反映帝国主义在政治上经济上统治或半统治中国的东西。在中国，又有半封建的文化，这是反映半封建政治和半封建经济的东西。帝国主义文化和半封建文化是替帝国主义和封建阶级服务的。至于新文化，则是在观念形态上反映新政治和新经济的东西，是替新政治新经济服务的。"① 有中国特色社会主义的文化，既是有中国特色社会主义的政治和经济的反映，又是各有中国特色社会主义的政治和经济服务的。而有中国特色社会主义的政治，是以坚持工人阶级领导的、以工农联盟为基础的人民民主专政为基本内容的，它旨在保证人民当家做主和国家长治久安；有中国特色社会主义的经济，则是以生产资料社会主义公有制为主体，允许和鼓励其他经济成分的适当发展为基本内容的。正因如此，作为有中国特色社会主义文化重要组成部分的文学艺术，也必须坚持为上述的政治和经济服务。这种服务也就是江泽民同志所说的，要"充分体现人民的利益和愿望，满足人民不同层次的、多方面的、丰富的、健康的精神需要，激发人民建设社会主义的积极性"。要达到这一目的，就必须强调文艺工作者思想感情和立足点的彻底转变。

---

① 毛泽东：《毛泽东选集》第 2 卷，人民出版社 1972 年版，第 688 页。

首先，要坚持以马克思列宁主义、毛泽东思想作为文艺的指导思想，这是有中国特色社会主义文艺发展的根本保证，它决定着文艺为广大人民群众服务的方向和文艺的社会主义性质。只有坚持以马克思列宁主义、毛泽东思想为指导，我们的文学艺术事业才能沿着正确的道路健康发展，才能永远不偏离为广大人民群众服务的方向。

其次，文艺家必须接近人民群众，参加到人民群众的实际斗争中去。我们的人民勤劳勇敢，坚韧不拔，有智慧，有理想，热爱祖国，热爱社会主义，顾大局，守纪律；任何强大的敌人都没有把他们压倒，任何严重的困难都没有把他们挡住。只有深入他们的生活，与他们同呼吸、共命运，才能充分认识到他们的优秀品质，才能把握社会主义的时代精神，才能创作更多的健康文明、积极向上、为人民大众喜闻乐见的作品。

再次，正确认识当年毛泽东同志所论述的普及与提高的关系，既注意人民群众的急需，又注意他们审美水平的不断提高。在这方面，毛泽东同志所倡导的"在普及基础上提高""在提高指导下普及"仍有现实意义。诚然，"工农群众不识字、无文化"的时代已经成为过去，但其文化水准总体上看还并不高，强调普及，要求"雪中送炭"仍然是主要的方面。但也必须看到，现在的普及，较之战争年代已经在提高；现在群众的需要是多方面的，他们的眼光、他们的审美追求较之当年要高得多、丰富得多。"小放牛""人口手刀牛羊"对他们来说，早已成为过去的东西，他们需要的是反映他们实际生活的优秀文艺作品。这些作品的内容必须是他们看得懂、记得牢、亲切、熟悉、感兴趣的现实生活中的一切。比如《渴望》《焦裕禄》，既是普及的作品，同时也是提高。因为普及工作和提高工作是不能截然分开的，普及工作不能永远停止在一个水平上。人民要求普及，跟着也就要求提高。比如，过去令人望而生畏的交响乐，现在许多农村中也已不再感到陌生，因为农民自己已经办起了交响乐队。他们不但会演奏流行乐曲，而且能演奏高雅的世界名曲。正因如此，我们的文艺家必须处理好普及与提高的关系，真正做到在普及的基础上提高，在提高指导下普及。

最后，既要深深根植于民族的土壤，又要面向世界、面向未来。文艺要为广大人民群众服务，要体现中华民族的特性，就必须坚持民族化，民族化也就是大众化。正如周恩来同志所说的："民族化主要是形式，但也关系到内容。要使广大工农兵看得懂，听得懂，能产生共鸣，必须民族化、大众化。"① 无论东方还是西方，各民族都有自己民族特色的艺术。如果盲目地照搬外国，脱离民族特有的生活方式、思想方式、心理素质和欣赏习惯，就很难为自己的民族所接受，也就不可能很好地为广大人民群众服务。但是，民族化和世界性并不矛盾。只有突出民族特色，才能对世界文艺做出贡献。民族艺术要发展，就不能排斥和拒绝外国的优秀成果，只有充分汲取和借鉴世界文艺的成功经验，才能不断丰富和发展民族文艺。当然，汲取和借鉴绝不能变为"全盘西化"。"文学艺术中对于古人和外国人的毫无批判的硬搬和模仿，乃是最没有出息的最害人的文学教条主义和艺术教条主义。"毛泽东同志的这些话我们应该铭记在心，时刻警策自己。

社会在发展，时代在前进。毛泽东同志确立的"文艺为最广大的人民群众服务"这一根本方向是不能改变的。它是由无产阶级社会主义文学艺术运动的性质所决定的，它是以唯物史观分析社会、研究文学艺术所得出的必然结论。

一九九二年二月

---

① 周恩来：《周恩来论文艺》，人民文学出版社 1979 年版，第 171 页。

中西青年审美观的异同比较

　　20世纪末至21世纪初，在人类历史上是一个剧变的时代。由于科技的高度发展，整个人类的精神面貌、生活方式以及社会结构，亦随之而产生了重大的变化。反映一个人对待客观世界总的审美态度的审美观，也毫无例外地出现了一个与过去迥然不同的局面。然而，人们的审美观是在什么基础上发生变化的，变化的趋势又是什么，中国青年与西方青年在审美观方面存在哪些相同和相异的地方，这些问题的解决对于引导青年树立正确的审美观和培养健康的审美情趣，都是至关重要的。本文就中西青年的审美观粗疏地做些异同比较，以便为中国青年树立正确、高尚、进步的审美观提供一个横向的参照系。

一　中西青年审美观比较的前提与原则

　　应当指出，要把中国青年和西方青年的审美观进行全面的比较，是不容易的。第一，中国是一个幅员辽阔的多民族国家。南方与北方，边疆与内地，汉族青年与各少数民族青年，在审美趣味上均存有很大的差异，要将我国每个地区和每个民族的青年的审美观逐一拿来与西方青年做比较是很困难的。第二，"西方"这个原本的地理概念（后来演化为一种政治概念），它本身包含了欧洲、美洲的所有国家。我们不可能把中国青年的审美观与欧洲、美洲所有国家青年逐一进行比较。第三，"审美观"本身是一个内涵不断变化、不断流动的概念。随着现代科学和生产技术的飞速发展，随着改革开放的不断深入，审美观中诸因素也处在日新月异的变化之中。正如《共产党宣言》中所说的那样："过去那种地方的和民族的自给自足和闭关自守状态，被各民族的各方面的互相往来和各方面的互相依赖所代替了。物质的生产是如此，精神的生产也是如此。各民族的精神产品成了公共的财产。民族的片面性和局限性日益成为不可能……"① 就是说，当今中外青年的审美观正处于一种相互影响、相互渗透和相互融合的发展趋势中。在这种情况下，不可能严格地区分中国青年和西方青年审美观之异同。

如此说来，中西青年是否在审美观方面根本不具有可比性呢？不是的。只要我们规定了比较的前提与原则，这种可比性还是存在的。

（一）比较的前提

我们的比较，并非像制定法律条文那样逻辑严谨、界限清楚。我们所说的中国青年，主要是指以汉民族为代表的大多数中国青年；我们所说的西方青年，则主要是指欧洲发达的资本主义国家和美国青年。这样一来，中国青年与西方青年之审美观就具有了某种可比性。但是，同样不容忽视的是，即使在欧美发达的资本主义国家范围内，不同种族之间其审美观也有很大的差异。

19 世纪末，法国著名艺术批评家、美学家丹纳（1828—1893 年），就曾经将欧洲的日耳曼民族和拉丁民族进行过比较。他认为，拉丁民族的共同点是天生的早熟和细腻，他们要求舒服，对于幸福十分苛求；他们要求数量多，变化多，不是强烈就是精致的娱乐，要有谈话给他们消遣，要有礼貌使他们心里暖和，要满足虚荣，要有肉感的爱情，要有新鲜的意想不到的享受，形式与语言要和谐、对称；他们很容易变为修辞学家、附庸风雅的鉴赏家、享乐主义者、肉欲主义者、好色之徒、风流人物、交际家；他们要求微妙的刺激，不满足平淡的感觉；他们的感觉太敏锐，行动太迅速，往往趁一时之兴；遇到刺激，兴奋得太快太厉害，甚至忘了责任和理

---

① 中共中央马克思恩格斯列宁斯大林著作编译局编：《马克思恩格斯全集》第 1 卷，人民出版社 1965 年版，第 255 页。

性。甚至在拉丁民族聚居的意大利和西班牙随便动刀子，在法国则随便放枪。他们不大能等待、服从、守规矩。总而言之，把他们的性情气质和人生的过程相比，人生的一切对他们太机械，太严酷，太单调；而对于人生的过程来说，他们太激烈，太细巧，锋芒太露。

而日耳曼民族与拉丁民族相比，其共同点则是，表面上显得迟缓笨重，感觉不太敏锐，所以更安静更慎重；对快感的要求不强，所以能做麻烦的事而不觉得厌烦；感官比较粗糙，所以喜欢内容过于形式，喜欢实际过于外表的装潢；反应比较迟钝，所以不容易受急躁和使性的影响。他们有恒心，能锲而不舍，从事于日久才见效的事业。他们有着健全的头脑、完美的理智。在他们身上，理智的力量大得多，因为外界的诱惑比较小，内心的爆炸比较少。而在外界的袭击与内心的反抗比较少的时候，理性才把人控制得更好。正因为以上的特点，所以日耳曼民族成为世界上最勤谨的民族。渊博的考据，哲理的探讨，对最难懂的文字的钻研，版本的校订，字典的编纂，材料的收集与分类，实验室中的研究，在一切学问领域内，凡是艰苦沉闷，但属于基础性质而必不可少的劳动，都是他们的专长。他们以了不起的耐性与牺牲精神，为现代大厦把所有的石头凿好。在日耳曼民族聚居的德国、英国、美国、荷兰，对于物质文明和精神文明方面出的力是有目共睹的。[①]

从以上的比较中不难看出，日耳曼民族与拉丁民族之间的差异是十分明显的，在某种程度上可以说是相互对立的。这充分说明，即使在欧美发达的资本主义世界内部，其审美观的差异也相当大，这又给我们的比较带来某些困难。这些困难不能不引起我们的高度重视。但是，丹纳的比较也给予我们许多有益的启示。他是就两种民族的主要倾向和主要风格加以宏观的对比和粗线条的刻画，不是洞幽烛微地分析判断。实际上，在一个民族内部，就某一个人或某一部分人来说，也许其风格、气质刚好与上述的相反。但从宏观的视野来说，这样的比较还是可信的。

这也告诉我们，要把中西青年的审美观加以比较，亦只能从宏观的角

---

① 参见丹纳《艺术哲学》，人民文学出版社 1963 年版，第 152 页。

度，就审美的某些基本倾向和气质、习俗、风格等方面，做些异同的对照和粗疏的描绘。在做这种比较时，像上述日耳曼民族与拉丁民族之间的差异就自然而然地又被忽略不计了。

（二）比较的原则

既然我们已确认了中西青年审美观的可比性，接下来就应确立比较的原则；没有相应的比较原则，同样无法进行比较。马克思、恩格斯在谈到音乐艺术及歌唱家们的可比性时，曾这样说过："人们不应当再拿某种不以个人为转移的用作比较的根据即标准来衡量自己，而比较应当转变成他们的自我区分，即转变成他们个性的自由发展，而这种转变是通过他们把'固定观念'从头脑中挤出去的办法来实现的。"[①] 这即是说，我们在进行某种比较的时候，切不可从已有的固定观念出发，先制定一个先验的比较的标准，再以此去衡量比较者，分出孰优孰劣，比出眉眼高低。这是唯心的、非科学的。按照马克思、恩格斯的要求，我们的比较也应该是"转变成他们的自我区分""转变成他们个性的自由发展"。就是通过比较，能使我们比较明晰地把握住中西青年审美观的主要差异，以便相互参照，取长补短，相互促进和自由发展。这就是我们的出发点，这就是我们进行比较的基本原则。

中国有自己独特的发展历史、生活环境、社会习俗和文化传统，这就决定了生活在中国这块土地上的青年所共有的某些审美习俗，与西方比较起来，自然有其独特之处。同样的道理，西方各国的青年，也必然有他们自己独特的审美趋向和审美情感，在某些方面又与中国迥然不同。只要遵循上述基本原则，对此做进一步的比较研究，就一定能推动我们的审美观向着健康的方向发展。

---

① 中共中央马克思恩格斯列宁斯大林著作编译局编：《马克思恩格斯全集》第 3 卷，人民出版社 1965 年版，第 517 页。

二 中西青年在审美实践中表现出的差异

审美习俗的地区性、民族性，是每一地区人民和每一民族共同历史生活的结果。作为一个国家、一个民族，其成员大都在生活习惯、思想文化传统和心理、情感等方面，有着许多共同点。这一客观存在决定了同一国家或同一民族中的人，在一定程度上会具有某些共同的文化和心理状态，从而显示出审美习俗的共同性。中华民族由于受古老的历史文化的陶冶，形成了极有特色的审美趣味和审美趋势。这些当然会深刻地影响到青年。中国青年的审美习俗有些什么特点呢？概括来说，即社会化、规范化、理性化。相对来说，西方青年们则是个性化、自由化、感性化。正是这种基本倾向的制约，使得中国青年与西方青年在各个领域、各个方面表现出了不同的审美爱好和审美追求。

（一）在社会美领域中的审美差异

这既表现在包括衣饰、住房、用具等外界环境物质生活美的方面，又表现在包括心灵、理想、行为、人体等人本身精神生活美的方面。首先，在物质生活美方面，中西青年在审美志趣上就表现出许多明显的差异。比如，在服装的选择上，中国青年一般标新立异者少，迎合大众者多，这就是社会化的具体表现。所谓社会化，亦即大众化或多数化。在多数中国青年的心中，有一种与多数人相同即美的观念。尤其在内地的一些城乡，大多数青年不敢单独穿上一件与众不同的衣服在公共场所露面。这就很容易形成一种影响广泛的着装风气：新中国成立之初，青年们喜欢穿列宁装；"十年动乱"期间，又风行褪了色的绿军装；前几年又兴喇叭裤、滑雪衣；后来又流行西装。尽管这几年服装改换的节奏加快了，但青年们从众、趋势的心态却改变不大；个性化的着装趋势依然很少出现。在西方情况就有所不同。除军队和某些公职人员着装一致之外，多数社会青年的穿戴则相当个性化。他们非常注意服装的色彩、样式，喜欢变化，穿着奇装异服招摇过市，丝毫没有不自然的感觉。服装花样多和喜欢标新立异已是西方的传统。大约 70 年前，诗人威廉·勃特勒对当时美国妇女的服装，就有这样的描述：

> 早餐、晚宴和舞会穿着的服装；
> 穿来坐着、站立和走路的衣服，
> 穿来跳舞、玩乐和闲谈的衣服；
> 冬天、春天、夏天和秋天穿着的服装。[①]

可见，那时的美国妇女，形形色色的服装放满了衣柜。到了 1976 年，美国妇女服装销量突然下降了 52%，最大的服装公司——杜邦公司对此调查研究的结论是，妇女们责怪时装店及百货公司出售的衣服都大同小异，难以找到她们喜欢和心爱的服装。

英国前首相撒切尔夫人对时装一向有着非常浓厚的兴趣，她说："对于一位常在公众面前出头露面的妇女来说，无论她是行政官员、律师或企业家，她的衣着打扮往往与她个人的气质息息相关。这就是她们在社会生活中常爱穿比较高档和'端庄素雅'的服装的缘故。因为一个人的服装常可衬托出人的气质，所以衣着漂亮整齐的女子绝不会给人以浮夸失态的印象，人们往往就是根据她的仪表获得对她的初步印象的。"[②] 撒切尔的这番话，其中心点是强调衣服要漂亮，要突出个人的气质，要有个性。这一点在中国青年的心目中不一定占重要位置。正是审美观的这种差别，导致中国青年对老年人服装的不同态度。外国的老太太穿上颜色鲜艳的衣服，在青年人看来并不感到意外；而在中国，则往往被称为"老来俏"予以戏谑。最典型的例子，是为中国农村青年所喜欢的作品《小二黑结婚》，其中有一段对"三仙姑"的描写："已经四十五岁，却偏爱当个老来俏，小鞋上仍要绣花，裤腿上仍要镶边，顶门上的头发脱光了，用黑手帕盖起来，只可惜官粉涂不平脸的皱纹，看起来好像驴粪蛋上下了霜。"这段话

---

① 转引自《今日世界》1980 年 8 月号，第 26 页。
② ［英］玛格丽特·希尔达·撒切尔语，转引自美国《时尚》1985 年 10 月号，转引自《世界之窗》1986 年第 4 期。

颇为人们首肯。而在外国青年看来，这并不算什么：45 岁的女人就不能在着装上有自己的个性吗？西方有许多老年妇女偏要穿得更艳丽，口红偏要更浓艳，却不用担心会招来"老来俏"的讥诮。

在发型及化妆方面，西方青年也往往表现出强烈的个性化倾向。他们的头发（乃至胡子）或长或短，或卷或染色，千姿百态；有些人不修边幅，或邋遢颓丧，或放荡不羁。化妆亦浓妆艳抹，趋新、趋奇、趋怪。这种趋势在 20 世纪 70 年代达到高潮，出现了极端的例子，即"朋克"思潮。"朋克"是英语 punk 的译音，原意为无聊之人、无用之物。他们一般都有着相当高的文化教养，大约是因为对社会有某些不满或抗议，于是采取一种超常化妆方式，将自己与社会相区别。其特点是在发型、服饰和脸谱上，肆意追求标新立异、怪诞离奇。这些人中有男有女，本人长相并不坏，有些原本还相当漂亮，但他们却故意以丑怪为美。有的在半边脸上画几条平行的竖线；有的则把一撮头发染成异样的色彩；有的将头发周遭剃光，只留头顶的一撮长发；有的将头发刷上胶，梳理成几个直立的尖角；有的则把眉毛剃光，画上奇异的脸谱，等等。这些人的着装也十分奇特，在我们看来真是丑态百出，怪模怪样。但他们在西方社会却大摇大摆地出现在公共场所，或站或坐，或招摇或酗酒，或打架斗殴，或破坏公物。如从社会方面找原因，"朋克"的出现自然有其独特的背景，但从审美习俗方面讲，这不能不说是西方青年审美个性化的极端发展。

我们再看以心灵、情感、行为、人体等为内容的精神生活方面所表现出的审美差异。比如爱情，西方青年比较注重短时期的感情的契合、性格的和谐和感官上的满足，而不大注意对方的作风、门第、职业、身份之类。他们往往凭一时兴起，一见钟情，感情像狂涛急浪，尽情发泄，而缺乏家庭观念和爱情的责任感。所以很多青年男女结合得快，分手得也快。他们在判断异性的美丑时，多凭感性认识，凭一时的激情，而不太受伦理、道德等观念的制约。正因为这样，他们在男女交往上，比较开放、豁达，习惯于赤裸裸地表达自己的感情。在大庭广众之下，便热烈地拥抱、狂吻，说"我太爱你了""我爱你爱得都发疯了"，等等。也许过不了多久，他们就视如路人，各奔东西了。这在中国青年看来，是一种很难接受的"轻浮""不道德""有伤风化"的行为；而在西方青年的心目中，这却是正常、自然的，毫无悖谬越轨之处。据美国《洛杉矶时报》署名西蒙·哈迦特的文章披露，前美国总统里根的大女儿莫琳，结婚三次；小女儿帕蒂，则跟一个摇滚乐队的吉他手同居；小儿子罗恩，受雇于《花花公子》杂志，做新闻记者（《花花公子》是一种专载裸体美女图片的色情杂志）①。堂堂总统的女儿、儿子在对待男女关系上如此轻率、自由，于此足可见美国青年之一斑。之所以会出现上述倾向，原因在于西方青年过分追求和维护审美的个性化。美国婚姻与家庭调解联合会纽约分会前主席塞尔默·米勒说："当蜜月一结束，很多人便改变当初将两人吸引到一起的那些品质。他们之所以相爱，部分地是因为对方具有与众不同的迷人之处，而在婚后的共同生活中，他们却都想使对方失去自我，变得和自己完全相同。"② 由于缺乏家庭责任感，夫妻关系的观念淡薄，又过分强调自己的个性，导致结合得快，离异得也快的结局就势所必然了。

　　而中国的青年人在这方面则很不一样。他们一般把男女之间的交往看得十分神圣，很严肃、很认真地对待爱情和婚姻。他们极其注重社会舆论，极其注重双方的道德、作风、门第、职业；在选择配偶时，一般要经双方父母或长辈同意、认可；在双方的交往中，理智多于情感。他们往往考虑得很细致、很周密、很长远，从经济状况到政治状况，从个人文化水平、知识能力到社会关系、政治地位，等等。一般说来，他们不习惯于过激、过快、过于直接、过于显露地表达自己的感情。他们更多地想到家庭责任、社会责任以及名声。在异性面前（特别是女青年），往往在心理上与对方划出一个界限，有一种矜持防范的自卫心理。感情不易激动，但持久，结合得艰难（"好事多磨"），离异也很不容易。他们在恋爱时就想到家庭、孩子，所以对女子美的要求是身体健康、发育正常、身高适度、五官端庄、温柔贤惠，特别是要有做家务的本领。对男子美的要求则包括了有突出的才干，有强健的体魄，作风正派，有相当的文化程度，有一定的

---

① 参见《世界之窗》1988 年第 4 期，第 62 页。
② 参见《世界博览》1987 年第 4 期，第 18 页。

社会活动能力和持家的本领，甚至在门第和社会关系方面也予以挑剔。正因如此，男女在选择配偶上从不马虎、轻率，大多能以理智克制情欲。一般来说，男女青年重视品德胜过看重相貌，相貌风流而行为放荡往往要受到谴责。男青年总希望得到一个从一而终的妻子，而女青年则把贞操放到首位看待。所以，即使 20 世纪 80 年代的青年仍乐意读古华的《贞女》，并把桂花视为好女性的典范；而托尔斯泰塑造的安娜·卡列尼娜，其品质却往往招致某些非议。

西方青年十分注重人体的健美，甚至不以裸体为羞。女青年不怎么在乎裸露身体的某个部位，她们在公共场所穿超短裙、三角背心或者领口开得很低的上衣，毫不介意。某些服装故意设计得露出胸部、背部，以展示女性美。在这方面极端的例子则是自然主义者的出现，有些国家还专门为自然主义者设立了"裸体浴场"。请看孙海伟在《法兰西散记》一文中的一段描述：

> 蓝色海岸的下一站是位于尼斯和土伦之间的圣·陶贝裸体浴场。"裸体浴场"确是名不虚传。它位于一个山谷中的海角里，艳阳之下，许许多多的人是身体全裸，一丝不挂地在海滩上，或晒太阳，或走来走去。男男女女、老老少少，如在天外之国。甚至在圣·陶贝市里的大街上，也有许多妇女裸露着上身招摇过市。原来，这里是西方闻名的自然主义者的避暑胜地。到了七月流火的盛夏，世界各国的自然主义者云集到这里来度假。他们生活在海边，不论男女老少，都不穿衣服。在法国，大约有八万自然主义者，他们有自己活动的"特区"。据说巴黎东郊也有一个这样的树林。从马赛至蒙伯利尔，以及法国西南的大西洋海岸，都有专为自然主义者开辟的浴场、河边、森林、野地，供他们度过周末和假期。[①]

在中国，除非精神失常者，很难想象会有人裸体招摇过市。中国的青

---

① 孙海伟：《法兰西散记》，《世界博览》1987 年第 2 期，第 26 页。

年人，尤其是女青年，向来以袒胸露体为羞，她们的服装一般相当严谨，尽量避免用透明度强的布做衣料。除去在运动场、游泳场、练功场，女青年绝不裸露自己的双肩、大腿，更不用说在公共场所了，即使汗流浃背的盛夏，也要内衣外衣齐齐整整。这不仅是一种美，而且是自重，同时也是对别人的一种礼貌。若有女青年在场，小伙子们的服装也须规矩讲究些，否则，会被认为是不文明或缺乏教养的一种表现。

西方缺乏理性的审美倾向，还往往会转变为寻求感官的刺激或冒险的行为。由于两性之间缺乏必要的伦理上的防范，20年来，西方流行着"性解放"风潮。著名英籍女作家韩素音女士指出："20多年来流行于西方的'性解放'使成千上万的青年人深受其害。首先，'性'被视为不可避免的和'必不可少的'，从而使之过于泛滥；其次，接触性行为的年龄界限越来越低。据统计，纽约市13岁的少女中，25％以上已有性生活经验，有的已经懂得如何刻意修饰，使自己'迷人'以博得男子的青睐，有的则渴望有一个'男朋友'。一个15岁至16岁的少女如果既无'约会'又无'男朋友'，那么她就会觉得自己反常。"① 这些毫无爱情可言的"性活动"，韩素音认为"完全没有必要"，其结果是"像毒品那样，可以使人沉溺其中，沾染恶习"；而且许多疾病直接起源于混乱的性关系、频繁的性行为以及性伙伴的经常变换。这已成为西方严重的社会问题。据估计，在今后三年内，西方国家将会有2000万人成为艾滋病毒的携带者。当然，两性关系的混乱，不能完全归咎于审美习俗的偏颇，但追求感性的狂放而泯灭理性不能不说是其中的一个重要原因。

另外，猎奇探险对于西方人来说，就像无处不在、无人不饮的可口可乐。据威斯康星大学心理学教授法兰克·法利统计，美国创造性冒险者占总人口的30％，因而他称美国为"T型"国家。"T"意为寻求刺激的人。据《美国新闻与世界报道》披露："每六个美国人中有一个每年搬一次家；每九对夫妇中有一对在婚后20年离婚；妇女在近40岁时生育者在1980年后增加了58％——就这一组数字以及美国人无时无刻不面临诸如结婚、生

① 转引自《世界博览》1987年第7期，第8页。

孩子、离婚、孩子长成离开父母和年老退休等种种变迁和抉择而言，星条旗下还是不乏小小冒险家和冒点儿小险的人的。"[①] 这种冒险，对于多数人来说，只不过是找点儿刺激，起起鸡皮疙瘩，没有什么真的惊险可言。但这已足可证明，西方青年们是不大安于宁静、和谐的审美氛围的。他们尽量使生命的活力高扬，让感情的潮水奔涌，不愿有任何的束缚和规范。这一点恰与中国的青年人形成鲜明的对照。

（二）在自然美领域中的审美差异

中西青年们的审美情趣和审美理想在自然美领域中也表现出了明显的不同。中国是一个古老的农业国，我们的祖先对大自然不仅有着敏锐的感受，而且一往情深。在中国人看来，"天人合一"，大自然与人融为一体，因此，中国人往往以全部感情去拥抱自然。"山川草木，造化自然"构成了人生的境界，也构成了审美的境界。"知者乐水，仁者乐山；知者动，仁者静"（孔子）。把山水与人的审美情趣相联系，从主观情感去评价客观的山水，这是中国人的传统。"我看青山多妩媚，料青山看我亦如是"（辛弃疾），更赋予山水以生命，以灵感，也是中国人审美的特点。在中国人的眼里，大自然是与人的生命联系在一起的。正因如此，在中国人看来，不是所有的山川草木都能为人所欣赏，只有那些"可行者""可望者""可游者""可居者"方可博得人们的青睐。那些险恶蛮荒的山水，一般不为人所关注，很难成为人们的审美对象。这些传统当然影响到年青一代。中国的青年人，喜欢的是秀丽的山川，优美的景色，幽雅的园林，明媚的春光。总体来说，他们偏向于秀、雅、媚，对雄伟也喜欢，但雄伟的对象必须是人所能及的。譬如，泰山为人们所喜爱，而喜马拉雅山人们则很少向往它。可行、可望、可游、可居，这是中国人评价自然美的一个基本标准，也是中国园林艺术的基本思想。凡名山大川，均有建筑，有寺庙和亭台楼阁，都能够居人，使人获得休息；同时有道路，供人攀登、悠游；有秀丽的风光、人文古迹，供人观望、欣赏。雄伟的泰山，险峻的华山，秀丽的峨眉，妩媚的西湖，幽雅的雁荡，"甲天下"的桂林山水，无不具有

---

① 转引自《世界博览》1987 年第 11 期，第 11 页。

上述品格。仿照大自然而营造的人工园林，也以宜望、宜行、宜看、宜想为宗，突出一个"雅"字，"典雅""雅趣""雅致""雅淡""雅健"等。如北京的颐和园、苏州的拙政园、网师园，无不如此。青年人乐于在这样的山川秀色中边游边想，谈情说爱，曲径通幽，美不可言。

西方青年对大自然的审美态度与中国青年就大不相同。一般来说，他们喜欢奇、险、恐怖、蛮荒，以自然之景撞击心灵，打破心理的平衡，寻求日常生活中所得不到的强烈刺激。让我们来看看美国国家公园系统的风情，即可见西方青年自然审美观之一斑。

第一，大沼泽国家公园，位于佛罗里达州。这个国家公园像一个鸟兽禁猎区，里面保存了大量野生动物。园内除了沼泽和红树丛之外，还有很多潮水河、湖和闪耀的海滩，辽阔而神秘。管理人员在巡视公园沼泽地区时，要乘坐一种用飞机螺旋桨推动的"汽艇"。第二，北喀斯喀德山国家公园，位于华盛顿州。该公园以它的荒野、山峰和冰河景色而著称。园内茂盛的针叶树丛，林中的小溪，再加上幽深的北喀斯喀德山脉，使该公园具备了壮观的山区景色。第三，约瑟米提国家公园，位于加利福尼亚州中部，占地二千五百平方千米。园内有冰河时期形成的荒野，有气势雄浑的瀑布，还有参天的红杉大树。那里有一个 11 千米的山谷，有差不多三百种鸟类和哺乳动物聚居在这里。游客可在此欣赏奇伟的景色、钓鱼、露营、骑马、滑雪等。第四，黄石国家公园，位于怀俄明州（美国西部），面积二百二十多万英亩，望不到尽头。这里有奇特的沸水喷泉区，约有三千个喷泉，其中的一些喷泉喷出来的热水，更会射向数百米高的空中，有的喷热水的同时发出狮吼般的巨响。该公园的地下含有酸和矽酸成分，不少地方形成一个个带色的水潭。有些树木遭受这种水的侵蚀，树干发白，枝叶凋落，逐渐变成了化石。许多望不到边的岩石，被喷射的地下水逐渐染成了黄色，黄石公园由此得名。这里是美国最大的野生动物保护地，猴子、野牛、麋鹿、黑熊蹿来蹿去。第五，石化林国家公园，在亚利桑那州的彩色沙漠上，这里躺满了无数像宝石一样的段木。在三叠纪的时代，这些都是活生生的树木，一亿九千万年的时间却把它们化成了红、蓝、黄、棕色的石块。第六，大沙丘国家胜地，位于科罗拉多州南部。在这里，沙漠与山连接在一起，经过长年累月的作用，大约有 230 平方千米的地方都给细沙覆盖住了，形成如今的大沙丘地貌。这里部分山谷的沙丘更高达 240 米。这些光滑的、浅棕色的沙丘，绵延在科罗拉多州的圣格里狄克里斯托山脉的低地上，它们乘着西风的吹势而飘过圣路易山谷。第七，麦金莱山国家公园，位于北极圈之南阿拉斯加州的冻原上。山高近 5000 米。山里无生物，有雪崩的景象，有冰河的流动和冲刷。公园面积达 7800 平方米。在该公园的山坡草地上，能见到北美洲的驯鹿、羊、狼和灰熊。第八，大峡谷国家公园，位于亚利桑那州。这是科罗拉多河在亚利桑那州西北部高原中冲刷出来的一个深达 1.6 千米的大峡谷。这一巨型石雕长达 347 千米，在它身上反映了 20 亿年的地质演变史。第九，夏威夷火山国家公园，这是美国第五十州的火山景色。每年大约有 60 万游客，来到面积 894 平方千米的夏威夷岛上，欣赏熔岩景象。岛上的火山，仍然是活的，不时会喷发，熔岩会喷射至 570 米高的天空中。第十，萨瓜鲁国家胜地，位于亚利桑那州。那里几百年来都长满了巨大的仙人掌，它们开出黄色和橙色的花，鲜艳夺目。[①]

上述这些国家公园和胜地，都是美国最有名的和最受游客欢迎的。然而综观这些天然景色的特点，无非是奇、险、怪、洪荒、粗蛮，崇高有余而优美不足。火山、峡谷、沼泽、热喷泉、雪山、冰河，可望而不可即，恐怖而令人心悸。与中国山水的可行、可望、可游、可居，真是大相径庭。所以西方的某些青年人到中国来，对我们所津津乐道的杭州西湖、苏州园林倒并不十分感兴趣，而是更神往于雄伟的青藏高原和高耸云端的世界之巅珠穆朗玛峰，更神往于荒寂的黄河、长江源头和奇险的长江三峡，更神往于为黄河切割的广漠的黄土高原及长白山的天池、西双版纳的原始森林，等等。这些尚很少为中国青年顾盼的自然景观倒是他们心目中的胜地。也许是家庭观念太重，"平安是福"的传统影响太强，使得中国青年人不善于探险、冒险，"宁绕十步远，不冒一步险"。此种心理状态阻碍了求奇、涉险审美志趣的发展，这对于创新、发展、开拓显然是不利的。而

---

① 参见《世界博览》（北京版）1987 年第 11 期。

在西方，冒险、探奇的精神受到鼓励。譬如，在美国，为了让青年人追溯伟大的西部开拓史，官方机构美国旅游局就专门提供一项度假活动，按照当年探险者和开拓者所走过的路和经历过的地方，让今天的旅游者重新体验这一段历程。在当年西征的出发点密苏里州，还专门建立了以西部开拓和探险为单一内容的博物馆，详细描述两位著名的西部探险家路易斯和克拉克的探险过程，描述在西部居住的印第安人的生活情况，记述那些拓荒者艰苦奋斗的情形。这些措施，对于青年人审美观的培养和深化无疑起了重要作用。

当然，在自然审美方面，不论是中国还是西方，有一点是共同的，这就是对大自然绿色的偏爱。茂密葱翠的树林，碧绿的草原，清澈的溪流，遍地的鲜花，新鲜的空气，这一切组成了自然生命力的绿色交响乐。这是未被污染的最佳自然生存环境，是全人类应着力保护的。不管中西青年的自然审美观存有多大差异，只要有这一共同点，就有了沟通的基础，就有了共同的语言，就有了相互影响、相互促进和共同提高的基本保证。

（三）在艺术美领域中的审美差异

中西青年在艺术美领域中各自的审美情趣和审美倾向，既有与自然美相类似的情况，也有一些新的特征。

在对文学艺术的审美评价上，中国青年重内容胜过重形式。他们把审美趣味与伦理道德紧密结合在一起。他们认为文学艺术作品应该扬善惩恶，应该有一个圆满的结局。正义的、善良的人，不管经历多少磨难，不管受到多少不公正的待遇或迫害，最后总应该有个好的结果。所谓"种瓜得瓜，种豆得豆""因果报应"等社会伦理习俗强烈地支配着中国青年的审美情感。因此，他们往往喜欢中国传统文学中描述的大团圆结局，喜欢有头有尾的故事，喜欢对自由幸福的美好生活的歌颂和赞美。《西游记》《聊斋志异》《红楼梦》至今在青年人的心目中仍具有很高的地位。李存葆创作的《高山下的花环》（以下简称《花环》）中，塑造了一个副连长靳开来的形象，这是位为人民牺牲的勇士，只因他平时爱提意见，战时为救全连自告奋勇带人去砍了几捆越南的甘蔗，就被某些领导说成犯了纪律，回国后不给立功。这是根据生活中的"原型"刻画的，却极大地刺激了青年读者。《花环》发表一年后，作者就收到三千多封读者来信，其中为靳开来鸣不平的便达三百多封。后来，济南军区印刷厂翻印《花环》时，排字工人意见很大，一位女工甚至流着泪责问作者："你为什么不给靳开来立功？如果你不马上给靳开来立一等功，我们就不排版了!"尽管作者反复解释，大家仍愤愤不平。这个例子说明中国青年的审美意识中渗透着强烈的道德感和正义感。

西方青年当然也崇尚善良，也有正义感。但他们在欣赏艺术作品时，更多地注意求真。只要生活是这样，真实是这样，故事再惨烈也能接受。他们喜欢欣赏悲剧，不喜欢大团圆的结局。所以西方的悲剧，从古希腊至今，也多是表现个体受到毁灭，英雄惨死，人的自由遭到践踏，从而使观众心理平衡被打破，引起心灵受到强烈震撼的美学效应。刺激越强烈，越感到审美的愉悦。歌德《少年维特之烦恼》一书的结局是，一个年方20岁的青年，朝自己的脑门开了一枪，结束了那年轻而宝贵的生命。维特自杀的枪声，震惊了整个欧洲社会，产生了巨大的反响，在欧洲各国青年人中卷起了一阵"维特热"。司汤达《红与黑》的结局，则是一个敢作敢为、富于叛逆精神的青年人于连，被送上断头台。小仲马的《茶花女》描写被迫沦为妓女的玛格丽特，怀着圣洁的感情，在疾病和悲痛的双重折磨下，含恨死去。结局都是冰冷的、悲惨的、恐怖无情的，甚至连幻想也没有，连梦都灭绝了。没有关羽的死后"显灵"，也没有梁山伯祝英台的坟中化蝶。

中国青年喜欢那种情思绵绵、淡泊、深沉、有境界、有曲折、合伦理、合道德、细腻美妙、含蓄隽永、"道是无情却有情"式的文艺作品。琼瑶的作品很得青年人的青睐，原因就在于它富有中国青年人喜欢的那种人情味。一部电视剧《几度夕阳红》，青年人收视率之高，对青年感染力之强，就足以证明这一点。

与此形成对比的是电影《红高粱》，在1988年西柏林国际影展上获得金熊大奖，有很高的国际声誉。从影视美学的角度看，它确实有很大的突破。确如某些评论家所说，不仅是"探索片三级跳的最后一跳，更是中国电影界第五代导演的巅峰之作"。然而，在中国多数青年人看来，这部片子并不怎么讨人喜欢，这主要是因为它违反了中国人的传统审美习俗。影片不仅情节松散、人物野蛮，更以粗俗丑大为美。它大胆地渲染了大喇喇、火暴暴的生命活力与性欲的宣泄，这都是中国青年人不习惯接受的。比如，有几点是很为西方艺术家赞赏而又在中国观众中引起争议的。这几点是：第一，粗。人物在语言上肆无忌惮、粗话百出，有许多联结了性、繁殖、排泄等荒唐话语。除女主角九儿外，全片的男人一个比一个丑，连轿子头也经常灰头土脸。提着裤子打强盗，往裤裆里摸虱子吃，等等。第二，怪。全片那些夸张、变形的神怪事，超出一般生活逻辑，看了令人瞠目结舌。轿子头酒醉大闹作坊，能被人丢在酒坛子里睡上三天三夜；他当众朝酒坛里撒尿，这坛酒却成了佳酿，等等。第三，野。这种野是超乎传统价值判断的，和自然、原始融为一体。九儿与轿子头在高粱地里做爱，表现了无拘无束的男女的结合，是为"野合"；而九儿与轿子头所生的儿子，便是高粱地里结的"野种"。这里没有道德规范，也没有礼教的束缚，展示的全是敢爱、敢恨、敢哭、敢笑的肉体活力和自由放纵。第四，闹。片头的颠轿是闹，闹中宣泄着原始的蛮力。片中清理房舍也是闹，伙计们追逐嬉笑，洒酒像洒水似的玩耍。片末炸日本军车更是闹，唏里哗啦地冲向死亡和毁灭。所有这些，都符合了西方青年的审美习惯，而极大地刺激了中国的青年人。野、粗、丑、蛮，适合西方青年探险求奇、寻求刺激的审美心境；文、精、美、柔，适合中国青年温良恭俭让的审美情趣。《红高粱》是反传统的，它倒了很多中国人的胃口。

在绘画和雕塑的欣赏方面，中西青年的审美趣味也不一样。西方的绘画和雕塑，从古希腊到文艺复兴，直到现在，多以人体艺术为内容。文艺复兴时期的大画家米开朗琪罗说，"艺术真正的对象是人体"[①]；法国19世纪的雕刻家罗丹也认为，"自然中任何东西都比不上人体更有性格。人体由于它的力或者由于它的美，可以唤起种种不同的意象"。[②] 正是基于这样

---

① 转引自丹纳《艺术哲学》，人民文学出版社1963年版，第73页。
② ［法］奥古斯特·罗丹：《罗丹艺术论》，沈琪译，人民美术出版社1978年版，第62页。

的看法，西方著名的绘画和雕塑，很多是裸体、半裸体。而且西方的绘画多为油画，很讲究色彩。画家们对色彩和光线十分敏感、细巧，他们在阳光下作画，发现色彩与室内大不一样，颜色不仅有深浅不同，而且余色、补色（即三组对比色）相互影响。红的暗部有绿的因素，黄的暗部有紫的因素，橙的暗部有蓝的因素，正因为这样，他们的绘画更接近生活，逼真、立体感强，活泼鲜跳，呼之欲出。他们画出的裸体，光洁丰满，让中国青年看了甚至都不自觉地感到脸热、心跳，名画中人害羞。雕塑也是如此，无遮无碍，洁白光滑的大理石雕塑，像活人的躯体一样，带着强健的富有韵律的肌肉、美丽的曲线，立在面前，也会使中国青年吃惊。而中国的绘画，以用彩墨、宣纸为其特点。我们传统的色彩理论是"随类赋彩"，即见红涂红，见绿涂绿。不运用阳光七色原理，只有浓淡深浅之分。反映在水墨画上，传统称"墨分五色"，把墨色分为焦墨、干墨、浓墨、淡墨、水墨，浓淡可分很多，岂止五色？画的内容多以山水草木鱼虫为主，绝不画裸体。画也讲究境界、韵味、含蓄、致远；强调"诗中有画，画中有诗"，耐欣赏，耐品评。没有逼真感，没有立体感，艺术形象在似与不似之间，但讲究气韵生动，以形写神，以达到神似为目的。所以，中国青年在欣赏国画时，往往着力去捕捉神韵，悟其写意，对色彩不敏感，对透视原理不重视。这些审美习惯恰与西方青年形成对比。

应当指出，西方现代派艺术兴起之后，绘画和雕塑转向抽象和变形，一反传统的古典画风和雕塑风格。这迎合了青年们求新、猎奇的审美心态，其含蓄写意的一面颇与中国艺术趋近；但变形和随意性的一面，令中国青年感到迷惑。

在建筑艺术方面，由于传统上重实用而不太注意造型和色彩，使得中国青年对建筑物的审美价值不够关心。他们更感兴趣的倒是开间大不大，采光好不好，方便不方便。所以，建筑风格的创新，建筑审美的新追求，对于中国青年来说，并不占有重要位置，在许多人的心目中，建筑算不算是艺术都是一个值得研究的问题。正因如此，我国的建筑多少年来都遵循着古老的传统：坐北朝南，有对称的中轴线，整齐划一，缺少变化。而西方的建筑，从古希腊时代起，便注重造型，注重装饰，有些建筑不太注重实用的目的（如哥特式建筑），而是为了渲染一种气氛和精神。建筑设计师们充满了理想精神，不断地追求和探寻新的形式和风格，而旧的建筑风格则不时受到挑战和冲击。比如，梅斯·范·德尔·罗哈和利·科保西亚是现代建筑的杰出先驱，直到现在，从东岸到西岸，美国各大城市都充斥着模仿这两位大师的风格而设计的建筑物；到处是笔直的、外表呆板的摩天大厦。而这些大厦正被青年们认为"给人的感觉是冰冷而霸道的"；而那些庞大的住宅楼宇，则被描绘成"一列又一列毫无特色的建筑物，仿佛也是用来供应一些没有个性的人居住似的"。上述这些建筑正在受到一些富有冒险精神的新式建筑物的挑战。这些新式建筑包含着各种主题和在几何形状方面的大胆变化，对色彩和装饰毫不掩饰地运用，对节省能源进行关注，等等。这些都代表着西方年青一代对建筑审美的个性追求；而在中国，这方面尚缺乏变化和更新的审美要求。

    以上所述，仅限于在审美领域表现出的某些容易觉察的差异，但这已足可说明中西方青年在审美观上存在的差别。这种差别之所以存在，归根结底，在于中西方青年有着不同的文化心理结构。这一结构，是人们在一定的历史环境中，在一定文化传统和教育的影响下，在不同气质、禀赋的基础上所形成的相应知识结构和心理动机体系，它决定着人们的审美意识、审美理想和审美情趣。中西方青年文化心理结构的不同，主要归因于不同的历史文化背景和社会环境。这个问题将在另一篇文章中专门论述。

一九九〇年三月

中西青年审美差异的历史、文化渊源

众所周知，中西方有着不同的历史文化渊源。中国五千年光辉灿烂的文化，是东方文明的基础和核心。儒家、道家思想及其学说，在塑造中国文化心理结构方面，起了举足轻重的作用。而西方的文明是以古希腊、古罗马文化为基础的。恩格斯指出："没有希腊文化和罗马帝国所奠定的基础，也就没有现代的欧洲。"[①]"拜占庭灭亡时抢救出来的手抄本，罗马废墟中发掘出来的古代雕像，在惊讶的西方面前展示了一个新世界——希腊的古代；在它的光辉的形象面前，中世纪的幽灵消逝了。意大利出现了前所未见的艺术繁荣，这种艺术繁荣好像是古典古代的反照，以后就再也不曾达到了。"[②]就是说，古希腊、罗马的文化直接为资产阶级的文艺复兴注入了活力，为资本主义世界的文化繁荣奠定了基础。所以，讲到西方的文化和文明，就不能不追溯到古希腊和古罗马。

一

古希腊位于地中海东北部，大致相当于现在的希腊；罗马城邦相当于现在的罗马，帝国时期疆域很大，而以现代的意大利为本土。古希腊、古罗马同是欧洲文化的发源地。当欧洲绝大部分地区还处于野蛮状态，古希

---

① 中共中央马克思恩格斯列宁斯大林著作编译局编：《马克思恩格斯选集》第 3 卷，人民出版社 1972 年版，第 220 页。

② 同上书，第 444—445 页。

腊、古罗马就已经有了高度发展的文化。如希腊神话、希腊悲剧和希腊雕刻，都作为希腊文化的标志，成为人类文明的基础。

希腊神话主要包括神的故事和英雄传说。希腊人不像有些古老的民族（如印度）那样，沉溺于伟大的宗教观念。他们以特有的想象和幻想，创造了庞大的神的家族。宙斯是众神之首，波塞冬是海神，哈得斯是幽冥神，阿波罗是太阳神，阿耳忒弥斯是猎神，阿瑞斯是战神，赫淮斯托斯是火神，赫尔墨斯是司商业的神，九个缪斯是文艺女神，三个摩伊拉是命运之神，狄俄倪索斯是酒神和欢乐之神。众神居住在希腊最高的奥林匹斯山上。应特别指出的是，希腊神话中的神和其他比较发达的宗教中的神不同。他们没有那种道貌岸然的威严和神圣，倒是与世俗生活很接近。多数神像氏族中的贵族，很任性，爱享乐，虚荣心、嫉妒心和复仇心都很强，好争权夺利，生活放荡，不时溜下山来和人间的美貌男女偷情。他们和人结合所生的后代，就是英雄。英雄传说是对于远古的历史、社会生活和人对自然做斗争的回忆。在后世作家的描述中，希腊神话具有天真美丽的幻想和清新质朴的风格。此后的诗歌、悲剧都以神话和英雄传说为题材，对后世有重要的影响。特别是酒神狄俄倪索斯，他的职务是管理酒的酿造以及葡萄、树木和一切有关农业、农事的保护神。对酒神的祭祀和纪念是古希腊人民生活中的一件大事。为了使土地肥沃、作物丰收，每年春、秋两季都要举行极其盛大而隆重的集会。在集会的场合，人们尽情欢乐、尽情歌唱，酗酒、放纵、狂欢、肉欲，各自充分展示自己的个性，狂放不羁，发泄粗野的快乐。此外，还要举行竞技和诗剧的比赛和演出。"酒神颂"更演化为伟美崇高的悲剧，对于西方文学艺术的发展起了重大的推动作用。所以后来的研究者将西方的文明称为"酒神文化""酒神精神"。所谓"酒神文化"或"酒神精神"，也即是放荡不羁、冒险、开拓和充分展示人生命潜力的一种自由竞争的精神；重感性而藐视理性，重个性而轻视规范和伦理。这种文化内涵对于塑造西方国家某些民族的文化心理结构产生了重大影响，在某种程度上，它变成了一种文化"血液"，从古至今在西方人的血管中流淌。

希腊雕塑缘起于希腊人对肉体的崇拜，而肉体的崇拜则是由古希腊的社会生活所决定的。古希腊人过的是城邦生活，公民很少亲自劳动，他们有下人和被征服的人供养，而且总有奴隶服侍。公共事务与战争便是公民的职责，因此，他们必须懂政治，会打仗。由于城邦分散，周围又多是跃跃欲试、想来侵略的蛮族，做公民的便不得不经常武装戒备。一个战败的城邦往往被夷为平地，妻儿沦为奴隶。在如此严重的危险之下，自然人人都要关心国事、会打仗了。那时的战争全凭肉搏，这就要求每个士兵的身体越强壮越矫捷越耐苦越好。要有完美的身体，先得制造强壮的种族。当时斯巴达城邦就规定，体格有缺陷的婴儿一律处死。并规定结婚的年龄，选择对生育最有利的时期与情况，以便生养体格健全的孩子，制造好的种族。然后严格地训练。青年男子一律编队，上操，过集体生活，相互监督、拳打脚踢，睡在露天，到野外去抢掠，忍受恶劣气候的惩罚。女孩子也要像男子一样受训练。他们角斗、跳跃、拳击、赛跑、掷铁饼，目的是练就一个最结实、最轻灵、最健美的身体。这种风气使得希腊人产生了特殊的观念。在他们的心目中，理想的人物不是善于思索的头脑或感觉敏锐的心灵，而是血统好，发育好，比例匀称，身手矫捷，擅长各种运动的裸体。所以希腊人不以裸体为羞，毫不介意地脱掉衣服参加角斗与竞走。斯巴达连青年女子运动的时候，也差不多是裸体的。体育锻炼的习惯把羞耻心消灭了。他们全民性的盛大庆祝活动，如奥林匹克运动会、毕提运动会等，都是展览和炫耀裸体的场合。竞赛的锦标，当时是最高的荣誉。优胜者的裸体被人们像神一样供奉。正因如此，他们不怕在神前和庄严的典礼中展览肉体。甚至还有一门专门研究姿态与动作的学问，叫"奥盖斯底克"，专门教人美妙的姿态，跳敬神的舞蹈。风气所趋，希腊人把完美的肉体看作神明的特性，神明与凡人一样有躯体、有皮肉，有殷红的鲜血，有本能、有愤怒、有肉欲。他们的不同只是能长生不死。希腊人把美丽的人体视为模范，奉为偶像，敬如神明。他们对得奖的运动员都要立雕像作纪念，对得三次奖的还要塑他本身的肖像。神明的塑像也与凡人一样，只是塑得更美妙、更完善而已。

希腊人在塑造美丽的裸体雕像时，特别喜爱的是表现力量、健康和活泼的形态和姿势。他们认为，肉体有肉体的庄严，不像现代人只想把肉体属于头脑。他们着力地表现呼吸有力的胸脯，虎背熊腰的躯干，和帮助身体飞纵的结实大腿和腿弯。他们不太注意人物的思想和表情：完美的塑像多半眼睛没有眼珠，脸上没有表情；人物多半很安静，或者只有一些细小的无关紧要的动作，色调单一，不是青铜的就是云石的，显示出一种"高贵的单纯，静穆的伟大"。三四百年间，雕塑家们依照在公众的竞技中经常看到的裸体和裸体动作，修正、改善、发展肉体美的观念。他们终于发现人体的理想模型，并把对于理想人体的观念传到了现代。希腊大批的雕塑被保留了下来，后来罗马清理希腊遗物时，广大的罗马城中雕像数目竟和居民的数目差不多。即便是近代，经过多少世纪的毁坏，罗马城内城外出土的雕像，总数也在六万以上。这些为数众多的精美雕像，给"需要巨人而且产生了巨人"① 的资产阶级文艺复兴运动增添了活力。文艺复兴运动主张以人为中心，提倡"人性"，提倡"人权"，提倡"个性自由"；反对中世纪的"神性""神权"和宗教神学桎梏。它继承和利用了与封建意识相对立的希腊、罗马的古典文化，主张人的解放和世俗享乐。正是希腊雕像的光辉形象驱散了中世纪的幽灵，重新屹立在现代人的生活中。正像马克思所说的，希腊艺术和史诗，"仍然能够给我们以艺术享受，而且就某方面说还是一种规范和高不可及的范本"②。

作为西方文明的基础，希腊神话、希腊雕像、酒神文化等，都渲染着一种与东方文化、与中国文明完全不同的精神。这种精神正像一条永不枯竭的溪流，潜移默化地熏陶着西方的一代又一代人，使他们具有西方的梦想、西方的情趣、西方的气质、西方的审美习俗、西方的生活作风。

① 中共中央马克思恩格斯列宁斯大林著作编译局编：《马克思恩格斯选集》第 3 卷，人民出版社 1972 年版，第 145 页。

② 中共中央马克思恩格斯列宁斯大林著作编译局编：《马克思恩格斯选集》第 2 卷，人民出版社 1972 年版，第 114 页。

二

再看我国的文化传统和历史背景。中国是一个有着数千年文明的泱泱大国，它的封建历史很长，文化十分古老。以孔子为代表的儒家学派，在塑造中国人的文化心理结构方面，起了重要的作用。

儒学的最基本内涵是"仁"，"仁"是整个儒学的内在构架。在孔孟的儒学中，"仁"就是"仁爱""爱人"。"夫仁者，己欲立而立人，己欲达而达人。"（《论语·雍也》）这是一种推己及人的爱人之心。

所谓"己所不欲，勿施于人"，正是儒学的忠恕之道，与斯巴达城邦所鼓励的角斗、杀戮、征服、抢掠完全不同。"仁"是一种被罩上灿烂光环的道德理想和楷模，也是中国广大知识分子心目中"君子"的形象。而"仁"的具体内容又是"孝"，"孝弟也者，其为仁之本欤。"（《论语·学而》）更把"仁"的道德规范放在家庭这个社会细胞上，把它的实质解释为"爱亲"，在家孝顺父母、顺从兄长，出外便忠诚国君。"其为人也孝弟，而好犯上者，鲜矣。"（《论语·学而》）父母之孝，兄弟之爱，国君之忠，这一向是儒学所力倡的理想人格的重要内涵，也为沐浴了、渗透了儒学精神的中国知识分子所追慕和奉行。因此，"仁"不仅是道德的核心、完美人格的标志，也是维系家庭和睦、确保国家稳定统一的伦理法则。

作为儒学理想人格的"仁"，还充分肯定了人的生理、心理欲求和精神追求的合理性及其存在的必然性。但是，个人的"亲亲""尊尊"、忠孝之道又必须符合社会道德伦理观念。"仁"必须受"礼"制约，并由"礼"所规范。一个人言行的是非标准即"礼"："非礼勿视，非礼勿听，非礼勿言，非礼勿动。"（《论语·颜渊》）"礼"又是孝的准则。"为仁"的最终目的，在于恢复和维护正常的社会道德秩序。从重视"仁"到强调"礼"，充分说明儒学虽然承认个体人格的独立存在，但更强调个人服从于社会整体，个人的言行必须以社会道德伦理为准绳。孔子说："克己复礼为仁。"（《论语·颜渊》）这是儒学的精神实质。它使得中华民族在性格、心理方面，共性远甚于个性，社会化远远超过个性化。表现在美学特征上，则是对内容的强调和对功利的考虑远远超过对形式和对艺术本身的追求。

儒学强调"仁"和"礼"的同时，还提出了"中庸"。所谓"中庸"，即无过或不及，"截其两极，取其中用"。只有行为中庸，才合君子标准，否则，肆无忌惮，即成了小人。孔子说："质胜文则野，文胜质则史。文质彬彬，然后君子。"（《论语·雍也》）这就是中庸，它是"仁"的具体行为准则，仁、礼、中庸，三位一体，共同制约着人们的言行道德。

上述儒家思想对审美习俗产生了深远的影响，其具体表现为：第一，理性胜过感性，共性多于个性。"仁"是受"礼"制约的，个人行为的是非标准取决于社会道德伦理的要求，这种观念见之于审美，则是共性多于个性，理性胜过感性，强调理智而压抑情感。以社会规范去泯灭个别需求，以"礼"制约一切。在美学上最直接的表现是，以善去规定美的内容。第二，突出审美的社会功利性。这主要表现为儒家对艺术的功利性要求。论诗讲"兴观群怨"，论文讲"文以载道"，论乐讲"尽善尽美"，论书画讲"成教化、助人伦"，等等。儒学的功利主义美学观一直主宰着中国的文坛、艺坛。因此，为艺术而艺术和纯形式等西方颇为流行的主张，在中国很少有立足之地。第三，温良、平和成为中国人的基本审美要求。这主要受"中庸之道"的影响。"中庸"，强调人为地调和矛盾，"和为贵，忍为高"。孔子编纂《诗经》的原则是"乐而不淫，哀而不伤"，儒家的审美观是温柔敦厚，"微而婉""怨而不怒"，不赞成激烈和直露，不主张抗争和对立。愿意在宁静、温馨的氛围中，欣赏和体味优美、恬淡的诗情画意。中国古代绝没有古罗马式的斗兽场，也很不习惯于观看西班牙斗牛士那种惊险恐怖的表演。中国很少展现个人和社会激烈矛盾、冲突的悲剧，即使有悲剧，也多以大团圆的形式收场。这些均影响到中国人的审美习惯和审美情趣，形成了具有民族特点的审美传统，至今影响着年青一代的审美观。

除儒学的影响之外，道家对中华民族审美观的形成也产生过不小的影响，这主要表现在艺术的创作和欣赏方面。

道家主张"绝圣弃智""致虚极，守静笃""复归于朴"（《道德经》第十九、十六、二十八章）；崇尚自然，否定人为的艺术。认定"信言不美，美言不信"（《道德经》八十一章）"大音希声（最完美的声音是听而不闻的），大象无形"（《道德经》四十一章），等等。道家的代表性学者庄子，则明确地表示过，语言文字在他看来是一种粗迹，最高的真理当求之语言文字之外，即所谓"可以言论者，物之粗也；可以意致者，物之精也；言之所不能论，意之所不能察致者，不期精粗焉"（《庄子·秋水》）。这说明道家所追求的正是一种超乎言意之表，越乎声色之上的自然的艺术。这种思想影响到中国的文坛、诗坛，则出现了"不着一字，尽得风流"（司空图：《二十四诗品》）、"羚羊挂角，无迹可求"（严羽：《沧浪诗话》）等理论范畴。由老庄的"虚静"说和"有无相生"的观点，推衍为论诗的"欲令诗语妙，无厌空且静。静故了群动，空故纳万境"。（苏轼：《送参寥师》）。追求空静的艺术境界。不仅表现于诗歌，在绘画中也讲"虚实相生，无画处皆成妙境"（笪重光：《画筌》）。中国的艺术渲染一种清闲淡远、幽深妙微的境界，不能不说是道家思想的影响所致。

尤其在绘画艺术中，从老子的"大音希声，大象无形"和庄子的"有成与亏"的理论，画家们推衍出大色无色，不用色而色全的艺术哲学思想，提出"画道之中，水墨最为上；肇自然之性，成造化之功"（王维：《山水诀》）。用水墨代五色，写性陶情，成为中国独具一格的士大夫画。水墨虽没有五色鲜丽，但实乃大色，可以代替一切颜色。按道家的理论，用色而色遗，不用色而色全；大自然的色彩千变万化，难以穷尽，用无色的水墨，反倒可以画出自然的神韵。唐代画家张彦远就说过："草木敷荣，不待丹绿之彩；云雪飘扬，不待铅粉而白。山不待空青而翠，凤不待五色而綷。是故运墨而五色具，谓之得意。"（《历代名画记》）中国的画家不需要在颜色上下功夫，没有必要对色彩特别敏感。因为中国画不用丹绿之彩，也可以显示草木葱荣之态；不用铅粉之白，也可以表现云雪的洁白形貌。为什么会这样呢？因为中国画的奥妙在于"得意"，不在于"得形"。按道家的理论，"得意"可以忘言，"得意"可以忘象，"得意"也可以忘色。用色不一定能比得上自然之色，不用色，让人通过"意会"去想象自然之色，反而更好。所谓"摈落筌蹄，方穷至理"。所以中国的艺术偏于含蓄，称为表现的艺术；而西方偏于毕肖外物，称为再现的艺术。中国的水墨画，空灵淡远，古朴隽永，与西方油画的浓彩重抹、活泼鲜跳迥然不同，自有其独特的审美价值。这多半是道家思想影响的结果。这种审美习俗影响面相当宽广，大凡中国人穿衣、用具、建筑的不重色调，对"清水芙蓉"之类淡雅美的特别偏爱，对文章朴实无华的特别要求，等等，都可以从道家的理论中找到根据。

道家的理论主张还影响到中国审美范畴的建立。中国的艺术家们讲究"风骨""气韵"，提倡"妙悟"，标举"神韵""性灵"和"境界"，这在西方的审美范畴中是根本找不到的。如"风骨""气韵"，原是用以品评人物的。六朝时由于老庄及佛学思想影响，社会上对形、神关系曾有过热烈争论，道家重意轻言、重神轻形的思想所致，则对潇洒不群、超然自得、无为而无不为的风度给以高度评价。这样一种气韵和风貌，正好是当时士大夫阶级的审美理想和趣味。所以，用以论文则讲"风骨"，用以论画则讲"气韵"。前者是指文章在思想艺术方面具有刚健、清新和遒劲的力的表现；后者是指绘画生动地表现出人的内在精神气质、格调风度，或表现出物的生机意趣、特色和内涵。中国的审美范畴，很难用语言准确地表达出来，其中强调体悟，强调心领神会，强调可以意会不可以言传。中国古代人审美，不是看，而是"品"，欣赏诗、书、画、乐，都讲究品滋味。唐代诗人司空图讲："'诗家之景，如蓝田日暖，良玉生烟，可望而不可置于眉睫之前也。'象外之象，景外之景，岂容易可谭哉！"（《与极浦书》）宋代严羽认为诗的妙处在于"透彻玲珑，不可凑泊。如空中之音，相中之色，水中之月，镜中之象。言有尽而意无穷"（《沧浪诗话》），他主张"妙悟"。这些理论使得中国人游山玩水时，也与西方人不同，喜欢道路弯曲有致，且游且品，佳景渐至，"山重水复疑无路，柳暗花明又一村"。而西方人喜欢场面开阔、雄伟，道路平直，便于驰骋。所以，中国的园林，大多小巧玲珑，曲径通幽，富诗情画意，绰约多姿。西方的园林则场面博大，气势宏阔，多几何图形，道路平直畅通，便于驱车览胜。

总之，儒家思想在塑造中国人的文化心理结构方面的作用是显而易见的。几千年的封建文化，旷日持久，潜移默化，中华民族任何一个成员都无法逃脱这种影响。所以，中国青年的审美观融进了传统的因素，带上了特有的东方色彩，与西方青年形成鲜明的对照，这是毫不奇怪的。

　　应该看到，东西方青年通过有益的文化交流，审美习俗的相互封闭状态已经被冲破。在相互影响、相互学习和取长补短的基础上，各国的审美习俗会向更健康、更科学的方向发展，而我们中国青年的审美观也必将在东西方审美习俗、审美标准的交流、撞击、融汇中，达到更丰富、更完美的新高度。

一九九〇年三月

"人的本质"与"美的规律"

——学习马克思《1844 年经济学哲学手稿》札记

马克思的《1844 年经济学哲学手稿》问世以后，越来越为各国美学界所注意。顾名思义，这部手稿本身并不是讲美学问题的，它讲的是经济学和哲学的问题。然而，人们之所以站在美学的角度来强调它的伟大意义，是因为这部著作的基本哲学观点为美的本质和美感的本质奠定了哲学理论基础。目前，国内美学界对一系列美学基本问题的研究，多以这部手稿的某些论断为理论依据。比如讲到自然美，就往往联系到"自然的人化"；探讨美的本质又常常要讲到"人的本质的对象化"；研究美的产生，势必要征引"劳动创造了美"，以及"异化劳动"，等等。大家虽在同一部著作中找理论根据，但到头来却是众说纷纭，意见极不一致。这是因为大部分学者采取的是"六经注我"的方法，即征引马克思的言论来为自己的论点服务，这就有意无意地歪曲了马克思的原意，或者借题发挥，有牵强附会之嫌。为正确理解马克思手稿的基本精神，我想就人们谈论得最多的"人的本质"和"美的规律"的问题谈些自己的看法，以就教于同志们。

一　关于"人的本质"

从整个手稿来看，其中心问题是人的问题。"人的本质的对象化""自然的人化""人道主义""人本主义""劳动""异化"，哪一个命题的中心都少不了人。马克思也正是在研究人的科学时，顺便提到了美的欣赏和美的创造，并把这看作人的本质的丰富性的表现。所以，弄清楚马克思怎样论人和什么是"人的本质",直接关系到对马克思美学思想的正确理解,而正是在这个问题上,有着很多不同意见。

蔡仪先生断定,"《1844年经济学哲学手稿》中所表现的当时马克思是人本主义的,基本上是和费尔巴哈的思想是一致的,显然是接受了费尔巴哈的人本主义思想的影响";又说,"《1844年经济学哲学手稿》中关于'人的本质'的说法,也正表明马克思当时的思想,在这一点上也和费尔巴哈基本上是一样的"。由此,蔡先生便认为《1844年经济学哲学手稿》与马克思在1845年春写的《关于费尔巴哈的提纲》"显然"是"相对立"的。①

与蔡先生观点相应的也不乏其人,比如《山东师范大学学报》1981年第三期所载《"人化的自然"与美》一文,就干脆用费尔巴哈的观点来解释马克思手稿中所讲的"人的本质"的含义。论者认为,"'人的本质对象化',只是人通过自然的对象来确证自己的本质是个感性的自然本质罢了",并断言,"人的本质和它的对象化的自然物的关系"与"饥饿"之与"食物""太阳"之与"植物"的关系是毫无二致的。就这样,他们把费尔巴哈从生物学的角度理解人的本质的观点,轻易地加到了马克思的头上。他们之所以这样做,无非是为了让马克思承认美是一种与人无关的客观物质存在,人只能对美作出直观反映,没有人类之前便已有美的存在,等等。

他们的观点是否真正符合实际呢?只要认真阅读《1844年经济学哲学手稿》,便不难发现,他们的见解实在是曲解了马克思。

毋庸讳言,马克思在手稿中受费尔巴哈的影响最深,即连"异化""外化""对象化"等常用术语也都来自费尔巴哈和黑格尔,而未来得及加以改变。但是否就因此而断定此时马克思关于"人的本质"的说法与费尔巴哈基本一致呢?当然不能。读过《1844年经济学哲学手稿》后,便很容易发现,透过那些似乎陈旧的术语,表述出来的却是马克思那极富天才的思想。可以说,正是在这部手稿中,唯物辩证法的清泉涤荡着那些古老的

---

① 蔡仪:《关于〈1844年经济学哲学手稿〉的一些看法》,《美学通讯》1981年第1期。

思辨哲学的枯枝败叶而汩汩地流出来，汇成了马克思主义新思想的源头。

首先，很明显，马克思对"人的本质"的见解，既不同于黑格尔，也不同于费尔巴哈。黑格尔认为人的本质主要是思维活动，"人是一种能思考的意识"，人作为心灵"复现他自己"，"为自己而存在，观照自己，认识自己，思考自己，只有通过这种自为的存在，人才是心灵"① 而费尔巴哈则说："人自己意识到的人的本质是什么呢？在人中间构成类、构成真正的人类的东西是什么呢？是理性、意志、心情……"② 他把人的本质理解为"类"，理解为某种"共同性"。在他看来，人与一般动物之所以不同，只不过是因为它具有理性、意志、感情等共同性而已。人类的这种"共同性"是"内在的"，即人生来在内心中就具有的，是不受任何社会历史条件决定和影响的；人类的这种"共同性"是抽象的、捉摸不定的，是把许多人纯粹自然地联系起来的，而不是人的社会性和阶级性，人们在这种共同的自然特性的基础上联系起来，构成一"类"。

马克思则认为"人的本质"是人有意识的自由活动和从事能动的、创造性的劳动的能力。他写道：

> 有意识的生命活动直接把人跟动物的生命活动区别开来。正是仅仅由于这个缘故，人是类的存在物。换言之，正是由于他是类的存在物，他才是有意识的存在物，也就是说，他本身的生活对他来说才是对象。只是由于这个缘故，他的活动才是自由的活动。③

> 人是类的存在物。这不仅是说，人无论在实践上还是在理论上都把类——既把自己本身的类，也把其他物的类——当作自己的对象；而且是说（这只是同件事情的另一种说法），人把自己本身当作现有的、活生生的类来对待，当作普遍的因而也是自由的存在物来对待。④

---

① ［德］黑格尔：《美学》第1卷，朱光潜译，商务印书馆1982年版，第38—39页。
② ［德］费尔巴哈：《基督教的本质》，荣震华译，商务印书馆1984年版。
③ ［德］马克思：《1844年经济学哲学手稿》，刘丕坤译，人民出版社1979年版，第50页。
④ 同上书，第49页。

固然，"类的存在物"没有脱出费尔巴哈的"人类学原则"的概念范畴，但马克思在整个论述中却赋予了它新的、更深刻的意义。他指出人的类的特性在于人有自意识即自觉性和人的活动的自由性，认识到自己不仅是一个个体，而且把自己和他所属的那个物种（即人类）等同起来，因而在他的生活活动（实践和认识）中都把他的那个物种作为他的对象。不仅如此，马克思认为，人的万能还表现在他能在更广阔的范围内认识到其他物种乃至整个自然界（包括社会）。这一切都成了"精神食粮"，时而作为自然科学的对象，时而作为艺术的对象。而在实践方面，这一切自然对象都成了人的"无机的身体"，既作为人的生活资料，又作为"人的生命活动的材料、对象和工具"。这也就是人们生产劳动、革命斗争和科学实验的物质基础。这是马克思强调的人作为类存在物的本质属性中的普遍性和自由性。而异化劳动往往使劳动者丧失这些特性。在第三手稿中，马克思干脆停止使用"类的存在物"这样的概念，直接用"社会的"来代替它："社会的性质是整个运动的普遍的性质；正像社会本身创造着作为人的人一样，人也创造着社会。"①

马克思的这一系列观点和论述能说与费尔巴哈"基本上是一样的"吗？费尔巴哈什么时候把劳动实践和社会性作为研究人的出发点呢？

其次，让我们来看一看《1844年经济学哲学手稿》中关于人的本质的观点与《关于费尔巴哈的提纲》显然对立。

恩格斯曾高度评价马克思的《关于费尔巴哈的提纲》，说它"作为包含着新世界观的天才萌芽的第一个文件，是非常宝贵的"② 这个提纲中关于人的本质的论述有这样三点是应该特别注意的。

第一，指出以费尔巴哈为代表的一切旧唯物主义离开人的社会实践，消极地单凭感性直观认识事物的错误。只把客观世界看成认识的对象，而不是首先把它看成实践的对象、改造的对象，把人的认识世界和改造世界的过程完全割裂开来；"对事物、现实、感性，只是从客体的或者直观的

① ［德］马克思：《1844年经济学哲学手稿》，刘丕坤译，人民出版社1979年版，第75页。
② 中共中央马克思恩格斯列宁斯大林著作编译局编：《马克思恩格斯选集》第4卷，人民出版社1972年版，第208—209页。

形式去理解，而不是把它们当作人的感性活动，当作实践去理解，不是从主观方面去理解"① 这样一来，旧唯物主义就把认识看成是消极直观的反映，忽视了认识的能动性。

第二，对一些唯物主义者关于人和环境、教育相互关系的错误观点的批判。这些人认为，人是环境和教育的产物，因而改变了的人是另一种环境和改变了的教育的产物。马克思批评说："这种学说忘记了：环境正是由人来改变的，而教育者本人一定是受教育的。""环境的改变和人的活动的一致，只能被看作是并合理地理解为革命的实践。"

第三，马克思针对费尔巴哈把宗教的本质归结于人的本质的错误，指出："人的本质并不是单个人所固有的抽象物。在其现实性上，它是一切社会关系的总和。"

我们把《1844年经济学哲学手稿》与《关于费尔巴哈的提纲》中阐述的以上三方面内容加以比较，不但看不出它们有什么对立的地方，相反，后者倒是前者的合乎逻辑的发展和进一步完善。

《1844年经济学哲学手稿》中不仅多次强调人认识世界的能动性，而且强调劳动实践。通过实践，人能"实际创造一个对象世界，改造无机的自然界"，"正是通过对对象世界的改造，人才实际上确证自己是类的存在物。这种生产是他的能动的、类的生活。通过这种生产，自然界才表现为他的创造物和他的现实性。因此，劳动的对象是人的类的生活的对象化：人不仅像在意识中所发生的那样在精神上把自己划分为二，而且在实践中、在现实中把自己划分为二，并且在他所创造的世界中直观自身"。② 看，马克思从实践观点出发，将人的主观方面和客观方面讲得何等清楚，哪里有一点与《关于费尔巴哈的提纲》对立的地方呢？不仅如此，马克思在《1844年经济学哲学手稿》中所说的"社会本身创造着作为人的人""人也创造着社会"，这不正与《关于费尔巴哈的提纲》中所谈的人与环境

---

① ［德］马克思：《关于费尔巴哈的提纲》，载中共中央马克思恩格斯列宁斯大林著作编译局编译《马克思恩格斯全集》第3卷，人民出版社1965年版，第3—6页。

② ［德］马克思：《1844年经济学哲学手稿》，刘丕坤译，人民出版社1979年版，第50—51页。

的关系的观点相吻合吗？

至于第三点，《关于费尔巴哈的提纲》对人的本质的概括，表面上看与《1844年经济学哲学手稿》不一样，但在实质上却并没有相悖之处。只是《1844年经济学哲学手稿》沿用人类学的旧概念来表述人的本质，而《关于费尔巴哈的提纲》则采用新的社会学的语言来表达。只要细细考察它们所包含的内容，将不难发现它们之间的相通之处。最要紧的是，我们不能只看现象，不看本质；只重表面，不重实际。

事实上，《1844年经济学哲学手稿》写于1844年4—8月，而《关于费尔巴哈的提纲》写于1845年春，时间上相隔不到半年，马克思的思想不管如何"飞跃"，也不会在半年后写出的《关于费尔巴哈的提纲》中就把半年前的观点一股脑儿推翻，从而形成显然的对立。那种忽视由渐变到质变的辩证发展过程，而简单地用时间作分水岭划分人的思想发展阶段的方法，是一种形而上学的方法。由此，我们可以说，《1844年经济学哲学手稿》中关于人的本质的认识是马克思主义的认识，与费尔巴哈显然是有着质的不同；《1844年经济学哲学手稿》与《关于费尔巴哈的提纲》的观点是完全相通的、吻合的，并不是所谓"显然对立的"。

二 关于"美的规律"

在《1844年经济学哲学手稿》中，马克思正是在探讨人的本质的过程中，在分析动物的生产与人的生产的区别时，谈到了"美的规律"的问题。他指出：

> 动物只生产它自己或它的幼仔所直接需要的东西；动物的生产是片面的，而人的生产则是全面的；动物只是在直接的肉体需要的支配下生产，而人则甚至摆脱肉体的需要进行生产，并且只有在他摆脱了这种需要时才真正地进行生产；动物只生产自己本身，而人则再生产整个自然界；动物的产品直接同它的肉体相联系，而人则自由地与自己的产品相对立。动物只是按照他所属的那个物种的尺度和需要来进

行塑造，而人则懂得按照任何物种的尺度来进行生产，并且随时随地都能用内在固有的尺度来衡量对象；所以，人也按照美的规律来塑造物体。[①]

在这一段话中，马克思同时提出了“物种的尺度”“内在固有的尺度”和“美的规律”三个命题，而难就难在，这三个命题的确切含义究竟怎样理解，它们之间的逻辑关系又是什么。

蔡仪先生认为，“所谓‘物种尺度’，则是该事物的‘普遍性’或‘本质特性’，而所谓‘内在的尺度’也就是内部的‘标志’或内在的‘本质特征’”“并不是说的完全不同的两回事”“而美的规律是规定这事物的所以美的”“事物的美不美，都决定于它是否符合于美的规律”“美就是一种规律，是事物的所以美的规律”。[②]

反驳蔡先生的论者却认为，“物种的尺度”指事物本身无疑，而“内在固有的尺度”却应理解为人的尺度，而不应理解为物的尺度。“‘物种的尺度’讲的是客体的特征，‘内在固有的尺度’讲的是主体的特征，两者的结合，才能构成‘美的规律’。”[③]

朱光潜先生则认为，“前条（指“物种的尺度”——引者注）指的是每个物种作为主体的标准，不同的物种有不同的需要，例如人造住所和蜜蜂营巢各有物种的需要，标准（即尺度）就不能相同”“后一条（指“内在固有的尺度”——引者注）比前一条更进了一步。对象本身固有的标准就更高更复杂，它就是各种对象本身的固有的客观规律”。而“‘美的规律’是非常广泛的，也可以说就是美学本身的研究对象”。[④]

综观以上三种意见，蔡先生把两个尺度看成同一回事，显然是不妥的。因为，既然是一回事，马克思又何必在文中特别运用一个关联词“并且”提起另一个尺度呢？很明显，马克思在这里是另有深意的。反驳蔡先

① ［德］马克思：《1844 年经济学哲学手稿》，刘丕坤译，人民出版社 1979 年版，第 50—51 页。
② 参见蔡仪《马克思究竟怎样论美?》，载《美学论丛》第一辑，中国社会科学出版社 1979 年版。
③ 转引自《美学》1982 年第 3 期，上海文艺出版社，第 108 页。
④ 朱光潜：《美学拾穗集》，百花文艺出版社 1980 年版，第 84—85 页。

生的意见，有一定的道理，但把"内在固有的尺度"说成"人的尺度"，未免太绝对了。朱先生将"内在固有的尺度"解释为"各种对象本身的固有的客观规律"，与马克思的语意也似乎不太协调，尤其联系到后面的"美的规律"，就更觉不好理解。

我认为，如果把马克思这段话的意思用比较通俗的语言来表述，应该是：动物只是按照它所属的那一个物种的特点和生存的需要来进行营造，而人则晓得按照任何一个物种的特点和标准来进行生产，制造什么就像什么，并且随时随地都能用他所掌握的那一物种的固有标准去检查他所生产的东西。正因为人有这样的能力，所以人也能按照美的规律去制造各种产品。

这样，就把"内在固有的尺度"理解为人所认识和掌握的客观事物的标准和特征了。它自然是属于观念形态性的，既是客观事物在人的头脑中的反映，又是人经过记忆、思考和加工的东西。人的能动性、人的特点就表现在能把观念性的东西变为实在的东西。正如马克思指出的，"劳动过程结束时得到的结果，在这个过程开始时就已经在劳动者的表象中存在着，即已经观念地存在着"。[①] 人们的生产过程也大致是，先把这种观念性的目的、计划、"腹稿"付诸实践，然后用这目的、计划、"腹稿"检查、对照自己的产品，看劳动的结果是否符合自己的目的、计划。由此，我们可以这样理解，如果说"按照任何物种的尺度来进行生产"系指一种"模仿"的能力，那么，"用内在固有的尺度来衡量对象"就应该是指一种"创造"的本领，二者的差别就在这里。

此外，应该看到，马克思所说的人不是指单个的人，而是指族类的人，社会的人。既然人具有不仅能在形式上模仿，而且能在实质上创造的能力，那么，按照社会人的欣赏标准和约定俗成的法规进行生产就成为可能，这便是所谓"按照美的规律来塑造物体"。这里的"美的规律"，并不是蔡仪先生认为的"美就是一种规律，是事物所以美的规律"，这种客观

---

① 中共中央马克思恩格斯列宁斯大林著作编译局编：《马克思恩格斯全集》第23卷，人民出版社1965年版，第201页。

不变的"美的规律"是不存在的。这里的规律，无非是说社会的人们大体公认的一种标准，这个标准既有事物本身的因素，又有人实用的因素，也有历史的因素，是很复杂的。所以，不能脱离上下文的整体意思，而单在"规律"二字上兜圈子。因为马克思在这段话中，重点是在谈人的劳动与动物的不同，从这种不同中再揭示人的本质，而不是专论美的。这里的"美的规律"不过是顺便提及，用以说明人塑造物体时能在不违背物体本身规律的前提下，尽量做到合乎人们的心意，合乎人们的欣赏习惯，这也是人能用多种方式掌握世界的具体体现。

如果以上的理解能大体符合马克思的原意，那就可以说，从这里我们还得不到美的现成答案，马克思的话只能启发我们去思考，从而在万能的人与丰富的自然界之间的关系上去考察美的起源和美的本质。

正是基于这样的认识，所以我不尽同意出自《美学》杂志的一种较为流行的观点。

> 人类能够依照任何物种的尺度来生产……这个"任何物种"……就是"真"，人类是具有内在目的尺度的实践主体，它的实践是作用于现实世界的感性物质力量，这实践活动具有合目的性、社会普遍性，这就是"善"。真为人所掌握，合规律性与合目的性相统一，成为主体化（人化）的"真"；善得到了实现，合目的性得到合规律性的肯定，成为实现了（对象化）的"善"。这个真与善的统一，人化的真与对象化的善的统一，合规律性与合目的性的统一，便是"美"。

这段话在逻辑推理上很显得周严，也很有思辨的力量，但是，它的致命的弱点是：第一，牵强附会了马克思的话；第二，对美的定义太武断。如果说"凡是美的都是合目的性与合规律性的统一"，这是对的，但倒过来说就不完全对了。因为"合目的性与合规律性的统一"不一定是"美"。很简单，毒气弹是不是合目的性与合规律性的统一？它是美吗？鬼怪式飞机，响尾蛇导弹，按上面的那种认识来看，也是合目的性与合规律性的统一；且不说作为杀人武器它们是丑恶的，就是作为防卫武器来说，也只具有实用价值，不具有审美意义。这两个致命弱点的根源，都在于没有准确把握马克思论述的原意。

由此，我们还可以联系到另一种较为流行的说法，即美是"人的本质力量的对象化"。这样说没有大的错误，但太空泛，不够确切。因为"人的本质力量的对象化"不限于美，它有着更为广泛的内涵。马克思分明在《1844年经济学哲学手稿》中写道："工业的历史和工业的已经产生的对象性的存在，是人的本质力量的打开了的书本，是感性地摆在我们面前的人的心理学；迄今人们从来没有联系着人的本质，而总是仅仅从表面的有用性的角度，来理解这部心理学……"① 可见，工业生产及其产品，也都是"人的本质力量的对象化"，然而，这些有的具有审美价值，有的却没有审美价值。因此，不能说"人的本质力量的对象化"便是美。马克思的论述为研究美的本质打开了一条通路，奠定了理论基础，这是毫无疑问的，但离真正解决问题距离尚远。所以，在学术研究上我们只能去向马克思找立场、找观点、找方法，是不能指望找现成的答案的。

一九八二年五月三十一日

---

① ［德］马克思：《1844年经济学哲学手稿》，刘丕坤译，人民出版社1979年版，第80页。

唯物史观与文学艺术的规律

一

1883 年 3 月 17 日，在伦敦海格特公墓马克思的安葬仪式上，恩格斯用英语发表了他那篇简短而著名的讲话。正是在这篇讲话中，他怀着无比景仰的感情回顾了马克思一生的革命业绩和伟大贡献，他一开始就强调指出："正像达尔文发现有机界的发展规律一样，马克思发现了人类历史的发展规律，即历来为繁茂芜杂的意识形态所掩盖着的一个简单事实：人们首先必须吃、喝、住、穿，然后才能从事政治、科学、艺术、宗教等等；所以，直接的物质生活资料生产，因而一个民族或一个时代的一定的经济发展阶段，便构成为基础，人们的国家制度、法的观点、艺术以至宗教观念，就是从这个基础上发展起来的，因而，也必须由这个基础来解释，而不是像过去那样做得相反。"①

科学巨匠马克思的这一重要发现，是社会科学研究中最伟大的革命。随着唯物史观（按：马克思的这一发现，被称为唯物主义历史观。）的出现，人类知识的发展开始了一个新的时代，这就是科学地理解自然界、社会和人的思维发展规律的时代。

---

① 中共中央马克思恩格斯列宁斯大林著作编译局编：《马克思恩格斯全集》第 19 卷，人民出版社 1965 年版，第 374 页。

列宁认为，"发现唯物主义历史观，或更确切地说，彻底发挥唯物主义，即把唯物主义运用于社会现象，就消除了以往的历史理论的两个主要缺点。第一，以往的历史理论，至多是考察了人们历史活动的思想动机，而没有考察产生这些动机的原因，没有摸到社会关系体系发展的客观规律性，没有看出物质生产发展程度是这种关系的根源；第二，过去的历史理论恰恰没有说明人民群众的活动，只有历史唯物主义才第一次使我们能以自然史的精确性去考察群众生活的社会条件以及这些条件的变更"。[①]

对于同人类文明的历史一样久远的文学艺术来说，唯物主义历史观的运用，便使得这个一向为剥削阶级所独占、歪曲并被渲染得有些莫名高深的领域豁然开朗了。唯物主义历史观解决了文学艺术的两大根本问题：一是揭示了它的本质；二是指明了它肩负的新的历史任务。

马克思早在《〈政治经济学批判〉序言》中，就对唯物主义历史观作了明确的阐述，他提出的关于经济基础决定上层建筑，上层建筑又反作用于经济基础的基本原理，证明了文学艺术的意识形态性质。文学艺术，尽管它那么飘忽不定，那么千姿百态，但它的根基却在整个物质世界；这只意识形态的"风筝"，其脚线是牢牢地系在经济基础的"桩子"上的。这个问题，在今天看来是如此简单、明了，甚至一提起来，人们都似乎感到有点老生常谈了。然而，在20世纪，在我们的大师还没有揭示它以前，那是一种怎样的情形呢？一大批在世界范围内都赫赫有名的哲学家、美学家、文艺理论家，为了解答文学艺术的本质和使命的问题，一直在艺术的迷宫中徘徊，并为此写下了堆积如山的著作。他们几乎无一不认为自己的发现最有价值，自己的论证最为雄辩。但是，今天看来，他们所持的却不过是瞎子摸象所得的一点可怜的证据，谁也没有揭示出艺术的本质。只略举数例，即可看出当时学者们纷纭的意见之一斑。

柏克（1730—1797年）认为艺术的目的是"雄伟"和"美"，"雄伟"和"美"是以自己的感情和社交的感情为基础的。温克尔曼（1717—1767

---

① 中共中央马克思恩格斯列宁斯大林著作编译局编：《列宁全集》第21卷，人民出版社1988年版，第38页。

年）认为，任何艺术的目的只是"美"，表达的美是艺术的最高目的；现在的艺术应该力求模仿古代艺术，因为古代艺术中有美。康德（1724—1804 年）的理论，被认为是比其他任何理论都更清楚地理解了艺术的本质的理论，他主张通过纯理性在自然界中寻"真"，通过实践理性在自身寻"善"，通过判断力在合宜的物件的外形上寻"美"；而判断力能不经理解而作出判断，不通过欲望而产生快乐，所以艺术无功利、无目的。席勒（1759—1805 年）认为艺术的目的是"美"，而"美"的根源是没有实际利益的享乐，因此他把艺术称为"游戏"。谢林（1775—1854 年）认为艺术是主观和客观的结合，是自然和理性的结合，是无意识和有意识的结合。黑格尔（1770—1831 年）认为艺术是绝对观念的"外观"（schein）的体现，它和宗教、哲学一样，都是把人类的最高深问题和精神的最高真理引到意识中并倾诉出来的手段。达尔文（1809—1883 年）认为艺术是一种在动物世界里已经产生的活动，它是从性欲产生的；音乐艺术起源于雄的招引雌的时所发的号叫。维隆（1825—1889 年）认为艺术是通过人类所感受的线条、色彩、姿势、声音、语言、情绪而作的外部表现①

上述这些观点，或者把艺术说成如同上帝一样的一种绝对观念的"外观"的体现，或者说成"游戏"，或者说成一种在动物世界已经产生的活动，或者是感情通过感性形态的表达……并且大多数都认为艺术的目的就在于创造美，艺术无功利，这不仅对艺术的起源作了唯心主义的解释，而且为"纯艺术论""为艺术而艺术"制造了理论上的根据。与马克思同时代的俄国民主主义的先驱车尔尼雪夫斯基（1828—1889 年），虽然强调艺术反映现实，现实中原已有美，却没有充分估计到艺术的社会功用，以及艺术与社会发展的内在联系。因为他所使用的思想武器没有超出费尔巴哈哲学的范畴。

马克思的唯物史观则高屋建瓴，一下子就揭示出了文学艺术的本质：它是社会意识的一部分，是为经济基础所决定和制约的，文学艺术的产

① 参见〔俄〕列夫·托尔斯泰《艺术论》，丰陈宝译，人民文学出版社 1958 年版，第 19—34 页。

生、发展、变革和归宿，都不可能从它本身出发得到说明，而最终必须从经济关系中去找答案。"物质生活的生产方式制约着整个社会生活、政治生活和精神生活的过程。不是人们的意识决定人们的存在，相反，是人们的社会存在决定人们的意识。"①

马克思科学地揭示出人们的思想意识来源于客观现实，是为社会存在所决定的，存在是第一性的，思想意识是第二性的。精神来源于物质，物质决定精神，物质是一切社会意识的本源。整个世界按其本性来说都是物质的（有机体的人也是物质的），物质是自然界中一切过程的唯一源泉和最终原因。而物质运动和物质变换在人类社会中则表现为物质生产，物质生产又与生产方式密切关联。生产方式的变革和不同，也就决定了社会生活和人们思想意识的不同。因而，从根本上说，有什么样的生产方式，就会相应地产生什么样的社会生活和社会思想意识。作为社会意识形态之一的文学艺术，自然不能脱离整个社会生活。作家的创作天才和创作灵感不能脱离社会生活而凭空迸出火花；文学艺术的思想内容不管有多么复杂，都是对社会现实生活或直接或曲折的反映，它最终要为一定的生产方式、经济基础所制约，为社会存在所决定。因此，只有按照马克思的历史唯物主义观点来认识和解释一切文学艺术现象，十分注意地把它放在一定的社会历史条件下，同当时的生产方式和经济基础联系起来做周密的考察，才能够看清楚它的发展脉络并进而掌握它的客观规律。反之，离开了生产方式，离开了经济基础，仅仅去考察作家的思想动机，考察文学艺术本身诸因素之间的关系，到头来只能得到些表面的、肤浅的结论，永远也不会得到科学的实质性的解答。正是在这个基点上，我们才把马克思的唯物史观看作打开艺术迷宫的钥匙。

不仅如此，唯物史观的运用还科学地阐明了文学艺术所肩负的新的历史任务。这就是要正确地表现工农大众及其革命斗争，也即是列宁所说的"说明人民群众的活动"和"考察群众生活的社会条件"。

---

① 中共中央马克思恩格斯列宁斯大林著作编译局编：《马克思恩格斯选集》第2卷，人民出版社1972年版，第82页。

文学艺术以表现工农大众为主要任务，这是亘古未有的新原则。封建阶级、资产阶级的作家、艺术家，他们主要是面向上层社会，表现的是国王、贵族、太太、小姐以及他们的社会活动，写的是剥削阶级圈子里的事情。因为，在这些作者看来，历史是由上层社会的所谓有教养的人创造的，是所谓英雄创造的，他们看不到也看不起人民群众的力量。即使是那些著名的批判现实主义作家，那些有社会主义倾向的小资产阶级作家，也不过抱着资产阶级悲天悯人的观点去描写工人、农民，把他们写成被侮辱、被损害的可怜的小人物，这些作品表现的是人道主义、人性论，超不出恩格斯所说的"博爱的银河"。随着工人阶级登上历史舞台，恩格斯在 1988 年《致玛·哈克奈斯》的信中，就非常及时地指出："工人阶级对他们四周的压迫环境所进行的叛逆的反抗，他们为恢复自己做人的地位所作的剧烈的努力——半自觉或自觉的，都属于历史，因而也应该在现实主义领域内占有自己的地位。"① 这是马克思和恩格斯的一贯思想。1846 年，恩格斯在《诗歌和散文中的德国社会主义》一文中，就曾气愤地指责小资产阶级诗人倍克，只"歌颂胆怯的小市民的鄙俗风气。歌颂'穷人'，歌颂 pauviebonteux（耻于乞讨的穷人）——怀着卑微的、虔诚的和互相矛盾的愿望的人，歌颂各种各样的'小人物'，然而并不歌颂倔强的、叱咤风云的革命的无产者"。②

从马克思主义唯物史观来看，无产阶级和其他劳动人民是创造物质财富的主要力量。他们是时代的中心，是时代的主要内容。他们决定了时代发展的方向。文学艺术不仅要表现他们，而且要表现出他们的本质，反映出他们那种积极的、改天换地的力量，不仅不能把他们写成些靠别人施舍过日子的可怜者，而且要把他们写成顶天立地的社会主人。这是文学艺术肩负的一项伟大的历史新任务，也是唯物史观对文学艺术所提出的必然要求。

但是，这绝不意味着像林彪、江青反党集团所做过的那样，在文学艺

---

① 中共中央马克思恩格斯列宁斯大林著作编译局编：《马克思恩格斯选集》第 4 卷，人民出版社 1972 年版，第 462 页。
② 同上书，第 253—254 页。

术领域搞什么"专政"、什么"三突出"、什么"工农兵占领舞台"。这种脱离生活基础的虚假的文艺，恰恰是对马克思主义文艺理论的歪曲和背叛。文学艺术要歌颂工农大众，表现无产者，就要像毛泽东同志所说的，"应当根据实际生活创造出各种各样的人物来，帮助群众推动历史的前进"①。这里要求的是"根据实际生活"，不是脱离实际生活去胡编瞎造，更不是"主题先行"式地去搞图解政治的文艺；这里要求的是创造"各种各样的人物"，不是只要单一的"高大全"。总之，既要写出丰富、生动、广阔的社会背景，又要写出有血、有肉、有人情、有生命力的活人，绝不能要那种概念化、公式化的政治说教。只有这样，才符合唯物史观对文学艺术的要求。

二

然而，唯物史观的发现并没有解决也不可能解决文学艺术的所有问题。文学艺术毕竟有它自己的内在规律。如何运用唯物史观去分析研究文学艺术的各种现象，仍然是个亟须解决又并非轻易能解决的难题。

马克思逝世后，那些为所欲为的"土名人和小天才"（恩格斯语），那些有意无意地把历史唯物主义庸俗化的人，就曾一度把上述难题看得过于简单。他们有的在理解经济基础和上层建筑的关系时，把经济说成历史发展过程中唯一决定性因素，有的把"唯物主义"当作标签贴到各种事物上，有的则把唯物主义方法当作现成的公式，按照它来剪裁各种历史事实……这实质上是在阉割马克思主义的精髓。为此，恩格斯花费了极大的精力，去指出这些人的错误，去揭破美妙言辞下的骗局。1890 年 6 月 5 日致保尔·恩斯特的信，同年 8 月 27 日致保·拉法格的信，8 月 5 日和 9 月 21 日致约·布洛赫的信，10 月 27 日致康·施米特的信，1893 年 7 月 14 日致弗·梅林的信，1894 年 1 月 25 日致符·博尔吉乌斯的信……在这一系列的信件中，恩格斯都谈到了这个问题。他强调要把唯物主义方法当作

---

① 毛泽东：《毛泽东选集》第 3 卷，人民出版社 1988 年版，第 863 页。

研究历史的指南，而不能当作现成的公式①，"经济状况是基础，但是上层建筑的各种因素对历史斗争的进程也发生影响并且在许多情况下主要决定着这些斗争的形式"，不考虑到这各种因素，而把历史唯物主义的理论应用于任何历史时期，"就会比解一个简单的一次方程式更容易了"②。恩格斯认为，"那些更高地悬浮于空中的思想领域，即宗教、哲学等等""它们都有它们的被历史时期所发现和接受的史前内容，即目前我们不免要称之为谬论的内容"，这些虚假观念对史前时期的低级经济发展有时也作为条件，甚至作为原因，"但是，要给这一切原始谬论寻找经济上的原因，那就的确太迂腐了"。并且，"每一时代的哲学作为分工的一个特定的领域，都具有由它的先驱传给它而它便由此出发的特定的思想资料作为前提。因此，经济上落后的国家在哲学上仍然能够演奏第一提琴：18世纪的法国对英国（而英国哲学是法国人引为依据的）来说是如此，后来的德国对英法两国来说也是如此"。③ 可见，唯物史观的运用本身也是一种创造性的艰苦劳动。用唯物史观来说明和考察文学艺术现象更是要经过一系列的中介，并须照顾到复杂的内外因素，万不可把"唯物主义"当作标签乱贴，或者用以装潢自己，吓唬别人。正是基于此，恩格斯才着重指出，"必须重新研究全部历史，必须详细研究各种社会形态存在的条件，然后设法从这些条件中找出相应的政治、司法、美学、哲学、宗教等等的观点。在这方面，到现在为止只作出了很少的一点成绩，因为只有很少的人认真这样做过"④。马克思主义创始人的这些语重心长的教导，虽然已经有了近百年的历史，但至今读来仍旧那么亲切，那么新鲜，那么锐利而富有生气。

新中国成立三十多年来，我们在学习和研究马克思主义基本理论方面

---

① 中共中央马克思恩格斯列宁斯大林著作编译局编：《马克思恩格斯全集》第37卷，人民出版社1965年版，第409页。

② 中共中央马克思恩格斯列宁斯大林著作编译局编：《马克思恩格斯选集》第4卷，人民出版社1972年版，第477页。

③ 中共中央马克思恩格斯列宁斯大林著作编译局编：《马克思恩格斯全集》第37卷，人民出版社1965年版，第485—486页。

④ 中共中央马克思恩格斯列宁斯大林著作编译局编：《马克思恩格斯选集》第4卷，人民出版社1972年版，第475页。

虽然取得了不少成绩，但是在文学艺术理论研究中，在美学研究中，在哲学研究中，不是还有相当一批人在自觉或不自觉地把"唯心主义"当成学术上挞伐异己的武器吗？凡不合自己一派观点的学术思想，便轻易地冠以"唯心史观""主观唯心主义""唯心主义""资产阶级唯心主义"等之名，尽可能地贴上封条，只要力所能及，就将其打入禁宫。连我们中华民族历史上那些有名的哲学家、思想家（如孔子、孟子，老子、庄子等）的著作，甚至在还没有认真探讨、研究和辨析的情况下，便弃之如敝屣；在"唯心主义"的"封条"下，不知封住了多少有价值的思想资料。这种做法实际上已转到了唯物主义的反面，与马克思主义毫无共通之处。

马克思主义的创始人对待文学艺术尤其谨慎，他们从来都是仔细地观察和认真地研究这个领域里的所有特殊现象。马克思早在 1857 年写的《〈政治经济学批判〉导言》中就开门见山地指出了"物质生产的发展例如同艺术生产的不平衡关系"，他说，"关于艺术，大家知道，它的一定的繁盛时期绝不是同社会的一般发展成比例的，因而也绝不是同仿佛是社会组织的骨骼的物质基础的一般发展成比例的"[1]。这就是说，艺术的发展和繁荣，是由诸多的因素促成的，物质生产的发展诚然是重要的因素，但不是唯一的因素，而且物质生产在对文学艺术起支配作用时，要经过许多的中间环节。文学艺术本身的特点和规律，决定了它不能时时处处都与物质生产的发展并行不悖，它毕竟有自己相对独立的发展线索。

马克思的论述为我们进一步研究文学艺术的内在规律开拓了宽广的道路，也为我们冲破那些企图用"唯物主义"的套语束缚住我们手脚的"土名人和小天才"设置的种种戒律，奠定了理论基础。这是指导我们正确运用唯物史观于文学艺术领域的最重要的理论保证。

问题在于，我们承认了文学艺术的这个相对独立的发展线索，承认了它的规律性，作为基础的物质生产对它还有没有作用，还要不要去制约它，怎样去制约它。马克思主义经典作家的回答是肯定的。只不过这种作

---

① 中共中央马克思恩格斯列宁斯大林著作编译局编：《马克思恩格斯选集》第 2 卷，人民出版社 1972 年版，第 112 页。

用，这种制约，不是在每一个阶段、每一个时期都施展和表现出来罢了。文学艺术发展的历史已经证明了这一点。尽管这样，"在这里透过各种偶然性来为自己开辟道路的必然性，归根到底仍然是经济的必然性"；恩格斯指出，"我们所研究的领域愈是远离经济领域，愈是接近于纯粹抽象的思想领域，我们在它的发展中看到的偶然性就愈多，它的曲线就愈是曲折。如果您画出曲线的中轴线，您就会发觉，研究的时期愈长，研究的范围愈广，这个轴线就愈接近经济发展的轴线，就愈是跟后者平行而进"①。

请注意：马克思、恩格斯反复强调的是"归根到底"，是"最终"，是很"长"的时期，很"广"的范围，而并非时时、处处、事事、人人。但我们的某些研究者、批评者却耐不住这个"根"和"底"，耐不住这个"长"和"广"，一看精神讲多了点，意识的比重大了点，主体占了上风一点，就迫不及待地去扣主观唯心主义的帽子。这样的文艺评论，这样的美学述评，至今还屡见不鲜。

究竟什么才是唯心主义？什么才叫唯物主义？列宁在他所写的《卡尔·马克思》一文中，曾经转述和评论了马克思主义创始人对这两个概念的规定性所做的阐释，他写道："弗·恩格斯在叙述自己和马克思对费尔巴哈哲学的看法的《路德维希·费尔巴哈》一书中（此书付排前，恩格斯重新阅读了他和马克思于1844—1845年写的论述黑格尔、费尔巴哈和唯物主义历史观的原稿）写道：'全部哲学，特别是近代哲学的重大的基本问题，就是思维对存在、精神对自然界的关系问题……两者孰先孰后的问题：是精神先于自然界，还是自然界先于精神……哲学家依照他们如何回答这个问题而分成了两大阵营。凡是断定精神先于自然界，从而归根到底承认创世说的人……组成唯心主义阵营。凡是认为自然界是本原的，则属于唯物主义的各种学派。'在其他任何意义上运用（哲学的）"唯心主义"和"唯物主义"这两个概念，都只能造成混乱'。"②

---

① 中共中央马克思恩格斯列宁斯大林著作编译局编：《马克思恩格斯选集》第4卷，人民出版社1972年版，第507页。

② 中共中央马克思恩格斯列宁斯大林著作编译局编：《列宁全集》第21卷，人民出版社1988年版，第33—34页。

在这里对"唯心主义"的解释有两点要义：一是断定精神先于自然界，承认精神是本原的；二是承认创世说，世界是上帝创造的。这两点都是立足于宏观世界去考察物质与精神的关系时，唯心主义者的"归根到底"的回答，只有从这个意义上判别唯心主义才恰如其分。否则，即是滥用。

在人类历史的长河中，如果在某一阶段、某个领域、某个问题上，承认精神所起的主导作用，承认精神先于某个事物而存在，这丝毫也不能把它说成是唯心主义，相反，这样做倒是在某种程度上坚持了辩证唯物主义而避免了机械唯物主义。

对于"唯物主义"的正确认识，也必须从大处着眼，看其是否承认"自然界是本原的，精神是第二性的"这一哲学唯物主义的基本命题；而不是时时刻刻都把自然界，把物质放在第一位就算"唯物"了。列宁的评论特别富有警诫的意义，他认为除了恩格斯所阐释的"唯物主义"和"唯心主义"两个概念的含义外，不能作任何其他意义上的理解和运用，否则后果只有一个："造成混乱"。列宁的这一忠告，难道还不足以令我们深长思之吗？

文学艺术作为特殊的社会意识形态，是飘在空中的、离基础较远的意识形态之一，它的相对独立性更大一些。它不像政治和法律那样随基础的变化而迅速变化，而是对前代思想资料的继承更明显、更直接。有些艺术形式，比如希腊艺术和史诗，不但不会随着古希腊社会形态的消亡而消亡，反而像马克思所说的那样，要穿越几千年的历史帷幕，直到今天"仍然能够给我们以艺术享受，而且就某方面说还是一种规范和高不可及的范本"① 而古希腊的法律和政治就没有这样的特性。由此可以看出，在文学艺术领域里，最不可以机械地套用"唯物主义"，像马克思和恩格斯所批评的一些人已经做过的那样。

马克思主义经典作家们充分肯定了文学艺术的特殊性和它自身的规律性，在用唯物史观从大处指出它的本原和归宿的同时，总是小心翼翼地论

---

① 中共中央马克思恩格斯列宁斯大林著作编译局编：《马克思恩格斯选集》第2卷，人民出版社1972年版，第114页。

到它的其他方面；在指出必然性的同时，又强调了它的偶然性因素，并且这些偶然因素有时也会起指导的作用。这才是辩证唯物主义的科学分析方法。列宁在论文学事业与党的关系时就特别指出："无可争论，文学事业最不能作机械的平均、划一，少数服从多数。无可争论，在这个事业中，绝对必须保证有个人创造性和个人爱好的广阔天地，有思想和幻想、形式和内容的广阔天地。"① 列宁十分了解文学艺术的特点，非常尊重它自身的规律性，要求党在领导文学事业时，必须保证充分照顾到文学艺术创作的特殊要求——个人创造，个人风格，形象思维，联想、幻想、想象，形式内容统一，典型化，等等。唯物史观之于文学艺术也同样如此，它绝不是要封住作家的思想，禁锢个人的创造精神，使人感到动辄得咎，而是使作家、艺术家的思想更敏锐，创作天地更广阔，艺术创造更自由。

总之，马克思发现的唯物主义历史观，第一次揭示了文学艺术的本质。作为社会意识形态之一的文学艺术，尽管纷纭多变，繁茂芜杂，但其发展和变化的最终原因却只能存在于经济基础之中；而文学艺术又有自己的规律，有自己相对独立的发展线索，它对基础也要产生反作用。唯物史观只能作为研究文学艺术的指南，不能去具体解答它的所有问题，物质生产对文学艺术的制约，要经过一系列中介。文学艺术的发展和繁荣是由多种因素促成的，所以它与物质生产存在不平衡关系。唯物史观的实质既是唯物的，又是辩证的，用它来解释文学艺术现象时，必须以严谨的科学的态度去分析研究各种复杂的因素，切不可把事情看得过于简单。

一九八三年三月

---

① 中共中央马克思恩格斯列宁斯大林著作编译局编：《列宁选集》第1卷，人民出版社1988年版，第648页。

马克思的文化遗产继承观之一

——"被曲解了的形式正好是普遍的形式"

拉萨尔在他的《既得权利体系》（1861 年）一书中，论及罗马和德意志的继承法时，曾证明罗马遗嘱的袭用最初是建立在"曲解"上的。针对这一观点，马克思在 1861 年（手稿为 1862 年）7 月 22 日写的一封信中，向拉萨尔指出："绝不能由此得出结论说，现代形式的遗嘱——不管现代法学家据以构想遗嘱的罗马法被曲解成什么样子——是被曲解了的罗马遗嘱。否则，就可以说，每个前一时期的任何成就，被后一时期所接受，都是被曲解了的旧东西。"紧接着，马克思便以法国戏剧理论上的"三一律"为例，就法律和艺术等上层建筑和意识形态的历史继承关系指出，"被曲解了的形式正好是普遍的形式，并且在社会的一定发展阶段上是适于普遍应用的形式"。[①] 这是马克思关于批判继承古代文化遗产方面的一个重要思想，它有着十分丰富的内涵和巨大的启迪作用。但是，长期以来，马克思的这一论断似乎没有引起理论界的足够重视。本文拟就这一问题，谈些不成熟的看法，以就教于学术界。

---

① 中共中央马克思恩格斯列宁斯大林著作编译局编：《马克思恩格斯全集》第 30 卷，人民出版社 1965 年版，第 608 页。

一

纵观历史，每个前一时期的任何成就，在被后一时期所接受的过程中，必然要经过一种似乎是被曲解了的形式。这是因为，过去每个时期对前一时期成就的继承和袭用，都是从自己这个时期的阶级需要出发的。所以，历史文化遗产一旦为后一时期所利用，就已经有了很大的差异，早已失去了原来的精神面貌；不应该把它看成"被曲解了的旧东西"，而应该说是后一时期的阶级思想的一部分。在这种情况下，如果有人想来追索原貌，以匡正这种"曲解"，那会是徒劳的。

最明显的例子是马克思提到的"三一律"，这原是 17 世纪法国古典主义戏剧理论中的一条法则。布瓦洛在《诗的艺术》（1674 年）一书中，曾把这条法则概括为"要用一地、一天内完成的一个故事，从开头直到末尾维持着舞台充实"①。也即时间、地点、情节三者都要求一致。因为古典主义是以效法古希腊、古罗马为其特征的，正是在经过了中世纪的千年黑暗王国的统治之后，古典主义者似乎才发现了希腊罗马光辉灿烂的文化，倡导要回到古典时代去。"三一律"的维护者正是为了加强论据，提高说服力，才把这条法则说成导源于古希腊戏剧和亚里士多德的《诗学》。但当法国语言学家安德烈·达西埃（1651—1722 年）在他所翻译的亚里士多德《诗学》评注中，指出古典主义戏剧理论家讲的所谓时间、地点、情节三统一的"三一律"与亚里士多德所讲的时间和情节两个统一不相符合时，古典主义者对此却并不理会，他们还是长期固执地坚持这种所谓的"古典"戏剧，因为"他们正是依照他们自己艺术的需要来理解希腊人的"②。

这只要注意一下当时的历史事实即可明白。当时法国早已完成了统一，形成了"朕即国家"的君主专制统治；思想上、政治上高度统一的王

---

① 转引自伍蠡甫等编《西方文论选》上卷，上海译文出版社 1979 年版，第 297 页。
② 中共中央马克思恩格斯列宁斯大林著作编译局编：《马克思恩格斯全集》第 30 卷，人民出版社 1965 年版，第 608 页。

权，以继承古希腊的戏曲作为旗帜，把古典主义作为在文学艺术领域统治的手段，从而束缚作家的创作，"三一律"正好符合了这种政治需要。高乃依的悲剧《熙德》由于没有遵守"三一律"，尽管演出时受到热烈欢迎，但仍然受到法兰西学院的严厉批评。这种戏剧理论显然是"曲解"了希腊戏剧理论；但这种"曲解"却正成了当时社会所能接受的形式，因而是当时"适合于普遍应用的形式"。可见，当时的社会条件决定了当时的理论家必须作这样的曲解。

不单欧洲为然，在中国也不乏其例。如唐朝中叶的古文运动，它的倡导者韩愈主张在文体上恢复先秦两汉文章的传统，主张文道合一，反对六朝以来的浮艳文风。这个运动主要是文风、文体和文学语言的改革运动，在文章的演变上有着划时代的意义。这个运动是借助儒学复古运动的旗帜而发展起来的，而儒学复古运动的兴起，跟中唐时期的社会经济、政治和文化的情况又有着密切的关系。儒学运动和古文运动，在表面上看来都是在"复古"的口号下进行的，可是它并非完全复古，而是在继承传统的基础上有所革新和创造。也就是说，韩愈的复古运动，是建立在对先秦两汉传统的"曲解"上。"文道合一"这个口号，在先秦两汉就没有人正式提倡过，可在古文运动中，却成了高悬的一个目标，这正是一种所谓的"曲解"，而这种"曲解"，却是为当时的社会发展所能普遍接受的。

二

对文化遗产"曲解"的另一种表现形式，则是有意识地利用旧形式宣传或表现新的内容。马克思在《路易·波拿巴的雾月十八日》一文中，专门对这种情况作过详尽论述，他认为，16世纪的德国宗教改革、17世纪的英国革命和18世纪的法国革命，就都不同程度地分别利用了《圣经》和希腊罗马的古典文化遗产。但这种利用，是"他们战战兢兢地请出亡灵来给他们以帮助，借用它们的名字、战斗口号和衣服，以便穿着这种久受崇敬的服装，用这种借来的语言，演出世界历史的新场面"①。比如，马丁·路德作为宗教改革运动的领袖，要代表资产阶级的利益起来反对强大、残暴的罗马教会和皇权的统治，这不仅是危险的，而且是困难的。所以，他就"换上了使徒保罗的服装"，从维护宗教的纯洁性入手，反对教会以出售赎罪券的名义对群众进行掠夺和剥削；主张教徒只要真诚忏悔和信仰上帝就行了，而不必去买赎罪券，也不需要去遵守教会的一套清规戒律，不必受僧侣的控制。他在阐述这些新思想时，曾援引《圣经》的章节，从而指责罗马教皇的罪恶，称教皇为"反基督者"。正是因为这样做，才获得了如同恩格斯所说的那样的成果："路德放出的闪电引起了燎原之火。整个德意志民族都投入运动了。"② 路德的失败，是由于他本人和他所代表的德国早期资产阶级的软弱性和反动性所致；他借用耶稣的名字和《圣经》的语言所进行的改革宣传和鼓动工作却是十分成功的。

同样，17世纪英国资产阶级革命领袖克伦威尔和英国人民为了他们的资产阶级革命，也借用过《圣经》来反对封建贵族和封建社会；而当真正的目的已经达到，资产阶级的理论家也就自然会排挤掉《圣经》中的先知。

为什么要在这种"曲解"的情况下进行改革和创新呢？马克思是这样分析的："人们自己创造自己的历史，但是他们并不是随心所欲地创造，并不是在他们自己选定的条件下创造，而是在直接碰到的、既定的、从过去承继下来的条件下创造。一切已死的先辈们的传统，像梦魇一样纠缠着活人的头脑。"③ 历史是连续的，是有自己的发展规律的，它不能随心所欲地凭空创造，必须借助于既定的条件，所以继承就成为必需，没有继承就没有创造，这是一方面。同时，传统也是不可忽视的，在意识形态斗争中，谁能抓住传统，谁能利用传统，谁就能驱使一部分力量为他们进行斗

---

① 中共中央马克思恩格斯列宁斯大林著作编译局编：《马克思恩格斯选集》第1卷，人民出版社1972年版，第603—605页。

② 中共中央马克思恩格斯列宁斯大林著作编译局编：《马克思恩格斯全集》第7卷，人民出版社1965年版，第407页。

③ 中共中央马克思恩格斯列宁斯大林著作编译局编：《马克思恩格斯选集》第1卷，人民出版社1972年版，第603—605页。

争。除此而外，传统不会给新的创造带来任何利益。所以，"使死人复生是为了赞美新的斗争，而不是为了勉强模仿旧的斗争；是为了提高想象中的某一任务的意义，而不是为了回避在现实中解决这个任务；是为了再度找到革命的精神，而不是为了让革命的幽灵重新游荡起来"①。意大利的文艺复兴运动，并不是古希腊、罗马文化的简单恢复和重新兴起，而是标志了资产阶级文化的萌芽，反映了新兴资产阶级的要求。恩格斯在描述这个运动时说，"拜占庭灭亡时所抢救出来的手抄本，罗马废墟中所发掘出来的古代雕像，在惊讶的西方面前展示了一个新世界——希腊的古代，在它的光辉的形象面前，中世纪的幽灵消逝了；意大利出现了前所未见的艺术繁荣，这种艺术繁荣好像是古典古代的反照，以后就再也不曾达到了"②。实际上这并不是古典古代的反照，而是新兴资产阶级文化所表现出的旺盛的生命力和朝气蓬勃的精神，因为"这是一次人类从来没有经历过的最伟大的、进步的变革，是一个需要巨人而且产生了巨人——在思维能力、热情和性格方面，在多才多艺和学识渊博方面的巨人的时代"。这个时代是古希腊、罗马时代所无法比拟的；所以这实际上是借古典文化的名义所演出的历史新场面，而这也是一种建立在对遗产"曲解"基础上的新形式。

三

被"曲解"了的形式最普遍存在的要数文学艺术领域了。按照心理学的看法，人们头脑中的表象是无法直接交流的，但艺术创作和欣赏实际上却在进行着表象的交流（当然交流的不只是表象，还有思想和情感），而交流表象最常用的手段就是语言。但是因为词和语句的抽象性与概括性，所以往往难以原封不动地把形象的、具体的表象传达给对方。正因如此，

① 中共中央马克思恩格斯列宁斯大林著作编译局编：《马克思恩格斯选集》第1卷，人民出版社1972年版，第603—605页。
② 中共中央马克思恩格斯列宁斯大林著作编译局编：《马克思恩格斯选集》第3卷，人民出版社1972年版，第444—445页。

历代作家、艺术家便都在这方面煞费苦心，调动一切手段，尽可能运用艺术的语言来达到交流表象的目的。歌德说过："我在内心接受印象，并且是那类感官的、活生生的、媚人的、丰富多彩的印象，正如同一种活泼的想象力所呈现的那样。我作为一个诗人，是要把这些景象和印象艺术地加以琢磨与发挥，并且通过一种生动的再现，把它们展露出来，使别人倾听或阅读之后，能得到同样的印象；除此以外，我不该再做旁的事了。"① 但是，作者的这种努力有时会变为一厢情愿，因为就欣赏者来说，他所得到的印象往往不一定与作者的完全相同。我国清代学者王夫之在《姜斋诗话·诗绎》中说过："作者用一致之思，读者各以其情而自得。"这句话可以说是道出了作者与欣赏者之间存在的一种较为普遍的现象。所谓"各以其情而自得"的"情"，用心理学的话来说也即是"情感体验"；人们在阅读文学作品时，通过作品中语言对形象的描述，引起了对原来就在脑海里储存的有关表象的联想，唤起了自己的形象感，产生了再造性的想象。而原来就在脑海里储存的表象，是他自己通过直接或间接体验而得到的。他没有感觉体验过的东西，就得不到那个东西的表象，也就没法进而理解这种东西。而每个人的生活经历不同，情感体验不同，脑海里储存的表象也就不尽相同，在欣赏同一部作品时所唤起的形象感也就不会一样。中国人与西洋人同时读《红楼梦》，浮现于脑海中的林黛玉的形象肯定会有差别；中国人心目中的上帝也许会是黄面皮、黑眼珠、平鼻子，而西洋人心目中的上帝则会是蓝眼睛、白面皮、大鼻子。有人说过，有多少个演哈姆雷特的演员，就会有多少个不同性格、不同形象的哈姆雷特。这就叫"各以其情而自得"，而这实际上就都是一种"曲解了的形式"。这种"曲解"也是社会的人们所允许的。

在柏拉图的《申辩》篇中，记述了希腊哲学家苏格拉底讲过的这样一段话："在看了那些政治人物之后，我又去看那些诗人。……我就给他们拿出他们自己作品中最精心制作的几段，问他们究竟是什么意思——心里想着他们总能教我点什么。你们相信吗？我几乎不好意思说出真相，但我

---

① 转引自伍蠡甫等编《西方文论选》上卷，上海译文出版社 1979 年版，第 477 页。

必须说，现在在场的人几乎没有一个对他们的诗不能谈得比他们自己更好的。"①　对于诗中的意思，读者竟能比作者谈得更好。苏格拉底所说的这种情况，在文学艺术欣赏的实践中是确实存在的。读者在依照作者所揭示的特征和规定的方向上，各人的具体感受可以有所不同，因为各个读者的想象都离不开他们各自的思想感情和生活经验。我们平时所说的"形象大于思想"，也是这个意思。这实际上就是一种"曲解了的形式"，这种形式不仅正好是一种普遍的形式，而且在社会的一定发展阶段上是适于普遍应用的形式。

由此，我们可以进而解释马克思在《〈政治经济学批判〉导言》中所提出的问题：希腊艺术和史诗何以仍然能够给我们以艺术享受？可以说，希腊艺术和史诗的艺术魅力并不在古希腊作者本来所要表达的主旨上，而在于它作为人类童年时代的艺术，给后世提供了永远新鲜的联想和想象的基础；一代代的读者都能从中生发出新的感受，获得新的启示和诗情。人们不管对待多么远古的文化，在理解上不管多么想设身处地于那样的时代，但在事实上，他的立足点永远摆脱不了他所处的时代；也就是说，他在处理古人的过程中，必然要加进现代人的思想和现代人的感情，并且必然要自觉或不自觉地从现代人的心理状态出发。这样，"曲解"也就不可避免。

继承文化遗产，是人们自己创造自己的文明史，建立美好的共产主义社会的必要条件。然而，必须批判地继承，必须在继承中有革新和创造，这本身就有"曲解"的成分。毛泽东同志倡导的剔除其"糟粕"，吸收其"精华"和"古为今用""洋为中用""推陈出新"等，实质上也是一种对古代文化和外来文化的"曲解"；不曲解，就是"照搬"，就是"全盘吸收"。而历史是发展的，情况是在不断变化的，"照搬""全盘吸收"古代的和外来的东西，只能给社会、给人民造成危害。所以说，"被曲解了的形式正好是普遍的形式，并且在社会的一定发展阶段上是适于普遍应用的

———
① 北京大学哲学系编译：《古希腊罗马哲学》，生活·读书·新知三联书店1957年版，第147页。

形式"。这一论断极其精确地概括了人类对文化遗产批判继承的基本规律。只有"曲解",才能发展;也只有"曲解",才能创造。"被曲解了的形式",实际是在旧的基础上发展了的新形式。

一九八三年四月十五日

马克思主义美学原理研究中的一个新突破

——读朱光潜先生《西方美学史》再版"序论"札记

粉碎"四人帮"以后，朱光潜先生以他八十开外的高龄，在辛勤地从事教学和科研的同时，又不辞劳苦地认真校改了他的《西方美学史》，并在大量翻阅马克思主义经典作家西语原著的基础上，于再版《序论》中提出了他这些年来的研究心得。其中最重要的一点，是他科学而又大胆地把意识形态和上层建筑这两个概念加以区别，同时指出了斯大林同志在这个问题上的含混之处。这无疑是马克思主义美学原理研究中的一个新突破。

作者引用了马克思 1859 年发表的《〈政治经济学批判〉序言》中一向被称为历史唯物主义总纲的那一整段重要的话作为立论的基础（这段话是这样的："……人们在自己生活的社会生产中发生一定的、必然的，不以他们的意志为转移的关系，即同他们的物质生产力的一定发展阶段相适合的生产关系。这些生产关系的总和构成社会的经济结构，即有法律的和政治的上层建筑竖立其上，并有一定的社会意识形式与之相适应。物质的生产方式制约着整个社会生活，政治生活和精神生活的过程。不是人们的意识决定人们的存在，相反，是人们的社会存在决定人们的意识……"朱先生在引用时又参照德文对中译文稍有校改，校改的部分是"……经济结构即现实基础，在这基础上竖立着上层建筑，与这基础相适应的有一定的社会意识形态"）。与此同时，又引用了恩格斯 1890 年给布洛赫的信和列宁的《马克思主义的三个来源和三个组成部分》中的段落，来加以印证和阐释。之后，朱光潜令人信服地指出了以下两点。

第一，"并不反对上层建筑除政权、政权机构及其措施之外，也可包括意识形态或思想体系，因为这两项都以'经济结构'为'现实基础'，而且都是对基础起反作用的，'上层建筑'，原来是对'经济结构'即'现实基础'而言的，都是些比喻词，实质不在名词而在本质不同的三种推动历史的动力（即：一是经济结构即现实基础，二是法律和政治的上层建筑，三是与基础相适应的社会意识形态或思想体系）"。

第二，"坚决反对在上层建筑和意识形态之间画等号，或以意识形态代替上层建筑"。①

在这里，朱先生通过对马克思主义经典著作的大量征引和分析，概括地指出：上层建筑和经济基础同属于"社会存在"（此一命题似有待进一步商榷），而意识形态却是属于"精神生活"的，上层建筑较意识形态距离经济基础近，对经济基础起的反作用也较直接、较强有力；而且各个领域的意识形态都有自己的历史持续性和相对独立的历史发展；意识形态的变革一般落后于政治经济的变革。

朱先生的这些研究和探讨，对于我们进一步学习马克思主义美学和科学地解释文艺现象，都有着重大的启迪作用。

过去乃至现在的文艺理论教科书上，几乎清一色地写着"文艺是上层建筑之一"，并认为它"必然具有上层建筑的一切特性"，于是，在高等学校的文艺理论课上，很多教师就自然而然地把文艺与上层建筑的其他部门等量齐观。尤其近十年来，更是十分经常地片面强调文艺对经济基础的适应，甚至干脆说它是无产阶级专政的工具之一。这种认识带来了若干弊病。

首先，在理论研究上这是一种倒退。20 世纪 50 年代，苏联哲学副博士、副教授瓦·斯卡尔仁斯卡娅在中国人民大学的讲稿《马克思列宁主义美学》一书中说：

"马克思列宁主义美学按照辩证唯物主义和历史唯物主义的规律确定：

---

① 朱光潜：《西方美学史》，人民文学出版社 1979 年版，第 16—17 页。

"第一，艺术是一种产生于存在的特殊的社会意识形态，是一种思想活动。

"第二，艺术按照社会运动的一般规律发展。

"第三，艺术是认识和反映客观现实的一种特殊方式。

"第四，艺术有巨大的社会改造意义。它在阶级斗争和社会发展中起着积极的作用。"

又说，"根据马克思列宁主义关于基础和上层建筑的学说，我们知道艺术也像哲学一样是上层建筑的一个组成部分，不过它是上层建筑的一个特殊成分""艺术的发展归根到底决定于基础。但是仅仅分析经济基础，并不能解释艺术的所有问题"。①

在当时，这是较有代表性的说法。在这里，虽然她也把艺术看作上层建筑的组成部分，也认为艺术按照社会运动的一般规律发展，但她毕竟较多地注意到了艺术的特殊性，认为是上层建筑的一个特殊成分，仅仅分析经济基础，不能解释艺术的所有问题。这种认识比较接近艺术发展的实际，也比较接近马克思主义经典著作家的论述。

然而到了 20 世纪 60 年代末直至 70 年代，我国文艺理论界比斯卡尔仁斯卡娅又大大倒退了，甚至根本忘记了或有意不提文艺的特殊性，只强调文艺作为上层建筑的一般性。没有了特殊，就没有了一般，也就没有了文艺；实际上是把文艺与政治画了等号，甚至只把文艺看作阶级斗争的工具。这就导致文艺听命于政治领导以及公式化、概念化倾向。

其次，由于理论研究上的倒退，在文艺实践上给我国的文坛、艺坛带来了很大的破坏。林彪、"四人帮"以文艺是上层建筑为口实，以斯大林同志说过的有片面性的话——"上层建筑是某一经济基础存在和活动的时代的产物。因此上层建筑的生命是不长久的，它是随着这个基础的消灭而消灭，随着这个基础的消失而消失"②——作为理论基础，不顾文艺界的实际，而横扫"一切牛鬼蛇神"，声言要与传统文化"决裂"，中外一切古典的和现代的文艺作品，统统被踏在脚下；书被焚，著书者被挞伐。这就

---

① ［苏］瓦·斯卡尔仁斯卡娅：《马克思列宁主义美学》，中国人民大学出版社 1957 年版，第 247—248 页。

② ［苏］斯大林：《马克思主义和语言学问题》，人民出版社 1988 年版，第 5 页。

是所谓"破旧"。在此基础上,他们又凭借手中的权力,强令"写中心""演中心""三突出""三结合""主题先行",在文艺上树样板、立模式,此之谓"立新"。如此十年之久,学术思想领域万马齐喑,文艺园地百花凋零,这些,人们都记忆犹新,不必细说。

朱光潜先生的研究,不仅能有力地纠正上述理论研究中的偏颇,从而揭穿林彪、"四人帮"所仰赖的理论基础的欺骗性,而且给准确地理解马克思主义经典著作家的下述一些文艺观点提供莫大的方便。

马克思在《〈政治经济学批判〉导言》中说:"关于艺术,大家知道,它的一定的繁盛时期绝不是同社会的一般发展成比例的,因而也绝不是同仿佛是社会组织的骨骼的物质基础的一般发展成比例的。"[①] 这就是物质生产同艺术生产的不平衡关系。恩格斯在《德国状况》一文中叙述的18世纪末叶的德国状况,正可作为马克思这段话的有力论据。恩格斯指出:"……一切都烂透了,动摇了,眼看就要坍塌了,简直没有一线好转的希望,因为这个民族连清除已经死亡了的制度的腐烂尸骸的力量都没有","只有在我国的文学中才能看出美好的未来。这个时代在政治和社会方面是可耻的,但是在德国的文学方面却是伟大的。"[②]

这里应该特别注意的是:第一,为什么艺术的发展决不和物质基础的发展成比例;第二,为什么恩格斯认为前一世纪末的德国在政治上是可耻的,而在文学上却是伟大的。这除了马克思已经指出的"某些有重大意义的艺术形式只有在艺术发展的不发达阶段上才是可能的"这一原因之外,显然他们看到了艺术本身所固有的规律性,显然是把文学艺术与政治严格加以区别的,这不是个理论问题,而是个实践问题。假如像斯大林同志在《马克思主义和语言学问题》一书中所说的,"上层建筑是社会的政治、法律、宗教、艺术、哲学的观点,以及同这些观点相适应的政治、法律等设施",并且"如果基础发生变化和被消灭,那么它的上层建筑也就会随着

---

① 中共中央马克思恩格斯列宁斯大林著作编译局编:《马克思恩格斯选集》第2卷,人民出版社1972年版,第112页。

② 中共中央马克思恩格斯列宁斯大林著作编译局编:《马克思恩格斯全集》第2卷,人民出版社1972年版,第633页。

探 美 拾 零

发生变化和被消灭"①，那么马、恩关于文艺与物质生产发展不相平衡的论断就难以理解了。

恩格斯在致施米特的信中说过："每一个时代的哲学作为分工的一个特定的领域，都具有它的先驱者传给它而它便由此出发的特定的思想资料作为前提。"② 哲学的发展是这样，作为社会意识形态的文艺的发展也是这样，也要以一定的思想资料作为前提，才能产生出新的东西来。毛主席说："中国现时的新文化也是从古代的旧文化发展而来，因此，我们必须尊重自己的历史，绝不能割断历史。"这说明文艺有其历史继承性，它有自己发展的线索和轨迹。马克思在谈到两千多年前的希腊艺术和史诗时审慎地说："困难不在于理解希腊艺术和史诗同一定社会发展形式结合在一起。困难的是，它们何以仍然能够给我们以艺术享受，而且就某方面说还是一种规范和高不可及的范本。"③ 这不仅说明了艺术发展的继承性，而且说明了艺术可以跨越时代和社会类型给人以永久的审美教育作用，有着永久的艺术魅力。这一点也与法律和政治的上层建筑所不同的。

与这个问题相关联的是"共同美"的问题。在阶级社会里有没有共同美呢？根据何其芳同志的回忆，毛主席 1961 年就说过："各阶级有各阶级的美，各阶级也有共同的美。'口之于味，有同嗜焉'。"这就肯定了不同时代和不同类型的社会可以有共同的美感，否定了文艺等于政治的看法。

马克思主义的经典作家正是看到了作为社会意识形态的文艺的特殊性，所以在谈到文艺与生活的关系时，马克思提出要"莎士比亚化"，反对"'席勒式'地把个人变成时代精神的单纯的传声筒"④。恩格斯则主张"倾向应当从场面和情节中自然而然地流露出来，而不应当特别把它指点

---

① 中共中央马克思恩格斯列宁斯大林著作编译局编：《马克思恩格斯全集》第 2 卷，人民出版社 1972 年版，第 3 页。

② 中共中央马克思恩格斯列宁斯大林著作编译局编：《马克思恩格斯选集》第 4 卷，人民出版社 1972 年版，第 485 页。

③ 中共中央马克思恩格斯列宁斯大林著作编译局编：《马克思恩格斯选集》第 2 卷，人民出版社 1972 年版，第 113 页。

④ 中共中央马克思恩格斯列宁斯大林著作编译局编：《马克思恩格斯全集》第 29 卷，人民出版社 1972 年版，第 574 页。

出来"。① 这就是文艺创作中的现实主义原则。也正是看到了文艺的特殊性，列宁才指出："无可争论，文学事业最不能作机械的平均、划一、少数服从多数。无可争论，在这个事业中，绝对必须保证有个人创造性和个人爱好的广阔天地，有思想和幻想、形式和内容的广阔天地。这一切都是无可争论的，可是这一切只证明，无产阶级的党的事业的文学部分，不能同无产阶级的党的事业其他部分刻板地等同起来。"②

林彪、"四人帮"在上述一切问题上，对革命导师的论述都加以歪曲和践踏，他们把文艺与上层建筑等同起来，取消作家的创作个性，用文艺图解政治、图解政策，大搞民族虚无主义和排外主义，艺术不再源于生活，而是源于他们的思想，阴谋文艺一时猖獗，艺术的生命枯竭了，我国的文艺濒于毁灭的边缘。这种惨痛的教训还不足以使我们刻骨铭心吗？

当然，我们强调意识形态不同于上层建筑，并不是说，它可以不受经济基础的制约，如果是那样，就是陷入了唯心主义的泥沼。作为社会意识形态的文艺，是一定的社会物质生活的反映，这是不容置疑的。但它又毕竟有自己的特点和规律，这也是不能否认的。这里最重要的是不要忘记辩证法，不要忘记对立统一规律。这些年来，我们很多同志的思想一直处于僵化或半僵化状态，数不清的清规戒律，除不尽的余悸；在学术研究上抱着本本不放，好走极端，往往教条主义地看问题。这已经给我们的科学事业造成了重大损失。宇宙之大，其大无外，其小无内，人类对它的认识还刚刚开始。在这种情况下，如果有人在科学的道路上设禁区，亮"红灯"，那就是对人类的犯罪。欲探科学之门，就应像马克思引用过的但丁的两句诗所说的那样："这里必须根绝一切犹豫，这里任何怯懦都无济于事。"朱光潜正是从这里受到鼓舞，从而振作起了大无畏的精神，在追求真理的道路上迈出了新的一步。

一九八〇年三月

① 中共中央马克思恩格斯列宁斯大林著作编译局编：《马克思恩格斯全集》第36卷，人民出版社1972年版，第385页。
② 中共中央马克思恩格斯列宁斯大林著作编译局编：《列宁选集》第1卷，人民出版社1988年版，第648页。

试评李泽厚先生的"审美积淀论"

李泽厚先生最近在他的新著《美的历程》中，提出了一个新的富有创见的理论——用他自己的话说——就是"审美积淀论"。这一理论的提出，无论对于探讨美的起源、美的本质，还是研究人的审美意识的发展与美学史，均有着无可置疑的重大意义。李泽厚先生本人也高兴地认为，在这里他找到了表述自己美学观点的最恰切的语言。

作为一个美学爱好者，我想对此发点议论，很可能是无知妄说，诚望美学界诸同志指正。

一

何谓"审美积淀论"呢？按作者的意思，所谓"积淀"，就是聚集、凝冻、浓缩、溶化等含义的总概括。综观作者对这一理论的论列，可以看出，他把积淀分成了两个方面：一是审美客体方面的积淀；二是审美主体方面的积淀。前者强调的是内容向形式上的积淀，即具体的、生动的、丰富的社会内容积淀和演化成抽象、单调和规范化的符号形式（也即是观念意识的物态化过程）；通过这种积淀，从而使形式变为"有意味的形式"。后者讲的是主体官能感受中的经验、想象、理解、联想和感情等的积淀，有了这一方面的积淀，主体才能充分地感受形式中的意味。

以"红"色与原始人群的审美关系为例，作者认为，"在对象一方，自然形式（红的色彩）里已经积淀了社会内容；在主体一方，官能感受

（对红色的感觉愉快）中已经积淀了观念性的想象、理解"。①

同样的道理，作者认定"龙飞凤舞"的远古图腾，也"只是观念意识物态化活动的符号和标记"，但是，积淀在这种图像符号形式里的社会意识，亦即原始人的情感、观念和心理，却使这种图像形式获有了"超模拟的内涵和意义"，也使原始人对它的感受取得了"超感觉的性能和价值"。作者的结论是："自然形式里积淀了社会的价值和内容，感性自然中积淀了人的理性性质，并且在客观形象和主观感受两个方面，都如此。"②

作者所论及的客观和主观这两个方面的积淀，应该说是道出了美和美感的全部奥秘，抓住了问题的关键。如果循着这两条线索探究下去，美的本质问题就可望得出一个合情合理的答案。

然而，由于作者囿于过去对美的本质的理解，他放弃了对第二个方面的积淀的探讨，却把主要精力用之于论述内容往形式上的积淀，以此证明美是客观性与社会性的统一，最终证明美的客观性质。

在他谈到新石器时代陶器上的几何纹样时，写道："由再现（模拟）到表现（抽象化），由写实到符号化，这正是一个由内容到形式的积淀过程，也正是美作为'有意味的形式'的原始形成过程。"③ 正是从这里入手，他对美的本质又作了新的说明："美之所以不是一般的形式，而是所谓'有意味的形式'，正在于它是积淀了社会内容的自然形式。"④

在作者看来，上述对美的本质的说明，是他在运用"审美积淀"理论对英国美学家克乃夫·贝尔（Clive Bell）提出的"美"是"有意味的形式"（Significant Forms）理论的拯救，因为这一理论曾长期陷于循环论证中而不能自拔。李泽厚说："我以为，这一不失为有卓见的形式理论如果加以上述审美积淀论的界说和解释，就可脱出这个论证的恶性循环。"⑤

到此，美的本质问题似乎已得到了完满的解决，殊不知，这样一来，

---

① 李泽厚：《美的历程》，文物出版社1981年版，第4页。
② 同上书，第11页。
③ 同上书，第18页。
④ 同上书，第25页。
⑤ 同上书，第27页。

在他的著作中又产生了矛盾：一方面，他认定美是离开主体而独立存在的；而同时，他却又面对着原始人类所留下的符号，感叹着：远古的图腾活动和巫术礼仪，"它们具体的形态、内容和形式究竟如何，已很难确定。'此情可待成追忆，只是当时已惘然'"。① 这就等于说，远古人的审美对象，究竟美在哪里，已很难捉摸了。既然如此，内容向形式的积淀也就只留下空壳似的形式，而形式包含的意味，对今天的人来说已经消失了。消失了内容的"形式"，是否还算完整的"美"，这就大有问题了。循此探究下去，美是客观存在的这一命题也就难以成立了。

为了弥补这一论证上的缺陷，作者便不能不约略提到审美主体方面的积淀，他指出："原始巫术礼仪中的社会情感是强烈炽热而含混多义的，它包含有大量的观念、想象，却又不是用理知、逻辑、概念所能诠释清楚，当它演化和积淀为感官感受中时，便自然变成了一种不可用概念言说和穷尽表达的深层情绪反应。"②

很清楚，这一方面的积淀是主观性质的积淀，它与形式上的积淀是紧密联系且同时进行的，应该说它是形成美的一个重要因素。没有这一方面的积淀，那客观形式上的积淀便是毫无意义的。如果循此推究下去，我想这样的一些命题就会自然而然地产生出来：没有内容的形式或没有形式的内容，同样是没有意义的；没有美的美感或没有美感的美，也是没有意义的，等等。这就是说，两方面的"积淀"是相辅相成的，只有两个方面结合起来，这"有意味的形式"的"意味"才不是虚拟的。

然而，李泽厚先生毕竟不肯放弃他在 20 世纪 50 年代末和 60 年代初的美学争鸣中所持的观点，所以整个一部《美的历程》所表述出的美的本质的基本结构公式，便是"美是……形式"。尽管他也论及了审美主体方面的积淀，但由于他强调的是客观存在的因素，也就是说能够积淀到形式上去的因素；而还有一大部分不能积淀的因素，那些形成美的主观方面的、只能意会不能言传的因素便被阉割了。如此下去，到头来他所说的"形

---

① 李泽厚：《美的历程》，文物出版社 1981 年版，第 5 页。
② 同上书，第 27 页。

式",便只能是缺乏充实内容的、难以捉摸的、空洞的符号和标记了。作者对此也毫不避讳,他说:"随着岁月的流逝、时代的变迁,这种原来是'有意味的形式'却因其重复的仿制而日益沦为失去这种意味的形式,变成规范化的一般形式美。"[①] 问题在于,这样的符号和标记是否就算是形式美,我看大可怀疑。

二

李泽厚先生"审美积淀论"中存在的矛盾,并不是今日产生的;早在20世纪50年代末,他的美学论文中就已经存在类似的矛盾了。只要回顾一下他当时的观点,就不难发现今日的矛盾不过是旧有的矛盾在新的内容中的再现罢了。

当年,朱光潜先生曾经针对李泽厚的观点发表过这样的议论:

> 依李泽厚同志的看法,美不是从自然物的自然性来的,而是从自然物的社会性来的,这就无异于宰割了自然物本身对于美的作用。他仿佛说,大地山河之所以美,不是由于它们是些自然物,而是由于它们只是些某种'社会存在'的挂桩和符号,像货币和国旗那样。如果他的自然存在与社会存在叠合的话不能成立,那么,他实际上就是否定了客观世界对于美的作用。在这一点上他还是自相矛盾的。[②]

像朱光潜先生指出的这种矛盾,似乎在《美的历程》中又出现了。作者分明是把原始人类在陶盆上的几何纹饰看成某种社会意识的挂桩和符号,并认为这就是客观性和社会性相统一的所谓"美"。但是,事实上,这种美的内容很大一部分是装在原始人类的脑袋中而无法积淀到形式上去,随着原始人类的消亡,这部分内容也就消失了。但李泽厚先生不承认

---

① 李泽厚:《美的历程》,文物出版社1981年版,第27页。
② 朱光潜:《论美是客观与主观的统一》,载《美学问题讨论集》第三集,作家出版社1959年版,第32页。

美有主观性的一面，只承认所谓客观存在的一面，这样美就只能是没有确定内容的、残缺不全的，或是徒有形式的空壳了。

正确的论证方法应该是突出和强调两个方面积淀的统一，并且美就是这两个方面积淀统一的结果。

李泽厚先生在新著中似乎已经悟出了这一点，他在文中曾精辟地分析道："人的审美感受之所以不同于动物性的感官愉快，正在于其中包含有观念、想象的成分在内。美之所以不是一般的形式，而是所谓'有意味的形式'，正在于它是积淀了社会内容的自然形式。所以，美在形式而不即是形式。离开形式（自然形体）固然没有美，而只有形式（自然形体）也不成其为美。"① 这段话说得何等好啊！它已经把什么是美表达得相当清楚了：自然形体必须与人特有的意识、观念、想象融为一体时，才是美的。否则，就不成其为美。如果用一句老话来说，这就叫"主客观统一"。然而，李泽厚回避了这句老话，他在作了如上的正确分析之后，接下去又来了个不够恰当的推论。他说："正因为似乎是纯形式的几何线条，实际是从写实的形象演化而来，其内容已积淀在其中，于是，才不同于一般的形式、线条，而成为'有意味的形式'。也正由于对它的感受有特定的观念、想象的积淀，才不同于一般的感情、感性、感受，而成为特定的'审美感情'。"② 在这里，他把两个方面的积淀截然分开了，把第一方面的积淀归结为美，把第二方面的积淀归结为美感。问题就出在这样的归结上。

首先，离开第二方面的积淀，单是"有意味的形式"是否就是美呢？且不说内容向形式上的积淀不会是完全的、彻底的，也就是说，形式上的意味不会是确切和牢固的；即便是彻底的、完全的、确切的、牢固的，也还是不能算美。就如我们建立电视系统一样，光有电视发射台而没有显音、显像的电视机，能说就已完成了电视的创造吗？当然不能。如果把美比作电视，那么第一方面的积淀，只能是完成了建立电视发射台的步骤，这还不能算是美，还必须有第二方面的积淀，作为显音、显像的电视机与

---

① 李泽厚：《美的历程》，文物出版社 1981 年版，第 25 页。
② 同上书，第 27 页。

第一方面配套,美才能呈现出来。

其次,李泽厚先生在 20 世纪 50 年代末曾对美感的性质作过论述,他说:"一方面,作为直觉的反映,美感具有客观的内容;另一方面,作为感情的判断,它包含着评价态度主观因素在内。正确的美感就是这二者的和谐一致:即作为主观感情判断的美感,同时又是一种对客观世界的正确认识和反映。"① 按照对美感的这一界说,来试验一下积淀了社会内容的"有意味的形式",则很有意思。陶盆上的几何纹饰,就直观反映来说,不过是些三角或曲线的形状;作为感情的判断,或喜欢或厌弃而已。形式上的意味怎么去领略呢?积淀的内容如何去发掘呢?美感又在哪里呢?这些似乎都成了问题。这问题就出在与美的客观系统相应的主观系统没有建立起来。

试用朱光潜先生当年对美感所下的定义来验证一下对"有意味的形式"的作用,就显得灵验多了。朱先生说:"所谓美感就是发现客观方面某些事物、性质和形状适合主观方面意识形态,可以交融在一起而成为一个完整形象的那种快感。"② 形式上积淀的内容、意味,通过与主观方面意识形态的适合和交融,那意味、快感不就充分显露出来了吗?主观意识形态的接收和交融,比单纯的"直觉的反映"和"主观感情判断"要复杂得多,威力也要大得多。因为主观意识形态中才真正"包含有大量的观念、想象"和"不可用概念言说和穷尽表达的深层情绪",并且这些内容也是很难积淀到形式上去的。

所以说,李泽厚先生在阐述客体方面美感的积淀和主体方面美感的积淀二者的关系上,是有难以自圆其说之处的。这也许是美中之不足吧!

① 李泽厚:《关于当前美学问题的争论——再论美的客观性和社会性》,载《美学问题讨论集》第三集,作家出版社 1959 年版,第 145 页。
② 朱光潜:《论美是客观与主观的统一》,载《美学问题讨论集》第三集,作家出版社 1959年版,第 34—35 页。

三

被恩格斯称赞为"辉煌地"发现了唯物辩证法的德国工人哲学家狄慈根[1]，在他所著的《人脑活动的本质》一书中说过："为了要从全面理解事物，我们就应该从实际方面和理论方面、从感觉方面和思维方面、从肉体方面和精神方面去理解它。用肉体我们只能把握到肉体的东西、感觉上的东西；用精神我们只能把握到精神的东西、思维上的东西。所以，事物也具有精神。精神是事物的，而事物是精神的。精神和事物，只有相互关联起来才是现实的。"[2] 这话是很有些道理的。如果用这些道理来阐释和说明"美"，我想也是适宜的。

上文已提到，李泽厚先生认为美是积淀了社会内容的"有意味的形式"。这一说法既强调了属于客观物质存在的形式，也照顾到了属于社会意识形态方面的内容，应该说是比较全面了。但是，他过分相信了客观形式表达主观精神的能力，因而忽视了形式所不能表达的那部分精神的内容。狄慈根所说的"精神和事物，只有相互关联起来才是现实的"，这种"关联"，李泽厚先生就注意得不够。之所以不够，是因为在美的问题上他强调的是两个客观性的统一：一个是自然性的客观性，另一个是社会性的客观性。客观存在的社会性中固然包括了一部分意识性的东西，但毕竟还有很大一部分精神性的内容没有包括进去，因此，美中所具有的那部分主观因素便被摒弃了。主观、客观成了两张皮，美和美感被截然分开了。这样既不能说清美的本质，也不能说清美感的本质。两者失去了"关联"，美和美感就都不是现实的了。

现实的美，既不是纯客观的，也不是纯主观的，它广泛地存在于由物质到精神之间的轨迹上；有些美侧重于物质的形态，有些美更侧重于精神

---

① 参见［德］恩格斯《路德维希·费尔巴哈和德国古典哲学的终结》，载中共中央马克思恩格斯列宁斯大林著作编译局编译《马克思格斯选集》第4卷，人民出版社1972年，第239页。

② ［德］狄慈根：《人脑活动的本质》，杨东蓴译，生活·读书·新知三联书店1958年版，第20页。

的形态。那些侧重于物质形态的，如山、水、树木、花草等自然美，往往被人们说成纯粹的客观存在；而那些侧重于精神形态的，如心灵美、诗情画意的美，往往被人们说成纯粹主观精神的。人们常常偏执一端，争论不休，到头来谁也说服不了谁。而我认为，只要把精神和物质两方面"关联"起来，美的问题就现实了。本来，我们可以指望李泽厚的"审美积淀论"为美的本质的探索打开一条通路，但他忘记了"关联"，就只能从正确的材料分析中得出不十分正确的结论。

美和审美随着人类的不断发展、变化而发展、变化着，由低级到高级，由简单到复杂，"审美积淀"的理论确实形象、准确地概括了美的这一发展规律。正如李泽厚先生所阐述的："从再现到表现，从写实到象征，从形到线的历史过程中，人们不自觉地创造了和培育了比较纯粹（线比色要纯粹）的美的形式和审美的形式感。劳动、生活和自然对象和广大世界中的节奏、韵律、对称、均衡、连续、间隔、重叠、单独、粗细、疏密、反复、交叉、错综、一致、变化、统一等种种形式规律，逐渐被自觉掌握和集中表现在这里。在新石器时代的农耕社会，劳动、生活和有关的自然对象（农作物）这种种合规律性的形式比旧石器时代的狩猎社会呈现得要更为突出、确定和清晰，它们通过巫术礼仪，终于凝冻在、积淀在、浓缩在这似乎僵化了的陶器抽象纹饰符号上了，使这种线的形式中充满了大量的社会历史的原始内容和丰富含义。同时，线条不只是诉诸感觉，不只是对比较固定的客观事物的直观再现，而且常常可以象征着代表着主观情感的运动形式。"[1] 这段论述可说是明晰而正确的，但须有一前提条件，即把"美"放置在从客观到主观的轨迹上。否则，试把"美"局限于客观存在的范围内，说"线的形式中充满了大量的社会历史的原始内容和丰富含义"，"象征着代表着主观情感的运动形式"，这就无异于"无中生有"了。因为离开了主体的观念上的积淀作为佐证，这纯粹的、客观存在的、线的形式怎么还能称得上"美"呢？

如此说来，在美的问题上光讲反映论不行，还必须大讲辩证法才行。

---

① 李泽厚：《美的历程》，文物出版社 1981 年版，第 28 页。

　　总而言之,"审美积淀论"本身是很有价值的理论。但它与作者对美的本质问题的认识是有矛盾的。正是这一矛盾,导致主体与客体两方面积淀的分裂。只有将美放置在从客观到主观之间的轨迹上,把主观与客观密切关联起来,"审美积淀论"才是无懈可击的。

一九八一年十月二十二日

社会生活·文化心理结构·文学艺术

——关于文学本质问题的再思考

近几年来，由于思想解放的推进和世界科学技术革命浪潮的冲击，改革之风也吹进了文学研究的领域；系统论、控制论、信息论以及心理分析、结构分析等现代科学方法，被纷纷"移植"、运用到文艺研究中来。这正在引起文学研究方法论上的一场重大变革。文学研究的这一新的势头已经向从事文学基本理论研究和教学的同志提出了新的挑战：教材上长期以来那些相对稳定的理论教条和程式要不要重新进行探讨？要不要结合文艺发展的实际从更深的层次去对那些文学的基本问题进行一番思考呢？正是本着探讨和改革的精神，我想把近来关于文学本质问题的一些不成熟的想法公布于世，以乞明教。

一

马克思关于经济基础和上层建筑的学说创立以后，许多研究马克思主义的学者便以"文学是社会意识形态，是社会生活的反映"这一带有政治经济学意味的命题，作为对文学本质的表述和概括。这一建立在唯物史观基础上的理论，其本身的正确性是无可置疑的。然而，马克思对唯物主义历史观的阐述，目的并不仅仅是给文学的本质下定义；它只是从宏观的角度指明了意识形态与经济基础之间的正确关系，从而去批驳长期以来为唯心主义所维护和宣扬的精神中心说。至于文学艺术的本质，可以说马克思只是粗线条地描绘了一个大的轮廓，并没有说出它的全部确切的内涵。文学理论家在应用唯物主义历史观去揭示文学艺术的本质时，还有一段艰苦的道路要走。

正如刘再复同志所说："我们对文艺本质的看法，过去就单纯地从认识论和政治的角度来看，把文学看成是社会生活的反映，这当然没有错，但是，过去仅仅允许用这个角度来规定文学的本质，这就不够全面。"[1] 应该看到，从经济基础到意识形态，从社会生活到文学艺术，这中间还有许多复杂的层次，还有许多"中介"。这一点已经为古今中外许多有成就的作家和理论家所证明。就文学艺术本身来看，它与社会生活之间的中介就是作家、艺术家的文化心理结构。这是一个包含多元因素和多层次的、可变而又相对稳定的复杂结构。这一结构，是人们在一定的历史环境中，在一定文化传统和教育的影响下，在不同气质、禀赋的基础上所形成的相应知识结构和心理动机体系。社会生活本身不能成为文学艺术，它必须经过作家、艺术家一定文化心理结构的感受、理解、选择、过滤、分解、组合、添充、熔铸等极其复杂的工序后，方可成为文学艺术；文学艺术，更直接一些说，它便是"人的本质力量的打开了的书本，是感性地摆在我们面前的、人的心理学"[2]。

为什么这样说呢？

因为文学艺术所表现的中心就是人，那有感觉的、思想的、行动的人，那在整个社会所形成的复杂关系网中生活的人。只要我们说出任何卓越作家的名字，在我们的脑际就会浮现一些有个性的、感情丰富的人物形象。我们说到鲁迅，就会想到阿Q、祥林嫂；说到列夫·托尔斯泰，就会想到娜塔莎、安娜·卡列尼娜，等等。正是从文学的这一特征出发，高尔基才提议把文学叫作"人学"。[3]

既然文学是写人的，是否说只要写了人物的声音、笑貌、行为、职业等就算达到了目的要求呢？不是的。卓越的作家描写人的目的，在于最终

① 刘再复：《文学研究思维空间的拓展》，《读书》1985 年第 2 期。

② ［德］马克思：《1844 年经济学哲学手稿》，刘丕坤译，人民出版社 1979 年版，第 80 页。

③ 参见季莫菲耶夫《文学原理第一部·文学概论》，查良铮译，平明出版社 1954 年版，第 25 页。

揭示人物的心灵，在于展示一个人的心理世界，用文学理论的术语讲，即表现人物的性格。

黑格尔虽是一个唯心主义者，但他对文学艺术的思考却是严谨的、科学的，其中有许多闪光的思想。他提出的"性格中心说"足以给我们新鲜的启示。他指出："性格就是思想艺术表现的真正中心。"① 很显然，他认为文学艺术不仅应该写人，而且应该主要写人的性格。在他看来，作为一个人，其"性格"是丰富的、多方面的，"金体奥林波斯都聚集在他的胸中"②。黑格尔详细分析了荷马在史诗《伊里亚特》中对年轻的英雄阿喀琉斯所做的多方面性格描写后说："关于阿喀琉斯，我们可以说：'这是一个人！高贵的人格的多方面性在这个人身上显出了它的全部丰富性。'……每个人都是一个整体，本身就是一个世界，每个人都是一个完满的有生气的人，而不是某种孤立的性格特征的寓言式的抽象品。"③

他的分析是极其精彩的。他要求好的文艺作品必须写出人物丰富的性格，而所谓丰富的性格，正是由人的复杂的心理状态支持的。写好一个人物，就是打开了一个心理世界；一个作家要塑造众多的完满有生气的人，他也就必须具有多个丰富的心理世界。即是说，作家的文化心理结构起码要与他所塑造的人物的心理同步发展。否则，他就不可能写出一个具有丰富性格的生动的人物来。

黑格尔对人物性格的丰富性的要求，是建立在他的辩证法基础上的，他认为："谁如果要求一切事物都不带有对立面的统一那种矛盾，谁就是要求一切有生命的东西都不应存在。"④

刘再复同志最近提出的"人物性格二重组合原理"，或可视作对黑格尔这一思想所做的更科学、更明确的阐发。他指出，"人的性格是一个很复杂的系统。每个人的性格，就是一个独特构造的世界，都自成一个独特结构的有机系统，形成这个系统的各种元素都有自己的排列方式和组合方

---

① ［德］黑格尔：《美学》第 1 卷，朱光潜译，商务印书馆 1982 年版，第 300 页。
② 同上书，第 301 页。
③ 同上书，第 303 页。
④ 同上书，第 154—155 页。

式。但是，任何一个人，不管性格多么复杂，都是相反两极所构成的"①。有的同志就曾运用系统分析法对阿Q的性格进行分析，发现了阿Q的两重人格：退回内心和泯灭意志。② 从而初步证实了"人物性格二重组合原理"的正确性。

成功的作品所塑造的典型人物，既然有如此多方面的性格，这无异于说，一个伟大的作家也必须具有更为完整的文化心理结构。他既须晓得处在一定历史时期的古人的心理；也须知道现代社会人的心理；既须熟悉流氓、盗贼、敌特、刽子手的心理，也须体味到英雄豪杰、爱国志士、学者、诗人的心理。我们通常所说的作家要深入生活、体验生活，实际是指在生活中通过观察和接触，从而去开启每一个独立的"世界"的窗口，体验各种不同人物的心理。

诚然，要真正体验到一个人的心理，不是件容易的事，俗话说，"知人知面不知心"，这说明了知人之难。古希腊哲人就对社会人生指示说："认识你自己！"③ 这既说明认识自己非易事，又说明认识自己正是认识别人的基础。鲁迅先生曾把他的写作说成是"时时解剖别人，然而更多的是更无情面地解剖我自己"④。这话含义很深，其中分明道出了他之所以写出那么多动人的作品的奥秘。将心比心，设身处地，是打开人物心理世界的钥匙。所以，一个伟大的作家必然是一个感情丰富的、肯讲真话的老实人。

法国作家莫泊桑在谈到小说创作的体会时，曾经说道："无论在一个国王、一个凶手、一个小偷或者一个正直的人的身上，在一个娼妓、一个女修士、一个少女或者一个菜市场女商人的身上，我们所表现的，终究是我们自己。因为我们不得不向自己这样提问题：'如果我是国王，凶手……我会干些什么，我会想些什么，我会怎样地行动?'"⑤

---

① 刘再复：《论人物性格的二重组合原理》，《文学评论》1984年第3期。
② 参见林兴宅《论阿Q性格系统》，《鲁迅研究》1984年第1期。
③ 转引自宗白华《美学散步》，上海人民出版社1981年版，第58页。
④ 鲁迅：《写在〈坟〉后面》，载《鲁迅全集》第1卷，人民文学出版社1956年版，第362页。
⑤ 转引自中国社会科学院文学研究所编《古典文艺理论译丛》第3册，人民文学出版社1962年版，第170页。

这不恰恰说明一个作家一定的文化心理结构对于创作具有多么重要的意义吗？

写人如此，写景亦然。王国维说得好："昔人论诗词，有景语、情语之别。不知一切景语，皆情语也。"① 王夫之也说："情景名为二，而实不可离。神于诗者，妙合无垠。巧者则有情中景，景中情。"（《姜斋诗话》卷二）出现在作品中的所有景物，都须从作家"我"这一着色的眼镜里看到，一切事物于是都不纯然是它们的本色了，都或多或少掺入了"我"的感情。写景是为了写情，写物是为了写人，"一花一世界，一草一精神"。事事物物，都带有人心理状态的投影，这是文学艺术的特征之所在。

我国古代典籍《礼记·乐记》的《乐本篇》，就曾对音乐的产生做过唯物主义的阐述，认为现实与音乐的关系是"物—心—音"三个层次。这就是所谓"物感心动"而"形于声"。这样，心在物与音之间就起了相当大的作用，音就带上了人的情感。

"乐也者，音之所由生也。其本在人心之感于物也。是故其哀心感者，其声噍以杀；其乐心感者，其声啴以缓；其喜心感者，其声发以散；其怒心感者，其声粗以厉；其敬心感者，其声直以廉；其爱心感者，其声和以柔。六者非性也，感于物而后动。"

音乐是如此，文学作品也与此同理。物与人的心理情感是交织在一起的。所以，总的来说，文学是人格的流露。

二

这样提出问题是否会有唯心主义的旧调重弹之嫌呢？回答是否定的。我们所说的"文化心理结构"与唯心主义不是一回事，与黑格尔"绝对精神"支配的所谓"心灵"也是截然不同的。因为我们是用历史唯物主义的观点，把"文化心理结构"放在个人、现实社会和社会历史发展三维作用

---

① （清）王国维：《人间词话·删稿》十。

的背景中进行考察的。具体一点说，一定的文化心理结构，除了生理上所表现出的一部分先天因素之外，主要是在社会生活环境、文化教育、家庭教育、民族风俗、伦理道德、生活经历、文化遗产、传统、年龄等诸多因素的影响下产生的。正是因为如此，所以人的文化心理结构是可以改变的，而且具有多面性和复杂性；在一定的时期内，它又是相对稳定的。

心理过程是人脑的机能。人脑的特殊构造和它的各种潜能，为人的文化心理结构的形成和完善奠定了基础。根据科学家的测定，单是人脑的记忆能力，如果人的一生用六十年来计算，那么一个人毕生的总记忆储量大约是 2.8×1020 比特（比特是信息量单位）。就是说，一个人能够把二十亿亿个复杂程度相当于乘法表（一张乘法表包含的信息量大约相当于一千五百比特）的对象记住。大脑的这个信息储量可以容下三四个藏书近二千万册的美国国会图书馆。[①] 另外，人脑还有统摄思维活动的能力、转移经验的能力、抽象思维和形象思维的能力、评价的能力、联想的能力、预见的能力、科学探索的能力，等等。这些都是人脑所具有的潜能，是作为人的禀赋存在的，能不能得到充分的发挥，还有待于每个人所处的环境、条件及后天的努力。当然，各人的大脑也不尽相同，所以人们的天资就有差别。这就是人的文化心理结构之所以不相同的先天因素。

美国人本心理学家马斯洛对一般人的心理结构特点进行了分析。他认为，人的需要和动机有高低不同的层次结构。高级动机的出现有赖于低级需要的基本满足，但只有高级需要的满足才能产生更令人满意的主观效果，或更深刻的幸福感和丰富感。高级需要包括爱的需要或社会需要；创作潜能的发挥是人的最高需要，是人生追求的最高目的。健康人有自发追求潜能实现的内在倾向，并有以此为依据的自我评价能力；高级需要与创造潜能较低级需要（生理潜能）微弱，它只是一种类似于本能的微弱冲动，不像动物本能那样牢固，还有赖于后天的学习和培养才能得到充分的发展。他还认为，人的潜能和价值与社会环境是内因与外因的

----

① 周昌忠译：《创造心理学》，中国青年出版社 1983 年版，第 36 页。

关系；潜能是主导的因素，环境是限制或促进潜能发展的条件，其作用在于容许人或帮助人实现自己的潜能。人的潜能和社会价值并无本质矛盾。人的需要的等级越高也越少自私。只有充分实现全部潜能或人性全部价值的人才能成为自由的、健康的、无畏的人，才能在社会中充分发挥力量。他的这些观点对于分析人的复杂文化心理结构的形成，还是很有意义的。

马斯洛还把人的心理需要层次分为七级（如下图所示）：最下两层为低级需要，上五层为高级需要。低层级的需要得到部分满足以后，高层级的需要才有可能成为行为的重要决定因素。①

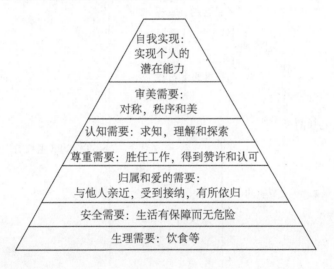

自我实现：
实现个人的
潜在能力

审美需要：
对称，秩序和美

认知需要：求知，理解和探索

尊重需要：胜任工作，得到赞许和认可

归属和爱的需要：
与他人亲近，受到接纳，有所依归

安全需要：生活有保障而无危险

生理需要：饮食等

人本心理学家已经认识到人的需要与动机的复杂层次结构、人的潜能与环境的相互关系，着重论证了人格发展的可能性。人的生理需要或低级需要是有限的、容易满足的；而心理需要或高级需要，特别是创造潜能的发挥则是无穷尽的，这方面的追求才是人类精神生活的决定性动力。迄今为止，人类在千百万年中所创造的全部文明，包括灿烂的古代文明与加速发展的现代文明，都是人的潜能、人的积极性与创造性充分发挥的结果。

---

① 林方：《评西方人本主义心理学》，《中国社会科学》1985 年第 2 期。

有人参照马斯洛的心理需要层次塔，又联系我们的实际情况，列出更为详细的心理动机体系表，如下所示。

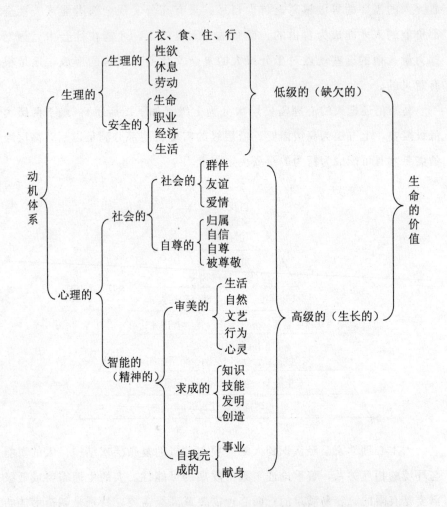

这个心理动机体系大致是一个比较完备的文化心理结构系列表。生理、安全、社交、自尊、审美、求成、自我完成各项，如果其中哪一项在一个人的心中占了优势，其他各项也会相应地作先后次序的梯形排列，于是便会产生各种不同的"动机梯"如下所示。

生理占优势

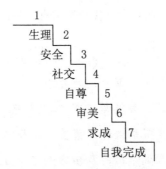

审美占优势

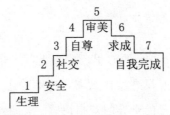

（这样的"动机梯"还可画出很多）

　　这些不同的动机梯会影响一个人的情绪行为。时代和环境的影响，直接会使这个动机梯发生变化，比如，同一个人战争年代的心理结构层次与和平建设时期就会有极大的不同。

　　参照以上的动机系列表和动机梯，我们就可以进而列出更具体、更详细地考察一个作家或艺术家文化心理结构的系列表。

　　同脑机能并行发展的是人的情感系统，这也和社会行为的发展有密切的联系（兹不详论）。情感系统的发达对人的文化心理结构的形成也有着重要的作用。

　　总之，任何人都要形成自己的文化心理结构，但由于后天的努力和环境条件不同，这种文化心理结构有的完善，有的不完善，并且由于主导心理因素有差异，人的文化心理结构便形成具有不同特色的信息储存和反馈系统，这样也就出现了具有不同才能的各种类型的人。正像马克思所指出的，有的善于思辨地、理论地掌握世界，有的善于艺术地掌握世界，有的则善于宗教地或实践精神地掌握世界①。

这种事例是很多的。试拿宗白华和朱光潜两位老先生的体会作一比较。宗先生是喜欢写诗的，他在儿童时代就经常有一种诗情的敏感，他说：

> 湖山的清景在我的童心里有着莫大的势力。一种罗曼蒂克的遥远的情思引着我在森林里，落日的晚霞里，远寺的钟声里有所追寻，一种无名的隔世的相思，鼓荡着一股心神不安的情调；尤其是在夜里，独自睡在床上，顶爱听那远远的箫笛声，那时心中有一缕说不出的深切的凄凉的感觉，和说不出的幸福的感觉结合在一起；我仿佛和那窗外的月光雾光溶化为一，飘浮在树杪林间，随着箫声、笛声孤寂而远引——这时我的心最快乐。

"十三四岁的时候，小小的心里已经筑起了一个自己的世界；家里人说我少年老成，其实我并没念过什么书，也不爱念书，诗是更没有听过读过；只是好幻想，有自己的奇异的梦与情感。"②

而朱光潜先生是喜欢说理的，他理论思辨的能力从小就比较突出。他在《从我怎样学国文说起》一文中说过：

> 我从十岁左右起到二十岁左右止，前后至少有十年的光阴都费在这种议论文上面。这训练造成我的思想的定型，注定我的写作的命运。我写说理文很容易，有理我都可以说得出，很难说的理我能用很浅的话说出来。这不能不归功于幼年的训练。但是就全盘计算，我自知得不偿失。在应该发展想象力的年龄，我的空洞的头脑被歪曲到抽象的思想工作方面去，结果我的想象力变成极平凡，我把握不住一个有血有肉有光有热的世界，在旁人脑里成为活跃的戏景画境的，在我脑里都化为干枯冷酷的理。③

---

① 参见中共中央马克思恩格斯列宁斯大林著作编译局编《马克思恩格斯全集》第46卷上，人民出版社1979年版，第39页。

② 宗白华：《美学散步》，上海人民出版社1981年版，第237—238页。

③ 朱光潜：《朱光潜美学文学论文选集》，湖南人民出版社1980年版，第3页。

如果画出两位老先生的文化心理结构图加以比较，也许会很有意思，但这却是一件很困难的工作。以上两位先生的话可以证明，心理结构有天赋的因素，但后天的，特别是儿童时期的训练和培养更是至关重要的因素。所以，社会上把教师、文学家、艺术家尊为"人类灵魂的工程师"，这是很有道理的。因为他们是负责塑造人的文化心理结构的。"灵魂工程师"这个称号本身就说明了教育工作的伟大。

既然文学是人格的流露，所以，就一个文学家来说，他必须有学问和经验所逐渐铸就的丰富的精神世界，也即是有一个较为完善的文化心理结构。有了这个结构，他让所见、所闻、所触，借助于文字很本色地流露出来，朴素、自然，水到渠成，他就成就了独到的风格。但是，无论古今中外，只要他是一个有成就的作家，他的文化心理结构系统中就必须具有两个基本特点：一是具有对于社会人生的高度敏感，极善于体察事物、体察人生，事事物物的情感、奥妙可以变成自己的情感和奥妙。有了这种敏感，就有同情，就有想象和幻想，也就有对人生和社会的理解和彻悟。二是对于语言文字的捕捉、选择和驾驭的能力。我们一般人也有感慨，也有奇思妙想，可是往往苦于无法用语言文字把它们表达出来，或者说得不是那么一回事。但是作家就不同，他不仅能看得到、想得到，而且能说得出，能说得恰到好处。这就是作家所独有的资禀。

文学作为一个过程，应包括两个阶段：从作者到作品的阶段和从作品到读者的阶段。在这个过程中，作者赋予作品发挥某种功能的潜力，而读者则须善于实现这种功能。任何功能（教育功能、认识功能、审美功能）都不能由作品自身实现，而必须由读者在接受过程中实现；实现这些功能的过程，就是作品获得生命力的过程，也是它最后完成的过程。而读者要接受作品的全部内容，实现作品的功能，他必须有一个基本的条件，即与作者具有同步发展的文化心理结构。然而，作品一经创造出来，它就成了一个稳定的客观存在；而读者的文化心理结构却是因人而异、千变万化的。所以，读者在接受作品的过程中，往往有不同的艺术发现，他们可能发现一些作家自身并未意识到的东西。每个读者都有自己心目中的阿Q和林黛玉，他们所意会到的阿Q和林黛玉的形象可能是鲁迅和曹雪芹未曾料到的。这就是读者在由文字信息翻译为形象时的再创造过程，这个过程中的变化完全是由于读者的文化心理结构不同使然。

三

人们生活在这个地球上，大自然在我们面前展现了一个五光十色的世界，人们真可以说是置身在外部刺激的汪洋大海之中。然而，人们的知觉一般都被已有的知识观念构成的"坐标图"——文化心理结构——限定了范围。这个范围的大小与"坐标图"的大小成正比。在这个"坐标图"以外的信息，人们就毫不在意地让它们偷偷地溜掉了。习惯的态度、经验、评价、感觉以及对公认的观点和见解的深信不疑等，都会影响知觉。人们发现新东西，发现以往没有掌握的东西的能力，不只是观察力的问题。因为人们观察事物不只用眼睛，更主要的还是凭脑子，凭已经构筑起来的文化心理结构系统。这些道理业已为心理学的研究所证实。

所以，社会生活与文学艺术的关系不能说成单纯的反映与被反映的关系。一定的社会生活，只是作为特定的信息，刺激作家的感官，撞击他的文化心理结构系统，使这个结构系统的全部机件运转起来，在此基础上才会产生新的构思，从而创作出新的文学艺术作品。

古人已经意识到这一点。钟嵘在他的《诗品序》中就指出："若乃春风春鸟，秋月秋蝉，夏云暑雨，冬月祁寒……凡斯种种，感荡心灵，非陈诗何以展其义，非长歌何以骋其情？"

外物的变异，人事的遭际，只是起了"感荡心灵"的作用；而客观外界生活的内涵是靠被激荡起来的心灵去把握的，是靠具有一定文化心理结构的作家去发掘和展示的，这就是所谓"展其义"和"骋其情"。所以我国古代典籍中给最早的文学形式"诗"所下的定义是"诗言志"（《虞书·舜典》）："诗者，志之所之也。在心为志，发言为诗。"（《毛诗序》）其实，这些说法倒是正确地反映了文学创作的实际，它们的缺陷仅仅在于没有对"心""志"的来源和构成作出科学的说明。现代心理学恰恰弥补了这一不足。因此，这种说法的正确性就无须再怀疑了。

应当指出，现在的一切文学艺术形式，一切不同的思潮、流派、艺术手法，都是人类的精神现象在某种特定形式中的表现，都是诗人、艺术家审美创造的产物。而这些情感、意念、幻觉等精神现象，从总体上说，都毫无例外地是人们客观存在的结果，都必然有其特定的生活根源，都或直接或间接地表现了某种社会心理状态。而诗人、艺术家创造作品的母机却是他的文化心理结构。

所以说：社会生活—文化心理结构—文学艺术，是创作的三个层次；文学艺术—文化心理结构—社会功能的发挥，是文学艺术欣赏的三个层次。这样两个阶段紧密地联系在一起，就形成了文学艺术的完整系统。很显然，在这个完整的系统中，作者和读者的文化心理结构成了联结的枢纽。而过去的文学理论恰恰忽略了这个枢纽，只讲文学艺术是社会生活的反映，致使本来富有活力的、生动的理论变成了呆板的模式和静止的教条，进而使它在丰富多彩的文学艺术新作面前失去了评判的能力。甚至有些作家、艺术家都已经开始厌烦理论家那种千篇一律的批评了。

一九八五年三月

"愤怒出诗人"

——试论情感在文学艺术创作中的特殊作用

科学和艺术都在探索真理，但二者有所不同，科学主要在知识的领域里探索，而艺术则主要在情感的领域里探索。在科学创造中，个人的情感和灵性最终淹没在对共性和规律的探求中。而文学艺术的创造，则是一种无可替代的个人的情感和灵性。有人说：如果没有牛顿，一定会有"马顿"或"羊顿"取而代之，因为苹果总要从树上掉下来，万有引力总要被发现；然而，如果没有达·芬奇、莎士比亚和曹雪芹，也许我们永远不会知道人类还能创造《蒙娜丽莎》《哈姆雷特》和《红楼梦》这样的不朽之作。这话是很有道理的。

恩格斯在《反杜林论》第二编中谈到政治经济学研究的对象和方法时，曾经引用过罗马诗人尤维纳利斯的名言"愤怒出诗人"，用以说明"愤怒"在描写现存生产方式显露出来的社会弊病或者在"抨击那些替统治阶级否认或美化这些弊病的和谐派的时候，是完全恰当的"；但"道义上的愤怒，无论多么入情入理，经济科学总不能把它看作证据，而只能看作象征"①。显而易见，在这里"愤怒"对于经济科学是无足轻重的，但对于抨击现实、反映生活的文学艺术——"诗"来说，它却是不容忽视的一个重要因素。这是为什么呢？

因为经济科学是靠纯理性支持的，它主要运用抽象思维；抽象思维本

---

① ［德］恩格斯：《反杜林论》，载《马克思恩格斯选集》第3卷，人民出版社1972年版，第189页。

身需要的是理智和冷静。而"愤怒"却是情感积蓄的极致，是情感火山的爆发，它对于以理智和冷静为思维特征的经济科学来说，不但不会带来利益，相反，在某种程度上还会形成危害。因为情感的激化，会破坏理智和冷静，干扰对客观数据的精确统计和对经济规律的科学分析。

而文学艺术却与经济科学不同，它主要是靠情感来支持的。这里必须指出的是，情感的产生必定受世界观的制约，自然也要受理性的支配；"愤怒"更是主体对不合主观意愿的制度和行为的一种强烈反应，也自然是理性判断的结果，而且分析起来它还有正义与非正义之别。但是，文学艺术中的理性却与科学中的不同，它是潜藏在情感或"愤怒"之中的，是与艺术形象融为一体的。艺术的特性决定了，潜藏于其中的理性即使游离于形象半步，也被视为对艺术形象的损害。正如恩格斯所说的"倾向"一样，它愈是隐蔽，对艺术作品来说就愈好。正是从这个角度，我们才说，是情感给文学艺术灌注了生命的活力。唯其如此，不少作家才特别注重情感的因素。托尔斯泰甚至把文学艺术说成是人与人交流感情的"工具"。他给艺术下的定义即是："在自己心里唤起曾经一度体验过的感情，在唤起这种感情之后，用动作、线条、色彩、声音，以及言词所表达的形象来传达出这种感情，使别人也能体验到这同样的感情——这就是艺术活动。艺术是这样的一项人类活动：一个人用某种外在的标志有意识地把自己体验过的感情传达给别人，而别人为这些感情所感染，也体验到这些感情。"[①] 他还认为，"区分真正的艺术与虚假的艺术的肯定无疑的标志，是艺术的感染性"。[②] 这种见解确实道出了艺术的真髓。

"文学是人学"，人本身是特别富有情感的动物。从心理学角度看，人的大脑机能是特别发达的，而同脑机能发展并行的是人的情感系统的发展。这也和社会行为的发展有密切的联系。心理学家以社会行为最基本的形式——母子依恋为例，来说明在这个问题上所表现出的人性自然因素：低等动物所需要的依恋期很短，有的几乎一生下来就能依赖本能而独立生

---

① ［俄］列夫·托尔斯泰：《艺术论》，丰陈宝译，人民文学出版社1972年版，第47—48页。
② 同上书，第148页。

活，如山羊仔落地就会吃草。但灵长类一般都需要较长的依恋期，如黑猩猩需要四年左右，到早期人类至少六年。脑内组织结构的复杂程度越高，个体发展成熟所需要的时间越长，母子依恋的时期也越长，情感系统也随之愈益发达。这样，情感系统的发达在某种程度上便成了人区别于其他动物的重要标志。

心理学的研究还表明，情感活动与位于大脑皮层之下的丘脑、下丘脑、网状结构和边缘系统的神经组织密切相关。其中，下丘脑又是控制植物性神经系统的中枢。植物性神经系统分为交感神经系统和副交感神经系统；它们共同控制内脏器官（心脏、血管、胃肠、肾等）、外部腺体（唾腺、泪腺、汗腺等）以及内分泌腺（肾上腺、甲状腺、胰腺等）的活动。因此，当神经兴奋达到皮层下部位时，就会在人体中引起种种生理反应；呼吸、循环系统，骨骼、肌肉组织，内、外腺体以及代谢过程的活动，在情感强烈的状态中（尤其是愤怒、悲伤时）都会发生变化，这种变化说明了情感的力量及其产生的影响。对一个作家来说，情感就决定着他创作的成败。

一　情感因素是文艺创造的动力

法国哲学家、心理学家李博（1839—1916 年）在《论创造性想象》（1900 年）一书中指出："一切创造总要以某种需要、某种愿望、某种用心、某种没有满足的冲动，甚至常常以某种痛苦的孕育为它的前提。"① 尤其是文艺的创造，没有情感的推动，几乎是不可能的。孔子在对我国第一部诗歌总集《诗经》仔细研究后得出结论说："诗可以怨。"（《论语·阳货》）这里的"怨"就有着复杂的情感内涵：一方面是对当政者的不良政治、贪鄙行为和他们对人民诛剥的不满和谴责；另一方面又指在日常生活中，由于道义上的失责、友谊的背叛或爱情的不贞而造成的人们感情上的骚动和不安，具体表现为忧伤、追求、感叹和痛斥等多种形式。诗已然可

---

① 中国社会科学院外国文学研究所编：《外国理论家、作家论形象思维》，中国社会科学出版社 1979 年版，第 186 页。

以表现和抒发这些情感，更重要的是，这些情感正是诗歌创作的动力。"情动于中而形于言，言之不足故嗟叹之，嗟叹之不足故永歌之，永歌之不足，不知手之舞之，足之蹈之也。"（《毛诗正义·毛诗序》）。情感推动创作，早已为我们的前人所认识。汉代大文学家司马迁则更明确地提出了"发愤著书"的理论。他在写给朋友的一封信中说道："盖文王拘而演《周易》；仲尼厄而作《春秋》；屈原放逐，乃赋《离骚》；左丘失明，厥有《国语》；孙子膑脚，《兵法》修列；不韦迁蜀，世传《吕览》；韩非囚秦，《说难》《孤愤》；《诗》三百篇，大抵圣贤发愤之所为作也。此人皆意有所郁结，不得通其道，故述往事，思来者。"（《报任少卿书》）这段话，不仅是对历史上有成就的学者所经历的思想道路的一种高度概括，更重要的是他自己一生含垢忍辱、潜心著述的痛苦体验和理论上的总结。尽管司马迁的时代，对文学与其他学术著作的界限还没有分清楚，但他毕竟认识到一个重要道理，即情感是创作的动因，也是作品成功的重要保证。而且，情感并非招之即来、挥之即去的身外之物，它是结在人心上的，"皆意有所郁结"，是一种"心病"，是莫大的痛苦。这种情感的抒发，就等于生命的呼号，心血的外注，它足以使见者动容，闻者惊心。正是因为如此，刘勰才形象地把创作比喻为"蚌病成珠"（《文心雕龙·才略》），以此来说明祸患、穷愁、郁结、心病，可以化为优秀的感人之作。正所谓"明月之珠，蚌之病而我之利也"（《淮南子·说林训》）。

明代李贽读了司马迁的"发愤所为作"那句话后，感慨地说："由此观之，古之圣贤不愤则不作矣。不愤而作，譬如不寒而颤、不病而呻也。虽作何观乎！"（《焚书》卷三）可见，情感推动创作这已是古往今来作家们所认识到的一条定律了。

二　情感会转化为创造的必不可少的材料

正如法国心理学家李博所说："诗人、小说家、剧作家、音乐家，甚至雕刻家和画家，都能感受到自己所创造的人物的情感和欲望，和所创造的人物完全融合为一，这是一个众所周知的事实，几乎也是一条规律了。"①艺术是情感的结晶，作家所创造的人物形象，都或直接或间接地融进了作者的情感。甚至有些人物形象，就是作者自己的影子，强烈地体现着作者的主观情感。意大利诗人但丁那不朽的千古名篇《神曲》，就是一部以诗人自己为主人公，并与他以后的生活经历密切相关的史诗。但丁的一生中，对他影响最大的是两个人物和一段生活经历。这两个人物，一个是他的初恋情人彼亚德丽采；另一个是他的老师柏吕奈托·拉丁尼。而那段生活经历即是他被放逐的经历。所有这些，都令他动了真感情。彼亚德丽采是但丁全身心爱着的"天使"。诗人从九岁时认识了这位比自己小一岁的花容月貌的小女孩开始，她那可爱的情影，那娴雅动人的仪态和严肃端庄的举止，就深深地铭刻在这个少年的心中，永生不忘。爱情的火焰年复一年地在但丁胸中燃烧，似乎世界上除了见到彼亚德丽采以外，再没有别的事物使他高兴。然而，除了一次在街头邂逅和在她的婚礼上与她见面之外，就再也没有见到她。年仅二十四岁，彼亚德丽采就不幸去世了。诗人为此痛不欲生。他的老师则以学问影响他，使他从极度悲哀中得到解脱。经过长时期的精心构思，诗人决心用独特的方式把对彼亚德丽采的歌颂和议论重大的社会政治道德问题结合起来，《神曲》就这样孕育成了。这部一万四千二百多行的诗篇，正是融注了作者的真情实感，才具有永久的艺术魅力。

同样的道理，歌德之所以能把他的《少年维特之烦恼》写得那样凄婉缠绵、真挚感人，也正是因为小说反映了作家青年时代与友人的未婚妻的不幸恋爱而产生的烦恼。

反之，作品写的如果不是真情实感，或者根本就没有情感，那就只能是艺术中的赝品，赝品是不会感动人的。据伊士珍《琅嬛记》记载："易安以重阳《醉花阴》词函致赵明诚。明诚叹赏，自愧弗逮，务欲胜之。一切谢客，忌食忘寝者三日夜，得五十阙。杂易安作，以示友人陆德夫。德

---

① 中国社会科学院外国文学研究所编：《外国理论家、作家论形象思维》，中国社会科学出版社1979年版，第186页。

夫玩之再三，曰：'只三句绝佳。'明诚诘之。答曰：'莫道不消魂，帘卷西风，人比黄花瘦。'正易安作也。"

李清照的词作之所以高于赵明诚，当然和他们艺术修养的高低有关，但其中最主要的原因恐怕还在于一个是情真意切地自然流露，另一个却是为写词而写词，"务欲胜之"而为之。

唐代大文学家韩愈早就认识到文学上的这种现象，并对此作了理论上的阐述，他说："夫和平之音淡薄，而愁思之声要妙；欢愉之辞难工，而穷苦之言易好也。"（《荆潭唱和诗序》）情感是艺术必不可少的内容，情感关系到艺术的生命。故而历来伟大的艺术家都并非只在艺术技巧上下功夫，而是十分注重情感的体验和情感的积累。有了真情实感，再通过高度的技巧表现出来，才是上品的艺术。

《乐府古题要解》里解说琴曲《水仙操》的创作经过说："伯牙学琴于成连，三年而成。至于精神寂寞，情之专一，未能得也。成连曰：'吾之学不能移人之情，吾之师有方子春在东海中。'乃赍粮从之，至蓬莱山，留伯牙曰：'吾将迎吾师！'划船而去，旬日不返。伯牙心悲，延颈四望，但闻海水汩没，山林窅冥，群鸟悲号。仰天叹曰：'先生将移我情！'乃援操而作歌云：'繄洞庭兮流斯护，舟楫逝兮仙不还。移形素兮蓬莱山，歆钦伤宫仙不还'。伯牙遂为天下妙手。"

这里的"移情"即是通过情感体验来移易情感，改造精神；在彻底改造情感和人格的基础上才能完成伟大艺术的创造。作者有了痛彻骨髓的情感体验后，他的作品也就很容易灌注情感的汁液。作品有了情感的灌注，就不再是干枯冰冷的赝品，而是生机勃勃的艺术之花了。

三　真情实感可以孕育新的语言

"语言是思想的直接现实"，也是情感的一种外在表现。"情动于中而形于言"，"情"是"言"的前提和基础。表达情感的语言叫情感语言；艺术语言就是情感的语言，它与逻辑语言、科学语言的最大区别就在于它是富于情感的。古人早就把艺术语言与一般语言加以区分："歌之为言也，长言之也。说之故言之，言之不足故长言之。"（《乐记》）。"长言"就是一种情感的语言，它具有一般语言所不具备的充分表情达意的特长。在普通的语言不够表达时，就要"长言之"。"长言"的产生是由于情感的推动，由科学语言、逻辑语言产生的飞跃，它已进入音乐的境界，成为音乐的语言。一个作家的基本功是能够运用语言传达出自己的情感，但是这种传达不一定就是情感的语言；只有在情感发自内心而又不吐不快的情况下，情感才会帮助人们去创造新的情感语言。内心的感情真挚了，充沛了，就会自然汇成一股热流向外奔突，"思风发于胸臆，言泉流于唇齿"（《文赋》）。唯有此时，恰如其分的、新的语言才会从作家的心田中流淌出来。比如李清照的《声声慢》：

> 寻寻觅觅，冷冷清清，凄凄惨惨戚戚。乍暖还寒时候，最难将息。三杯两盏淡酒，怎敌他晚来风急？雁过也，正伤心，却是旧时相识。满地黄花堆积，憔悴损，如今有谁堪摘？守着窗儿，独自怎生得黑？梧桐更兼细雨，到黄昏点点滴滴。这次第，怎一个愁字了得？

这是封建社会中一个孤独的、多情的才女的哭诉。开头连叠七字，绝非作者靠冥思苦想得来的，这是她寂寞、愁苦、凄凉和无以慰藉的心情的自然流露。"看似寻常最奇崛，成如容易却艰辛"，王安石的这两句诗正好说明李清照词作的语言特色。真挚的情感孕育和创造了恰切的语言，动人的语言似乎也正等待着真挚情感的驱遣。这才是所谓"为情而造文"，情至文无不至。"最难将息""怎一个愁字了得"这些话看似寻常，却一往情深，耐人寻味，非亲罹苦难深愁者所能吟出。

日常生活中习见的一种现象，就是在对自己最亲的人说话时往往不假修饰，叫作"至亲无文"。这也是一种较为普遍的心理现象。实际上，人们在感情最真挚、最强烈的时候，也是不顾及修饰的。作家在这种状态中，往往能写出好作品。如韩愈的《祭十二郎文》，由于对亡侄的骨肉之情和强烈的哀感，使作者一反传统祭文的固定格套，通过琐碎家常的诉说，很自然地融进了恳挚的思念和宦海浮沉的人生感叹，语言丝毫没有修饰和雕琢，读来却觉得句句新颖而又凄楚动人。"呜呼！其信然邪？其梦邪？其传之非真邪？"这些语句的反复运用更增添了悲哀的气氛。噩耗传来，强烈的悲哀竟使作者不相信这是真的。正是这种痛感和心理上的迷惘才创造了如此感人肺腑的语言。

托尔斯泰说得好："如果艺术家很真挚，那么他就会把感情表达得正像他所体验的那样。因为每一个人都和其他的人不相似，所以他的这种感情对其他任何人说来都将是很独特的；艺术家越是从心灵深处汲取感情，感情越是真挚，那么它就越是独特。这种真挚使艺术家能为他所要传达的那种感情找到清晰的表达。"①

真挚的情感既可使作家的语言准确、新颖而表达清晰，又可使作品独具特色。可见，情感对于作家来说是多么重要。

四 文学家、艺术家追求的是"有情之天下"

大家都知道中国古典名著《红楼梦》的作者曹雪芹，他的美学思想的核心就是一个"情"字。他在《红楼梦》开头就说，这本书"大旨谈情"。北京大学叶朗教授就认为，曹雪芹的审美理想就是从明代大戏剧家汤显祖那里继承下来的。

汤显祖（1550—1616 年）的美学思想核心就是一个"情"字。他所讲的"情"和古人讲的"情"内涵有所不同，包含突破封建社会传统观念的内容，就是追求人性解放。汤显祖自己说，他所讲的"情"一方面和"理"（封建社会的伦理观念）相对立，另一方面和"法"（封建社会的社会秩序、社会习惯）相对立。他认为"情"是人生而有之的（人性），它有自己的存在价值，不应该用"理"和"法"去限制它、扼杀它。所以，汤显祖的审美理想就是肯定"情"的价值，追求"情"的解放。汤显祖把人类社会分为两种类型："有情之天下"与"有法之天下"。他追求"有情之天下"，"有情之天下"就是春天，所以追求春天就成了贯穿汤显祖全部

---

① ［俄］列夫·托尔斯泰：《艺术论》，丰陈宝译，人民文学出版社 1958 年版，第 151 页。

作品的主旋律。他写了《牡丹亭还魂记》，塑造了一个"有情人"的典型——杜丽娘。剧中一句有名的话"不到园林，怎知春色如许"，就是寻找春天。但是现实社会不是"有情之天下"，而是"有法之天下"；现实社会没有春天，所以要"因情成梦"，更进一步又"因梦成戏"——他的戏剧作品就是他的强烈的理想主义的表现。

曹雪芹也寻求"有情之天下"，寻求春天，寻求美的人生。但是现实社会没有春天，所以他就虚构了、创造了一个"有情之天下"，就是大观园。这是一个理想的世界，也就是所谓"太虚幻境"。这一点，脂砚斋早就指出，当代许多研究《红楼梦》的学者（如俞平伯、宋淇、余英时）也都谈过。"太虚幻境"是一个"清净女儿之境"，是"孽海情天"。大观园也是一个女儿国（除了贾宝玉），是一个"有情之天下"。第六十二回写的湘云醉酒，第六十三回写怡红院的"群芳开夜宴"，少女们醉后可爱的憨态，充分显示了人性的质朴与清纯。那是一个春天的世界，是美的世界，那里处处是对青春的赞美，对"情"的歌颂。大观园这个有情之天下，好像是当时社会中的一股清泉、一缕阳光。小说写宝玉在梦中游历"太虚幻境"时曾想到："这个去处有趣，我就在这里过一生，纵然失去了家也愿意。"后来搬进大观园，可以说实现了宝玉的愿望，所以他"心满意足，再无别项可生贪求之心"。大观园是他的理想世界。

但是这个世界，这个"清净女儿之境"，这个"有情之天下"，被周围的污浊世界（汤显祖所谓"有法之天下"）所包围，不断受到打击和摧残。大观园这个春天世界，一开始就笼罩着一层"悲凉之雾"，很快就呈现出秋风肃杀、百卉凋零的景象。林黛玉的两句诗，"一年三百六十日，风霜刀剑严相逼"，不仅写她个人的遭遇和命运，而且写所有有情人和整个有情之天下的遭遇和命运。在当时的社会，"情"是一种罪恶，"美"也是一种罪恶（晴雯因为长得美，所以被迫害致死）。贾宝玉被贾政一顿毒打，差一点被打死，大观园的少女也一个个走向毁灭：金钏投井、晴雯屈死、司棋撞墙、芳官出家……直到黛玉泪尽而逝，这个"千红一窟（哭）""万艳同杯（悲）"的交响曲的音调层层推进，最后形成了排山倒海的气势，震撼人心。"冷月葬花魂"是这个悲剧的概括，有情之天下被吞噬了。

脂砚斋说，《红楼梦》是"让天下人共来哭这个'情'字"。他把《红楼梦》的悲剧性和"情"联系在一起，是很深刻的。

五　情感使文学艺术作品的选材具有了主观性特点

客观外界的事物是无穷无尽的，从宏观到微观，从社会到自然，无一不可作为文学艺术创作的素材。但是作家、艺术家在分析和处理生活素材并把它们变为创作题材的过程中，却没有一个作家是纯客观地去对待生活的。纷纭复杂的现实，在作家心中会产生各种各样的反应：他所接受的或者排斥的，喜欢的或者憎恨的。这些反应产生的主要原因即情感的作用，情感使得作家在选取创作素材时具有了主观任意性。大仲马一百二十余万言的《基督山伯爵》是从警察局档案中取材的小说。原材料为《金刚石和复仇》，讲的是 1807 年巴黎的一个贫穷青年皮鞋匠弗朗索瓦·皮克复仇的事。皮克由于得到了一位富有的未婚妻玛格丽特·菲若拉而遭人嫉妒，于是他被诬告入狱、判刑，未婚妻也被人占有。为此，他出狱后采取了一系列暗中报复行动，杀死了自己的仇人，毁坏了仇人的财产，最后自己也被人杀死。大仲马从自己的情感出发，对这个材料进行了改造。由于他出生于法国资产阶级大革命时期的一个将军家庭，从小就对资产阶级革命怀着崇敬的感情。波旁王朝复辟后，他痛恨封建制度，正是对资产阶级共和的信仰和反封建复辟的强烈情绪，使他把上述这个蒙冤复仇的平民生活悲剧，框进了时代的画廊，并对主要矛盾做了不少渲染和勾勒。皮克因爱情嫉妒被诬害，在作品中改成因主人公邓蒂斯替拿破仑送密信而被打入死牢。他的三个仇人也都因在政治上站在复辟政权一边而与邓蒂斯形成尖锐对立。作品中基督山伯爵的复仇，惩罚的是反动统治集团中的大人物，因而他的私敌也是广大民众的公敌。这就改变了原始素材中单纯由于爱情角逐和谋财害命的原因而结下的冤仇。由此可见，作家在情感的驱使下写出的客观事物，绝非纯粹是自然或社会中的事物，它们已带上了作家的情感和好恶。万水千山总是情，即使最客观主义的作家，也不例外。

马克思说过这样的话："自然并没有制造出任何机器、机床、铁路、电报、自动纺棉机，等等。它们都是人类工业底产物，自然的物质转变为由人类意志驾驭自然或人类在自然界里活动的器官。它们是由人类的手所创造的人类头脑底器官；都是物化的智力。"① 由此，我们是否可以这样说，纯粹的自然或生活，并没有创造出任何的文艺作品；文学艺术品中的自然和社会生活，都是被作者的意志所驾驭用来表达自己感情的工具，是作者情感的外化。

情感对于创作如此重要，那么它是怎样产生的？《礼记·礼运》篇说："何谓人情：喜、怒、哀、惧、爱、恶、欲，七者弗学而能。"人的情感原是与生俱来、不学而能的本能和天性，但在人类分化为阶级以后，这些本能和天性，便都要受阶级性的影响和制约，变成了更为复杂的社会感情，它强烈地影响着作家的创作心理。所以研究创作，也就不能不研究和考察作家的情感因素。

一九九一年三月

---

① 〔德〕马克思：《政治经济学批判大纲》第三分册，刘潇然译，人民出版社 1963 年版，第 358 页。

生之留恋，死之震撼
——试论悲剧魅力产生的根源

在西方美学史上，悲剧要算是一门真正具有深刻的哲学意义的艺术。在整个审美范畴中，它无疑是最富有魅力的。悲剧集中反映生命存在的性质、生活的意义和人强烈的内心冲动；给人们带来的或是情感的震撼，或是道德的感化，或是凄婉哀伤、沉郁愤懑，或是摧肝裂胆、惊悸震怒，所有这些，都是最动人的。这就形成一种无法抗拒的诱惑力、感染力和征服力。所以，在西方，悲剧向来被认为是最高的文学艺术形式，取得杰出成就的悲剧家也被视为人间最伟大的天才。

然而，悲剧的魅力何以产生？为什么人们竟能心甘情愿地去欣赏悲剧？为了寻找这个问题的答案，朱光潜先生早年就写了专著《悲剧心理学》，逐一分析、评判了西方美学史上出现的有关悲剧产生根源的"恶意说""道德同情说""距离说""生命活力说""净化说"，等等。朱先生的论述，自然给予我们若干有益的启示。但是，"我们为什么喜欢悲剧"？今天看来，这一问题并没有真正解决，所有的答案仍觉模模糊糊，令人感到鼓舞的是，美国当代哲学家、美学家苏珊·朗格（1896—1985年）在她有名的著作《情感与形式》一书中，提出了"悲剧节奏"的命题，它引导我们从一个新的角度去思考，在某种程度上已接触到了悲剧魅力之所以产生的实质。

一是"悲剧节奏"概念的内涵。苏珊·朗格说："与简单新陈代谢不同，个体生命在走向死亡的途中具有一系列不可逆转的阶段，即生长、成熟、衰落。这就是悲剧节奏。"① 就是说，把悲剧看成一种节奏形式，这种节奏形式反映了个体生命、生活的基本结构，"表现了自我完结的生命力节奏"②。这种从个体着眼的悲剧理论，看起来似乎有点悲观主义的味道，但它却揭示了问题的实质。"生长、成熟、衰落"的生命力节奏，是一种无法抗拒的自然规律；愿意也罢，不愿意也罢，事实上每个人都在遵循这一规律。它不分贵贱高低，几乎对任何人都是平等的。一个正常的人，一个有主体意识的人，便很容易体会到这种节奏。

"节奏"这一术语，来源于生理学，许多基本的生命功能确实普遍具有节奏。中国的哲学便是就"生命本身"体悟"道"的节奏。儒家认为，"大乐与天地同和，大礼与天地同节"，"道"具象于生活、具象于礼乐制度。茫茫的宇宙，浩瀚的生命，都是合着一种节奏在运转，日出而作，日落而息，寒来暑往，生老病死。空间、时间合成生命的世界而安顿着人的生活，人们的生活是从容的、有节奏的。这种生生不息的节奏统辖了宇宙万物；没有这种节奏，也就没有了生命、失却了万物。

所以，"节奏"一词，既有生命意义的普泛性，又有不可逆转的规定性。把悲剧看成一种节奏形式，是十分恰当的。

二是由生而死——悲剧节奏的普泛性。悲剧之所以能撼动每一个人的心，就在于人生中有一种悲剧节奏。它表现了自我完结的生命力节奏。朗格说："时而持续，时而停顿，时而又恢复的，那种永恒生命的轻快过程，就是我们天天都在生动表现着的那种伟大、普遍的生命图式。但是命中注定迟早要归于灭亡——就是说，任何生命都不可能像海蜇和海藻那样变成一代新生命——的生物，只能毫无把握地在一个有很大差异的总的运动结构中，即由生而死的运动结构中掌握生命平衡。"③ 就是说，有生命的个体都在遵循这样一种生命图示：由生而死。尽管活着的大都厌弃死亡，但死亡这一生命的彻底结束的转折，却必然在等待每个活着的人。生命只有一

---

① ［美］苏珊·朗格：《情感与形式》，刘大基、傅志强、周发祥译，中国社会科学出版社1980年版，第406页。

② 同上。

③ 同上。

次，不能像海蜇那样分裂为新生命，这是残酷的、无情的。每个人都必须
接受这个终结的过程，都必须毫无例外地纳入这个节奏的程序中，去体验
它，去接受它的摆布。所以，悲剧节奏便成为每个人的生活结构中必然潜
藏着的一种成分，它对每个个体生命来说，便有着普遍性的品格。人们都
能够理解它、领悟它，最终又无可奈何地接受它。这样一来，由于悲剧节
奏的普泛性，便赋予每个个体生命一根感应悲剧节奏的神经。

贵为波斯王的泽克西斯，在看到自己统率的浩浩荡荡的大军向希腊进
攻时，曾潸然泪下，向自己的叔父说："当我想到人生的短暂，想到再过
一百年后，这支浩荡的大军中没有一个人还能活在世间，便感到一阵突然
的悲哀。"① 雄才大略的曹操，也有"对酒当歌，人生几何？譬如朝露，去
日苦多"的慨叹。

"生年不满百，常怀千岁忧"（《古诗十九首》）的诗句多少人还在津津
有味地咀嚼？"人生直作百岁翁，亦是万古一瞬中。"这是杜牧的心曲。它
同样能激起几代人的隔世相思。可见，这根感应悲剧节奏的神经相当敏
锐，它简直成了贯通古今中外千百万人心的"灵犀"。正是由于悲剧节奏
所具有的普泛性特点，才使得典型的悲剧艺术之外的各种其他种类艺术品
中，也十分强烈地渗透了这种节奏。

罗丹有名的雕塑《欧米哀尔》，塑造的是一个比木乃伊还要皱缩的老
妓，丑陋无比。她弯着腰，一副绝望的眼光，两乳干瘪，肚子满是可怕的
皱纹，臂上和腿上满布筋节，犹如干枯的葡萄藤。这是一个生命临近死亡
的衰落形象，这是悲剧节奏的最后一个环节。尽管这尊雕塑没有绚丽的外
表，然而它却激起欣赏者的战栗。看了这奇特而有令人伤心的景象，不由
得产生一种很强的悲哀。因为这个老妓，从前曾是年轻貌美，容光焕发；
她热爱永恒的青春与美貌。然而看到自己的皮囊一天天衰败下去，却又无
能为力；这是一个有灵性的人，她所追求的无限欢乐，和她趋于灭亡、将
化为乌有的肉体，成了一个对比。生命的现实将要告终，肉体受着垂死的
苦痛，但是梦与欲望却永远不灭。这还不足以给人丰富的哲理情思吗？它

---

① 朱光潜：《悲剧心理学》，人民文学出版社 1983 年版，第 12 页。

不就是拨动你心灵的琴弦吗？正是这尊雕塑，使我们体验到生命里最深的矛盾、广大而复杂的纠纷，"悲剧节奏"正是这壮阔而深邃的生活的具体表现。

唐代诗人杜甫的诗歌最为沉郁浑厚而有力，由于他一生坎坷、惨淡经营，他对人生的体验也最充实，情感也最丰富。他的诗歌中就时时流露出一种悲剧节奏。试看《赠卫八处士》诗中体现出的悲剧节奏："人生不相见，动如参与商""昔别君未婚，儿女忽成行""少壮能几时，鬓发各已苍""访旧半为鬼，惊呼热中肠"。这几句诗已把人一生中的生长、成熟、衰落这三个阶段囊括无遗了。由少壮到鬓发苍苍，由未婚到儿女成行，这正是生长、成熟。由生长到成熟，这个过程本身就具有悲剧的沉重感，"为鬼"是最后的结局。所以朋友"相见"是生命流程中最珍贵的镜头。它可以引起人们对过往岁月的回忆，也可以使人从朋友身上观照到自我生命的演变，同时还能展望未来的必然结局。因而"相见"时便存有极其复杂的感情：一则以喜，喜中兼有人生苦涩的滋味；另一则以悲，悲中有对生命完结的沉痛感。与此同时，同龄人同病相怜和相互安慰的欣悦感也占有一定比重。如此充满悲剧气氛的诗句是永远不会湮没，也永远不会被后人冷落的。

通过以上分析，我们是否可以这样说：凡艺术品，不管是大到几万言的长篇巨著、场面宏阔的画卷或耸入云端的雕塑；还是小到几个字的诗句小令、微雕或淡淡的几笔速写，只要它触及了潜藏于生命本体中的悲剧节奏，它就会变得深刻、沉雄而具有某种吸引力。当然，由于艺术家的生活经历、艺术修养、胸襟目力等有高低工拙之别，作品也自然有优劣之分，但不论怎样，对悲剧节奏的体验、捕捉以至表现却是至关重要的。

三是死亡——生命个体的最终结局。死亡作为悲剧节奏最可怕的环节，是最富震撼力的。所以，古往今来的许多思想家、哲学家、美学家和文学艺术家，对此也感慨最多。由于人对自身的认识还处于十分朦胧的阶段，对人死这一千古之谜还刚刚开始探索，尚未获得一个令多数人都能满意的答案，因此人们对生死便有着各种各样的见解和情感反应。

> 古人云：'死生亦大矣。'岂不痛哉！……固知一死生为虚诞，齐彭殇为妄作，后之视今，亦犹今之视昔，悲夫！（晋·王羲之）
>
> 前不见古人，后不见来者；念天地之悠悠，独怆然而涕下。（唐·陈子昂）
>
> 世事一场大梦，人生几度凄凉。（宋·苏轼）
>
> ……故人生者，如钟表之摆，实往复于苦痛与厌倦之间也。（清·王国维）
>
> 人生是一次航程，其终点就是死亡。（〔美〕苏珊·朗格）

这些对人生死的思考，都带有凄凉感伤的味道，有的甚至近乎颓废、丧气、消沉。尽管如此，它们却触及了问题的实质，认识到了死这一必然的趋势是无法改变的事实。所以直到现在，这些情感也具有很强的感染力。

宗璞说："小弟去了。小弟去的地方是千古哲人揣摩不透的地方，是各种宗教企图描绘的地方，也是每个人都会去，而且不能回来的地方。"

"死"这个冷冰冰的、铁一样的事实，单是这样如实地、不加掩饰地说出来也就足够凄楚动人了。

既然是无法改变的事实，一味地哀伤、恐惧又有什么用呢？所以有人就以大彻大悟的情感态度去对待它，以求从精神上得到解脱。

> 人固有一死，或重于泰山，或轻于鸿毛。（汉·司马迁）
>
> 人生自古谁无死，留取丹心照汗青。（宋·文天祥）
>
> 死后元知万事空……（宋·陆游）
>
> 死生一事付鸿毛，人生到此方英杰。（清·秋瑾）

这都是一种达观和积极用世的精神。面对死亡并没有过多的感叹和悲伤，想到的倒是为后人留下点什么，以使死更有价值。这种态度的进一步升华，就变为"砍头不要紧，只要主义真；杀了我一个，还有后来人"的壮志豪情。这正是我们一再倡导和高扬的无产阶级革命英雄主义精神。

此外，还有一种态度，即生不进取，死不留恋，浑浑噩噩，相信所谓"二十年后又是一个"。旧中国，这种观念曾十分普遍。

人们对生死的观念和态度尽管如此不同，但支配这些观点的客观实在却是一个共同的节奏："生长—成熟—衰落（死亡）"。这就决定了任何人对生命都具有一种潜在的悲剧感，这种潜在的悲剧感就使他能够理解悲剧、欣赏悲剧、接受悲剧、喜欢悲剧。

四是悲剧感的失落。世界上生活着各种各样的人，有一种人就很是与众不同。这种人生性残酷、铁石心肠，是所谓"放屁咬牙，拉屎攥拳头"的主儿，甚至还有以杀人为乐的杀人狂。这一类人对于悲剧节奏就不是那么敏感，那么动情。诚然，像唯物主义哲学家指出的那样：性格是环境的产物。不管这些人的性格是如何形成的，反正谁也不会否认世上仍有不少这样的人。苏珊·朗格也从理论上分析了悲剧感形成的社会原因，她说："只有在人们认识到个人生命是自身目的、是衡量其他事物的尺度的地方，悲剧才能兴起、才会繁荣。在部落文化中，个人一直与家庭极为紧密地联系在一起，以至不仅社会，而且本人也把自己的存在看成就是公有财产，为了公众利益随时都可以牺牲，个性的发展还不是自觉意识到的生命形式。同样，在人们相信因果报应（Karma），相信符木（Tally）威力的地方，为了在来世报答和赎罪，灵魂可以延续下去，他们在今世的形体，很难看作是一个体现了其全部潜力的自我满足的整体。"[①] 朗格这段话的意思是，悲剧感的产生和存在依赖于人的主体意识，即认识到个体生命的目的、价值。但是主体意识往往在某种环境和某些情况下失掉。其一，在部落文化中，在极权的封建国家里，自己的躯体、生命，并不属于自己，有时它属于集体，是"公有财产"；有时又属于君主，"君叫臣死，臣不敢不死"。在这种情况下，个人当然就缺乏主体意识，就不会有什么悲剧感。其二，在宗教迷信的氛围中，个人相信灵魂不死，来世轮回；或极度虔诚、崇拜，为信仰殉节，让灵魂进入天国，等等。这也会丧失主体意识，

---

① ［美］苏珊·朗格：《情感与形式》，刘大基、傅志强、周发祥译，中国社会科学出版社1980年版，第410页。

从而失落悲剧感。以上两种情况，在我们中国都存在过。

鲁迅说："大约我们的生死久已被人们随意处置，认为无足轻重，所以自己也看得随随便便，不像欧洲人那样的认真了。……大家所相信的死后的状态，更助长了对于死的随便。谁都知道，我们中国人是相信有鬼（近时或谓之'灵魂'）的，既有鬼，则死掉之后，虽然已不是人，却还不失为鬼，总还不算是一无所有。不过设想中的做鬼的久暂，却因其人的生前的贫富而不同。穷人们是大抵以为死后就去轮回的，根源出于佛教。"①"被人们随意处置"自然属于第一种情况，"相信有鬼"则属于第二种情况。在愚昧、落后的人群中，个体虽然都无法逃脱生命进程中的悲剧节奏，但本人很少或根本觉察不到这种节奏。这是一种麻木、沉迷和不觉悟，是令人痛心的。有人说，中国缺少悲剧，这是不确的；如果说有些人缺乏悲剧感，这倒是事实。

用悲剧的眼光去看待人生的一切固然不对，但失落了悲剧感是否就有益呢？一点也不。悲剧感的失落，意味着主体意识的泯灭。假如自己对自己的生命个体缺乏清醒的意识，对人生的价值也一定不会有正确的了解，也就必然不会有人生的紧迫感、危机感，他就会失去追求欲、失去进取心、失去竞争意识，既不会爱惜生命，也不能珍惜光阴，到头来只能是糊里糊涂地生，糊里糊涂地死。这样的人，不会有同情心，也没有历史责任感，只会人云亦云，人颂亦颂，人骂亦骂，愚忠，愚孝，固守祖宗遗产，绝少创造性、开拓性。

鲁迅指出，"有些外国人说，中国人最怕死。这其实是不确的——但自然，每不免模模糊糊的死掉则有之。"②悲剧感的失落，带来的恰恰是一种更为消极的东西——迷信、愚昧、停滞不前。朗格说："在人类活动中，悲剧感在精神和情感的成长、成熟以至生命力衰亡的过程中有着典型的意义。在这衰亡中，存在着英雄的真正'情操'——把生活视为一种完成的

---

① 鲁迅：《死》，载《鲁迅全集》第6卷，人民文学出版社1958年版，第49页。
② 同上。

过程，就是说，把生命视为一个整体，视为一种使它凌驾于失败之上的成功。"① 很显然，正是悲剧感更能激起人的自尊、自强、自爱、自重，更能激起人的英雄豪情。人只有认识到自身的价值，掌握了自己的命运，才是真正意义上的堂堂正正的人。

五是对悲剧意识的呼唤。为着使失落的主体意识复归，人类思想文化史上曾有过多次规模宏大的运动。且不说西方著名的启蒙运动、文艺复兴运动，就是在我国也不乏其例。魏晋时期，就曾出现过以反神学目的论和谶纬宿命论为宗旨的人的觉醒运动。"非汤、武而薄周、孔"，藐视"名教"，否定传统，"背礼败俗"，正是这种对外在权威的怀疑和否定，促进了内在人格的觉醒和追求。人们仿佛一下子有了自我意识，想到了生命的短暂，人世的悲凉，于是对人生、生死的悲伤、咏叹和反思，形成了一股潮流。主体意识的复归，又促进了文化的自觉。

而五四时期的启蒙要求，科学与民主、人权与真理的呼吁，则是为了从封建主义的枷锁下寻找和召唤已失落的主体意识。这类运动在中国具有重大的现实意义和深远的历史意义。因为在中国有深厚基础的是封建统治传统和小生产者的狭隘意识。正是这两者结合起来，构成了阻碍中国前进、发展的巨大思想障碍。它与近代民主主义格格不入，蒙昧、等级、专制、封闭、因循、世袭，从自给自足的经济到帝王权术的"政治"，倒成为习以为常的思想状态和传统力量。这样一来，人的主体意识的泯灭就在所难免，悲剧感的失落也就势所必然。正因如此，"文革"的结束，"四人帮"的倒台，便引发了一场思想解放的运动。"人的发现""人的觉醒""人的哲学""人啊，人"的呐喊，一时遍及各个领域、各个方面。主体意识和悲剧感又回复本体；以人为主体的文学艺术作品一时兴起，而且往往表露着一种伤痛、感慨、憧憬、迷茫、叹惜和悲壮的情调。大劫之余，叹时光之流逝，感再生之不易，悲剧感增强了，文艺也更深沉、更富有感染力了。

---

① ［美］苏珊·朗格：《情感与形式》，刘大基、傅志强、周发祥译，中国社会科学出版社1980年版，第412页。

在某种程度上可以说，只要把握住生命进程中的悲剧节奏并将其运用和表现于艺术创作过程，最小的艺术作品在自己的范围内也会产生最大作品的效果。这便是悲剧节奏、悲剧感对文艺创作的意义。

当然，人生中并非只有"悲剧节奏"这一种节奏，与悲剧节奏同时存在的还有喜剧节奏，而且两者不一定是彼此对立、水火不容的。朗格认为，悲剧完全可以建立在喜剧的基础上，而不失为纯粹的悲剧。"因为在产生各种可感节奏的生命中，在每一个人类机体中，这种节奏都是并存的。尽管社会成员，甚至其中最强有力、最优秀的成员，都要历尽生命，都要死亡；但社会是连绵不尽的。而且，即使每个个体实现了它所参加的悲剧模式，它仍然处于喜剧的连续中。"① 显然，这里有宏观看待人生和微观考察个体的区别。从宏观来看，人生是连续的，代代相传，推陈出新，每个个体生命不过是这一连续链条上的一个环节，人生的前景是后来居上，鲜花遍地，无限光明，这自然是喜剧节奏；然而从微观来看，个体生命的终结，便是个人的永远消亡，出生—成长—衰老—死亡，这一程式是无法改变的。人的生命旅程，其前景只能是阴森可怖的墓场。这便是悲剧节奏。艺术家的使命是塑造典型，描写彼此不同的"这一个"。他的眼光更多地从微观角度去俯察人生，以深入一个个独特性格的王国，展示一个个特殊的灵魂。这样一来，悲剧节奏较之喜剧节奏就更显得重要，更富有现实意义。

六是"悲剧节奏"对于文学艺术的意义。文艺界有一个经久争论的问题：为什么有些古代作品能穿透厚厚的历史尘幕，重新屹立在现代生活中；甚至当人们欣赏它们时，会产生一种同声相应、同气相求和隔世相思、恨不同时的感情？这些作品凭着什么存活下来？艺术究竟有没有永久的魅力？如果有，这种永久的魅力是如何产生的？通过以上的论述，我们可以说对此问题已有了部分答案。可以肯定，永久的魅力是有的，悲剧节奏本身就具有这种品格。

---

① ［美］苏珊·朗格：《情感与形式》，刘大基、傅志强、周发祥译，中国社会科学出版社1980 年版，第 420 页。

很显然，作为一个真正伟大的艺术家，他必须把人生看深、看透；他也就必须进入人生的流程中，去体验、品尝、经历人生的甜酸苦辣和悲欢离合。然后又能超脱人生的纷扰，去冷静地反思生命的过程，从而把握住潜藏其中的悲剧节奏，以更深沉、更本质地反映人生、认识人生、表现人生。这样，他的作品才有可能具有永久的魅力。

众所周知，鲁迅是我国第一位真正伟大的艺术家、杰出的思想家。他的深沉，他的冷峻，他的孤独、悲凉的人生境界都是超越的、伟大的。研究家们指出，鲁迅即使在激烈的战斗中也仍时时抚摸着生和死，思考着生命的逝去和灭亡的终将来临。他不像他的弟弟周作人，去用麻醉和麻木抵挡和掩盖深刻的悲观，用苦茶和隐士的自我解嘲去解脱人生。他是以愈战愈强的勇士情怀来纪念这生和死，赞美这生和死。"总之：逝去，逝去，一切一切，和光阴一同早逝去，在逝去，要逝去了。""我是很确切地知道一个终点，就是：坟。然而这是大家都知道的，无须谁指引。问题是在从此到那的道路。"① "过去的生命已经死亡。我对于这死亡有大欢喜，因为我借此知道它曾经存活。死亡的生命已经朽腐。我对于这朽腐有大欢喜，因为我借此知道它还非空虚。"②

鲁迅还经常把死去的称为"先死者"，把活着的称为"后死者"；将裴多菲的《希望之歌》引为同调："绝望之为虚妄，正与希望相同。"鲁迅已经把罩住人生的各种神秘纱幕揭掉了，生命的悲剧节奏赤裸裸地凸显在读者面前：虽则冷酷，却是事实；虽则悲凉、孤独，却并不绝望。他对生命的切实体验，正像一颗蹦跳着的红心那样灼灼、那样赤诚。

更要紧的是，鲁迅没有把悲剧节奏仅作一般的表现，他是将自己深切体验和透彻领悟的人生的悲剧节奏升华为形上本体，已具有了超越的形上光彩。这样，就使得他的作品突破了时空的限制，而作为人类优秀的精神财富具有永久的魅力。正因如此，他的作品与他同时代人（如胡适、周作人）比起来，显然具有远为强大长久的生命力。

---

① 鲁迅：《写在〈坟〉后面》，载《鲁迅全集》第一卷，人民文学出版社 1956 年版，第 361 页。

② 鲁迅：《野草》，人民文学出版社 1952 年版，第 5 页。

常言道，"呕心沥血""蚌病成珠"。这对于一个真正伟大的艺术家的创作来说，是十分形象的。体验人生本身就是一种痛苦，捕捉悲剧节奏这根震颤灵魂的弦就更为不易。那种"欲说还休"的人生况味，对涉世不深者来说，是怎么也无法体验的。唯其如此，"永久魅力"的秘诀也就不是轻易能领悟的了。

七是悲剧的外延。有人把人生的苦难与不幸也视为悲剧之一种。那么，描写与表现这种苦难与不幸的文学艺术同样具有上述品格。张隆溪先生在其论文《悲剧与死亡——莎士比亚悲剧研究之一》中，曾说到中西两种理论：西方是亚里士多德，中国则是老子。亚里士多德在《政治学》里，曾两次提到彼利安德（Periander）向米利都的暴君特拉希比洛斯（Thrasybulus）奉献计谋，要他"剪除长得高出一般的谷穗，那意思就是说，必须随时除掉高出一般的公民"。悲剧世界虽然按照规律发展，却好像忽略了道德的正义：它的规律是自然规律，是与道德无关的因果规律，而不是是与非、罪与罚的规律。哲学家们常常指出，自然规律对人的意志和利益从来是漠然置之的。例如，老子就把天之道和人之道加以区别，他说："天之道损有余而补不足。人之道则不然，损不足以奉有余。"（《老子》第十七章。）天之道即自然规律，好像在万物之间维持一种自然的平衡，即所谓物盛当杀，于是长过一般的谷穗被剪除，高树被摧折，处于暴露地位的英雄遭受痛苦和死亡。曹植曾在一首颇有悲剧意味的诗里写道："高树多悲风，海水扬其波。"（《野田黄雀行》）大约与之同时，李康则在《运命论》中写道："故木秀于林，风必摧之；堆出于岸，流必湍之；行高于人，众必非之。"此即老子所谓："高者抑之，有余者损之。"亦即俗语之"树大招风"。不难想象，历史上的许多优秀人物就是遭遇了这样一种命运而悲惨地死去了。

一九九○年四月

接受美学与中国的玄学论文艺观

    接受美学又称接受理论、接受研究、接受方法，是 20 世纪 60 年代西方美学研究中一种新兴的方法论。它产生于联邦德国南部的康斯坦茨，又称康斯坦茨学派。该学派在德国兴起后，很快传播到瑞士、波兰、法国、苏联等国，其后又传到英、美等国，影响十分广泛。而中国的玄学论文艺观，作为文化遗产的一部分，则是滥觞于《易传》，后来以老庄推崇的"道"为其哲学基础的古典文艺理论流派。该流派与中国艺术的创作和鉴赏息息相关，一直被视为独具特色的中国艺术哲学的重要内容之一。我们把这样两种既非同时兴起，也非同地产生的美学和艺术理论派别相提并论，绝不是像某些人所说的，"在对外国的理论还不甚了了的情况下就忙于追本溯源，从而证明这种理论在中国古已有之"①，而是想通过两者的比较，既显示一下玄学论文艺观本身的许多令人神往之处，也探讨一下接受美学的理论贡献和主要过失。

一

    迄今为止，所有的美学及艺术理论所研究的范围中不外有四大要素，即宇宙（人、自然、社会）、作品（艺术品）、创作者（艺术家、作家）和

---

    ① ［德］H.R. 姚斯、［美］R.C. 霍拉勃：《接受美学与接受理论·出版前言》，周宁、金元浦译，辽宁人民出版社 1987 年版，第 4 页。

欣赏者（观众、读者）。美学研究、艺术探索、文学批评等，无非是从不同的角度对上述四要素之间的关系进行揭示和分析。西方学者 M. H. 亚柏拉姆斯（M. H. Abrams）在其 1953 年于纽约出版的名著《镜与灯》一书中，将四要素纳入他所设计的一个著名的三角图中（如下图所示），用图的形式显示出整个西方艺术理论对四要素关系的理解。亚氏所绘图中，试图把艺术作品分别与宇宙、观众或艺术家联系起来进行解释。

这里的宇宙，泛指人类、人的行为、观念和情感、物质和事件，以及超感觉的实体等。为了研究中国的文学批评理论，美国斯坦福大学教授刘若愚对亚氏的图表进行了改造。他在其所著《中国的文学理论》一书中，把亚氏的三角图，改进成了一双向的圆环（如下图所示）。在刘氏的图中，以"作家"代替了"艺术家"；以"读者"代替了"观众"。这主要是为了适用于文学。该图表也适用于其他的艺术形式。刘若愚认为，他的这种排列方式可以表明作为构成整个艺术过程的四个阶段的四要素之间的内在联系。

第一阶段，宇宙影响作家，作家反映宇宙。

第二阶段，在反映宇宙的基础上，作家创作了作品。

第三阶段，作品及于读者，直接作用于读者。

第四阶段，读者对宇宙的反映因他对作品的体验而改变。① 这样一来，整个过程便形成了一个完整的循环体系。与此同时，因为宇宙影响读者的同时也作用于读者对作品的反映，又因为通过体验作品，读者同作家的心灵也产生联系；从而再体验作家对宇宙的反映，这样，循环便按相反的方向运行，因而，图中的箭头具有顺时针和逆时针两个方向。刘若愚的这个图，改变了作品的中心位置，而把它放到了与其他诸要素平列的位置，而且作者与读者对宇宙都有双向的联系，这比之亚柏拉姆斯是一个巨大的进步。

根据亚柏拉姆斯和刘若愚所标示的四要素的关系，我们分别来看一看接受美学和中国玄学论文艺观所强调的研究中心。

接受美学是以读者（大众）为其研究的重点，从而形成读者、作品、作者这样一个三角形。H. R. 姚斯指出：

> 在这个作者、作品和大众的三角形之中，大众并不是被动的部分，并不仅仅作为一种反应，相反，它自身就是历史的一个能动的构成。一部文学作品的历史生命如果没有接受者的积极参与是不可思议的。因为只有通过读者的传递过程，作品才进入一种连续性变化的经验视野。②

根据姚斯的理论，我们可以画出他所说的三角形：

这是一个动态的完整的文学过程，苏联学者梅拉赫称之为"动力过程"。但是这个三角形只强调了以阅读为中心的三个方面，而没有标示作

---

① 刘若愚：《中国的文学理论》，中州古籍出版社 1986 年版，第 13 页。
② ［德］H. R. 姚斯、［美］R. C. 霍拉勃：《接受美学与接受理论》，周宁、金元浦译，辽宁人民出版社 1987 年版，第 24 页。

者创作作品的源泉，即没有显示作品赖以产生的基础。比之刘若愚的图示，显然有其不足。

而中国的玄学论文艺观则是基于表现宇宙原理的理论。这宇宙原理，在玄学论中一般称为"道"。"道"是观念性的东西，是"宇宙万物之宗"。《易·传》上讲："形而上者谓之道，形而下者为之器。"人们目之所见，手之所触，皆为形下之物，而其理，则道也。道与文的关系非常密切。刘勰在其《文心雕龙·原道》中说得十分清楚："玄圣创典，素王述训；莫不原道心以敷章，研神理而设教。……故知：道沿圣以垂文，圣因文而明道；旁通而无滞，日用而不匮。《易》曰：'鼓天下之动者，存乎辞'。辞之所以能鼓天下者，乃道之文也。"刘勰把宇宙（"道"）、圣人（作者）、文（作品）三者之间的关系看作一个循环的体系，亦即他所说的："道沿圣以垂文，圣因文而明道。"但是这一切围绕着一个中心，即为"鼓天下"。用现在的话说，即通过读者大众的阅读，而对社会起推动作用。不仅如此，刘勰还认为《易经》中的八卦就是"道沿圣以垂文"的最早范例："人文之元，肇自太极。幽赞神明，《易》象惟先，庖牺画其始，仲尼翼其终；而《乾》《坤》两位，独制《文言》。言之文也，天地之心哉！"

根据以上的论述，我们可以把玄学论文艺观揭示的关系图示如下：

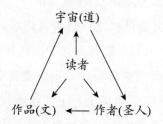

这是一个以读者为中心的文学批评四要素之间的关系图，它与接受美学所不同的是强调道文一体，也是强调作品对宇宙原理的表现。不像接受美学那样，全然不注意作品的来源，陷入主观唯心主义（诚然，玄学论文艺观对道的解释亦颇有唯心的成分。但也有不少论家把道看成"自然之道"，就有朴素唯物主义的倾向了）。玄学论文艺观与接受美学相同的则是强调对读者的研究。《易·传》早就指出："仁者见之谓之仁，知者见之谓

之知。百姓日用而不知，故君子之道鲜矣。"宋代玄学论文论家严羽，强调写诗与读诗都要立足于悟，"唯悟乃为当行，乃为本色"（《诗人玉屑》卷一），充分意识到读者对于完成文学创作这一过程的重要性。就这一方面讲，它一点也不比接受美学逊色。

接受美学认为，任何文学本文（即通常我们理解的文学作品）都具有未定性，都不是决定性的或自足性的存在，而是一个多层面的未完成的图式结构。就是说，其存在本身并不能产生独立的意义，而意义的实现则要靠读者的阅读，亦即靠读者的感觉和知觉经验将本文中的空白处填充起来，使作品中的未定性得以确定，最终达致文学作品的实现。如果没有读者的阅读，没有读者将本文具体化，本文只能是未完成的文学作品，那就没有文学作品的实现。很显然，接受美学是将作品与阅读两者合并起来的文学过程称为文学作品；而把没有经读者阅读的作品称为本文。中国玄学论文艺观虽然没有将作品与阅读合并为一个概念，却充分注意到不同读者阅读同一作品时所产生的不同效应，即所谓的不同作品的实现。这之中就包括了不同的读者凭自己独特的感觉、知觉、经验将作品中的空白填充起来的内容。黄庭坚有言："文章大概亦如女色，好恶止系于人。"（《书林和靖诗》）刘勰则感叹："知音其难哉！音实难知，知实难逢，逢其知音，千载其一乎！"（《文心雕龙·知音》）谢榛也说："诗有可解、不可解、不必解，若水月镜花，勿泥其迹可也。"（《四溟诗话》卷一）又说："黄山谷曰：'彼喜穿凿者，弃共大旨，取其发兴于所遇林泉、人物、草木、鱼虫，以为物看皆有所托，如世间商度隐语，则诗委地矣。'予所谓'可解、不可解、不必解'，与此意同。"（同上）上述这些观点均受到玄学论文艺观的影响，都强调读者的重要性、阅读的重要性。"音实难知，知实难逢"，就意味着不同的读者会对同一作品作出极不同的理解（这也算是一种再创造了）；而"可解、不可解、不必解"，亦即强调诗无达诂，强调读者的能动创造。

如此看来，玄学论文艺观早已不期然而然地涉及了接受美学的许多重要问题。但是否就据此宣称，中国早已有接受美学呢？不能。因为玄学论文艺观并没有提出类似接受美学那样一套完整的、独立的范畴体系。

二

接受美学的代表性学者汉斯·罗伯特·姚斯和沃尔夫冈·伊塞尔，把理论思维的重点放到文学与现实、文学与读者、文学的功能与社会效果问题上，特别注意把读者作为文学科学的对象。姚斯认为，文学史就是文学作品的消费史，即消费主体的历史，因而必须有较为广阔的接受背景。就是说，读者阅读一部文学作品，必须与他以前读过的作品相对比，以过去的阅读经验来调节现时的接受。在姚斯看来，只有读者对作品的接受理解，才能构成作品的存在。基于这样的认识，他提出了自己的概念范畴。

"期待视野"是姚斯理论中的一个重要概念。它是指阅读一部作品时，读者的文学阅读经验构成的思维定向或先在结构。这就规定了研究现实的接受必须涉及接受构成的接受经验的史前史。在阅读活动中，与接受主体的期待视野相对应的是对象，即作品的"客观化"。姚斯认为，任何一部作品的产生，必须得到"客观化"，即与一客观的标准相符合，才能获得接受，而这种超主体的客观标准，恰恰又是期待视野。这样看来，期待视野就又可分为两种：一种是读者本身所具有的（主观的）思维定向，这是由读者历史地形成的经验性的先在结构所致；另一种是作品本身所具有的（客观的），供读者阅读和接受的相对稳定的标准，这是一种客观化的视野结构。在姚斯看来，所谓文学史实际上就是历史与现实视野的调节史；两种视野相互渗透，相互融合，历时性消灭在共时性中，历时性的视野结构只有在共时性的阅读系中，才能实现其功能。就是说，文学史是历史上的文学作品与现在视野的直接交融。

"本文""召唤结构""流动视点"等概念，是伊塞尔理论的重要范畴。他认为，本文与读者在阅读中相互作用，意义从阅读过程中产生，这是伊塞尔接受理论的逻辑起点。他始终把本文意义产生的问题当作核心加以论述并予以重视，他认为，意义不是本文或读者单一方面的产物，而经过双方相互作用，是阅读经验中的产物。根据文学意义产生的具体过程，他认为文学应研究以下内容：①潜在的本文；②本文的生成；③本文生成的条件。本文在未被读者阅读接受以前，并非真正存在的本文，而是有待实现的"暗隐的本文"（也有"暗隐的读者"，这个读者，实际上就是潜在的本文或作为本文实现条件之一的"本文的潜在结构"，与"召唤结构"相仿），这样一来，文学就变成了真正意义上的虚构，即不具有既定的所指；读者要靠自己去发掘本文的潜在结构，亦即发掘其意义。

伊塞尔的阅读理论是现象学的阅读理论。他提出的"流动视点"的概念，旨在极力避免外在于作品的任何一个固定的视点，因为这样会造成对作品的歪曲。在他看来，任何阅读活动都离不开时间，离不开历史与未来之间的调节，离不开视野的改变和对文学事件的重新解释。正因如此，阅读经验才是一种形象创造活动，不同读者的阅读，同一读者不同时间的阅读，创造出的形象也是不同的。在文学交流中，信息发出者的意图语境消失了，只能在信息载体中留下些暗示，也就是留下空白结构，有待读者的阅读想象来填充。这就是说，文学使用的描写语言，包括了许多的意义不确定和意义空白，这些不确定的意义和空白正是产生艺术效果的根本出发点。这就是所谓"召唤结构"，由它引导读者去思考。

提起现象学理论，刘若愚教授曾将它与玄学论进行过比较。他曾说到丢弗伦（MikelDujrcnne）这位法国现象论家的理论，丢氏认为，读者并非被动地坐待作品影响自己，恰恰相反，读者持积极参与的态度，以期这一影响能得以实现。他一再强调，一首诗只有被读者所领悟并通过感知再奉献出来，才能算作真实存在；美学的对象之所以需要观众，就是因为它能得到认可和完善。这种读者与作品之间的概念，是建立在主观与客观关系的现象论基础上的。这与上述的接受美学观点几乎完全相同。这一观点认为，主客观的关系是相互包含的。谈到诗的境界，丢弗伦把它描述为"主观存在的模式"，然而它"是被客观存在所激起的"，但反过来又"把赋予客观以生命的意图变为现实"。这里，读者和作品的辩证关系便平行于作者与宇宙的关系。他断言主观与客观是统一的，认知和认知对象，以及内在经验的世界密不可分。中国的玄学论评论家早就指出"我"与"物"原为一体，"情"与"景"实为完整。刘若愚写道："丢氏和中国玄学批评家这种殊途同归的结论，追溯其源是来自现象学观念与庄子的'道'之间的近似性。如同丢弗伦从现象哲学家派生出主观和客观一致的观点一样，中国的批评家从庄子那里派生出了他们的思想。"① 庄子的"天地与我并生，万物与我齐一"与现象派把某种存在置于超越两者之上的地位以处理主观和客观的分离，两者是有共同点的。也正是从这里，沟通了接受美学与玄学论。

坚持玄学论文艺观的批评家们，特别重视文人对自然的观察和对道的领悟。在他们看来，诗和艺术就是诗人和艺术家对自然之道的神悟以及与之融而为一的体现；同样的道理，读者和鉴赏者也必须与天地万物融为一体时，也才能成为合格的读者和"知音"。如司空图所言，"俱道适往，着手成春""由道返气，处得以狂""俱似大道，妙契同尘"（《二十四诗品》）。只有在精妙地体会和领悟的前提下，艺术那种难以喻之以理的境界，才庶几可以完满化。老子云："致虚极，守静笃。万物并作，吾以观其复。静为躁君。"庄子云："一而不变，静之至也；无所于忤，虚之至也。"（《刻意》）又云："一心定而万物服；言以虚静，推于天地，通于万物。"（《天道》）既是作家论，也是读者论。强调鉴赏时要静观默契，神游冥想，如司空图所言："素处以默，妙机其微。"同时，还强调虚实相生、有无互补，如老子所云："有之以为利，无之以为用。"意在突出鉴赏者以想象去填补作品空白的意义。所有这些方面，都与接受美学不谋而合。与接受美学所不同的是，玄学论批评家的理论多为作者、读者一体论，较少单独将读者论分离出来，做专门研究。

三

如果借用接受美学的一般理论，去对玄学论文艺观加以阐释，就会更清楚地显示后者对于中国文学艺术发展的重要性，也可以更清楚地显示中国文艺理论的特点。

如前所述，研究者们都认为玄学论可能滥觞于《易传》。《易经》中的

---

① 刘若愚：《中国的文学理论》，中州古籍出版社 1986 年版，第 65 页。

六十四卦则是中国远古时代卜筮的底本。《易经》的卦，每卦包含两组，每组均由三条或连或断的横线构成：乾☰、坎☵、艮☶、震☳、巽☴、离☲、坤☷、兑☱。各卦均有简要的卦辞，传说这些卦辞出自周文王之手。有趣的是，这部著作既是玄学观的滥觞，又被儒家尊为经典。儒、道在这里合流了。但这种"合流"也并非没有差别的，正如刘若愚所言："道家在个人与自然的关系上强调领悟并与之和谐相处的重要性；而儒家则重视在与他人的关系中要恪守圣人根据天道的原则所制定的道德规范。"[①]。

《易经》是将宇宙中自然界与人类社会视为一体的："易有太极，是生两仪。太极者，道也；两仪者，阴阳也。阴阳一道也，太极无极也。万物之生，负阴而抱阳，莫不有太极，莫不有两仪""易者，阴阳之道也"。正是把宇宙万物看作阴阳之道，所以不论是天象、地象还是人文，均是道的体现；微尘中见大千，刹那间见终古。《易经》奠定了中国的哲学基础。中国的哲学就是以"生命本身"体悟"道"的节奏，体悟"道"的变化和周流。中国古人把宇宙看成一本书，人们靠读这本书体悟宇宙的真谛，体悟"道"。《易经》本身正是先人读宇宙这本书的记录和总结。

> 古者庖牺氏之王天下也，仰则观象于天，俯则观法于地。观鸟兽之文，与地之宜；近取诸身，远取诸物，于是始作八卦。

很显然，八卦正是先民体悟宇宙之道的结晶。这里的体悟就说出了接受美学有关读者（同时又是作者）的全部道理。

《易经》用极抽象的符号（卦爻）和极简练的卦辞、象象，记录着、说明着天文、地文、人文，把极丰富的内容演化为极抽象的符号——以六爻加以表现的象。其"期待视野"可谓广阔、复杂矣！例如，第三十卦"离卦（☲）"："离。利贞。亨。畜牝牛。吉。"解释中说："牝牛，柔顺之物也。故占者能正则亨。而畜牝牛，则吉也。"象辞说："离，丽也。日月丽乎天，百谷草木丽乎上，重明以丽乎正，乃化成天下。柔丽乎中正。故

---

① 刘若愚：《中国的文学理论》，中州古籍出版社 1986 年版，第 20—21 页。

亨……"象曰："明两作，离，大人以继明照于四方。"这些话均以宇宙自然中之物，附会人生之行为命运。占者身份职业不同，就会有不同的内容和不同的解释法。这正好说明了接受美学提出的"本文的潜在结构"，要靠读者自己去发掘。正像伊塞尔所认为的，阅读经验是一种形象构造活动，不同读者的阅读，同一读者不同时间的阅读，创造出的形象也是不同的。"面对一篇本文的不同符号或图式，读者试图建立起它们之间的联系，把它们集结起来，统一行动。……读者在介入意义生产过程时形成格式塔（Gestalten），如果事物与想象中的格式塔不一致，那么读者则力图通过一系列的矫正，与事物重新保持一致。"① 《易经》的每一代、每一个读者可以说都是这样去形成他们各自的"格式塔"的。《易经》卦的"潜在结构"或曰"召唤结构"，给读者的想象和思考留下了广阔的天地。《易经》序言说得好："是以六十四卦为其体，三百八十四爻互为其用。远在六合之外，近在一身之中；暂于瞬息，微于动静，莫不有卦之象焉，莫不有爻之义焉。至哉易乎！其道至大而无不包，其用至神而无不存。时固未始有一，而卦未始有定象，事固未始有穷，而爻亦未始有定位。"把卦象、卦辞的解释看作不断变易流动的，不是静止的、僵死的，这就更使其本文的意义朦胧而空阔；读者简直可以凭感官海阔天空地去领悟神会了。

值得注意的是，《易经》是无所不包的宇宙之道，所谓"观乎天文，以察时变；观乎人文，以化成天下"。所以，它对中国文学艺术理论的影响至深且广。

儒家经典《礼记·乐记》认为，"乐者，天地之和也"。刘勰的《文心雕龙》则说："言之文也，天地之心哉！"一则音乐，一则文学，均是《易经》所阐明的道的繁衍。乐和文都是宇宙道的体现。既然如此，文人就日益感到必须领悟自然之道并与其融而为一，从而通过具体的自然之物来体现无穷的人间事理，启示人生的真谛。《诗经》首篇的"关关雎鸠，在河之洲"，与《易经》的某些卦象、卦辞的风格就极为相似。《蒹葭》《硕鼠》

---

① ［德］H.R. 姚斯、［美］R.C. 霍拉勃：《接受美学与接受理论》，周宁、金元浦译，辽宁人民出版社 1987 年版，第 374 页。

等诗亦然，都是以物象泛指人文。

老庄是玄学的理论大师，更把玄学理论推向高峰。在玄学论文艺观的影响下，中国的艺术作品往往形式结构极为简约，而期待视野极其宽阔，因此有关读者的理论也特别丰富。单是对读者及鉴赏者的称谓就有"知音""识者""览者""知者""知言者""知味者""会心者""雅士""解人""阅者""有识者""观者"、"法眼""赏心者""精鉴者""见者""瞻者""知己""对者""善鉴者""高士""得者""看官"，等等。中国艺术重视品味，重视体验。艺术欣赏，不管是诗，是文，是绘画，都要品，都讲体味。欣赏画也叫"读画"。

钟嵘的《诗品》，站在读者的立场上发扬能动的参与精神，强调以积极接受的意味进行阅读。刘勰的《知音》，更是读者论的专文。唐代的司空图则特别重视文人对自然的观察和对道的领悟，他干脆直接把诗歌说成是诗人对道领悟的体现，其所著《二十四诗品》，都是以具体的想象描绘出一种诗的境界，时时联系到文人对道的领悟问题，既是读者对诗的体验，又含蓄着无穷的读者能动性。如论"典雅"，谓"落花无言，人淡如菊"；论"洗练"，谓"空潭泻春，古镜照神"，等等，均是以大自然或社会的某一具体情境或形象，来比况诗歌的风格和境界，这也是一种期待视野。

严羽的《沧浪诗话》主要讲读者如何读诗，提出"诗道唯在妙悟""唯悟乃为当行，乃为本色"。对意在言外的诗，不悟怎能晓其意？含蓄、蕴藉，言有尽而意无穷，这是中国艺术的特点，也必须通过读者的阅读方能完成艺术的最后创造。由于其"潜在结构"中留有空白，在理想的读者（知音）的阅读过程中，便可时有新意，魅力无穷。

不唯诗歌如此，绘画也是这样。唐代大诗人兼画家王维有一幅名画《雪中芭蕉图》，是《袁安卧雪图》的一个组成部分。对这幅画进行评论，历代颇不乏人。宋代沈括在《梦溪笔谈》卷十七"书画"篇中说："书画之妙，当以神会，难可以形器求也。世之观画者，多能指摘其间形象位置彩色瑕疵而已，至于奥理冥造者，罕见其人。如颜远画评，言王维画物多不问四时，如画花往往以桃、杏、芙蓉、莲花同画一景。余家所藏摩诘画《袁安卧雪图》，有雪中芭蕉，此乃得心应手，意到便成，故造理入神，迥得天意，此难可和俗人论也。"同是一幅画，有的鉴赏者认为违反了常理，是画中瑕疵，而有的鉴赏者却认为"造理入神，迥得天意"。宋释惠洪《冷斋夜画》卷四中也说："诗者妙观逸想之所寓也，岂可限以绳墨哉！如王维作画，雪中芭蕉。法眼观之，知其神情寄寓于物，俗论则讥为不知寒暑。"现在更有学者将惠洪所说的"妙观逸想之所寓"的寓意作了解释，认为该画寄寓着"人身空虚"的佛教神学思想。

按照接受美学的理论，王维的"雪中芭蕉"的期待视野也是十分广阔的，或者说它的空白结构直到现在还没有完全填充起来，真正的"法眼"在哪里，还是个谜。这也许是艺术作品魅力永存的奥妙吧！

四

中国的玄学论文艺观，虽然不能说就是中国接受美学，但它却与接受美学理论有诸多不谋而合之处。尤其是它对许多典型的艺术品，欣赏起来，确有随作者的不同而产生不同的新意的特征。这并非说接受美学就完全合乎科学，也并非说中国的玄学论文艺观已先于西方几千年而入于接受美学的堂奥。两者都有唯心主义之嫌，这不能不说是一个相同的病根。但，如同接受美学有其合理性一样，中国的玄学论在艺术实践中，也确曾创造了有中国特色的辉煌成果。

马克思在《〈政治经济学批判〉导言》中说过：

生产直接也是消费，双重的消费，主体的和客体的；个人在生产中发展自己的能力，也在生产行为中支出和消耗这种能力。……消费直接也是生产，正如自然界中的元素和化学物质的消耗是植物的生产一样。例如，吃喝是消费形式之一，人吃喝就生产自己的身体，这是明显的事。……可见，生产直接是消费，消费直接是生产。每一方直接是它的双方。可是同时在两者之间存在着一种媒介运动。生产媒介着消费，它创造出消费的材料，没有生产，消费就没有对象，但是消费也媒介着生产，因为正是消费替产品创造了主体，产品对这个主体才是产品。产品在消费中才得到最后完成。一条铁路，如果没有通车，不被磨败、不被消费，它只是可能性的铁路，不是现实的铁路。没有生产，就没有消费；但是，没有消费也就没有生产。……只有在消费中产品才成为现实的产品，例如，一件衣服由于穿的行为才现实地成为衣服；一间房屋无人居住，事实就不成其为现实的房屋；因此，产品不同于单纯的自然对象。它在消费中才证明自己是产品，才成为产品。①

我之所以不顾忌篇幅地大段引用以上这些话，就是因为马克思在讲生产与消费的关系时，已全部阐明了接受美学的合理之处。接受美学强调读者接受的重要性，确有不可忽视的意义。马克思甚至直接点明："艺术对象创造出懂得艺术和能够欣赏美的大众——任何其他产品也都是这样。因此，生产不仅为主体生产对象，而且也为对象生产主体。"② 接受美学不像马克思所论述的那样辩证、周严，它腰斩了文学作品的来源，单纯以读者为中心去谈接受与本文的关系，这无疑是其致命的弱点。但它毕竟把读者在阅读过程中的能动性谈深、谈透了，这是它的贡献。中国的玄学论一开始就把作者同时提出来加以强调，并把体悟道作为最高要求。在此基础上，将读者接受过程中的能动性重点加以探讨。然而它与接受美学相比，尚缺乏独有的概念，理论也不够系统和一贯，尤其体验的东西太多，而理论论证少，这是它的不足。但是它在两三千年前就已出现，并深刻地影响了中国的艺术创造，这不能不令人感到骄傲和自豪，这也许是西方人特别看重它的原因所在。

一九九二年三月

---

① 中共中央马克思格斯列宁斯大林著作编译局编：《马克思恩格斯选集》第 2 卷，人民出版社 1972 年版，第 93—94 页。

② 同上。

《周易》与中国绘画

众所周知，《周易》是中国远古时代一本主要用于卜筮的书。把这样一本书与绘画联系在一起，初看起来也许觉得不可理解或勉强，然而，稍加分析和考辨，就不难发现，《周易》实在是中国绘画美学思想的滥觞。

一

《周易》一书分为经、传两大部分：经这一部分包括 64 卦的卦辞和 384 爻（长短横线）的爻辞，称为《易经》；传这一部分是解释卦辞与爻辞的注解和论述，包括彖辞、象辞、文言、说卦传、序卦传、杂卦、系辞传等，统称为《易传》。前者成书于西周前期（约前 12 世纪），反映了殷末周初的社会变动；后者大约成书于战国末期（前 3 世纪），传为孔子所作，是儒家学者对《易经》的阐释。从经到传，反映了我国从西周至战国千余年间的社会状况和思想意识的变迁。

《易经》是《周易》的基础。64 卦相传为伏羲氏（亦称包牺氏）所作，而各卦简要的卦辞相传出自周文王之手，爻辞则出于文王本人或者是他的儿子周公。不管这些传说是否可信，《易经》出自古圣人之手，并为当时多数人信仰和尊奉，当是无可怀疑的。

值得特别注意的是，这部书的思维方式是以观物取象的观念为基础的。它从人们日常生活中经常接触的自然界中，选取了 8 种东西作为世间万物的根本。这便是天（乾）、地（坤）、雷（震）、火（离）、风（巽）、泽（兑）、水（坎）、山（艮），称为八卦。（"八卦"除用八个字表示外，还用或连或断的线条组成特殊符号表示，即所谓"乾三连，坤六段，震仰盂，离中虚，巽下缺，兑上缺，坎中满，艮覆碗"，极富形象性。）这8种自然物中，天地又是总根源：天地为父母，产生雷、火、风、泽、水、山6个子女。整个自然界在古人看来也与人和动物一样，由两性（阴阳）产生。《易·系辞》解释八卦的产生时，这样说："古者包牺氏之王天下也，仰则观象于天，俯则观法于地，观鸟兽之文与地之宜。近取诸身，远取诸物，于是始作八卦，以通神明之德，以类万物之情。"所谓"近取诸身"，即是指男女两性的差别，而"远取诸物"则是指昼夜、寒暑、牝牡、生死等自然现象和社会现象。八卦卦象的基础是阴（— —）阳（—），这也是《易经》的基本范畴，它对后来的哲学、艺术、科学的发展有深远的影响。阳代表光亮、刚强、热烈、积极等阳性特征和具有这些特征的事物。阴代表晦暗、柔弱、阴冷、消极等阴性特征和具有这些特征的事物。茫茫世界，浩瀚宇宙，就是在阴阳两种对抗性的物质势力运动推移之下滋生着、发展着。《周易·序》指出："易有太极，是生两仪。太极者，道也。两仪者，阴阳也。阴阳一道也，太极无极也。万物之生，负阴而抱阳，莫不有太极，莫不有两仪。氤氲交感，变化不穷。"在中国古人的眼里，整个宇宙，万事万物，不外由阴阳交感变化而成。所以，一个简单的太极图就画出了整个世界、整个宇宙，而且包容一切，顺理成章，让人口服心服。当今还找不出一个抽象派画家能作出像太极图这样伟大的作品来。

《周易》的突出特点是谈"象"，其要旨是以各种各样的卦象，来象征事物的千变万化，卜测人的吉凶祸福。根据上述8个基本的卦，两个一组，错综配合，结果产生出64卦和384爻。这些卦象既然是对客观事物的象征，当然就带有通过个别表现一般的性质。从这个意义上说，卦爻之象和艺术形象之间便有相通之处。《周易》观物取象的观念是古人对事物的变化、发展过程长期积累、抽象概括的结果，其思维方式是靠形象和借助于形象去认识和说明事物。这与艺术地掌握世界的方式非常相像。《易·系辞下》所说的"《易》者，象也，象也者，像也"，正是对这部著作以形象为中心这一特点的正确概括。也正因如此，我们才把《周易》与艺术相提并论。清代学者章学诚早就认识到了这一特点，指出"《易》象通于《诗》之比兴"（《文史通义·易教下》）。而中国的诗与画又密切相关，所谓"诗中有画，画中有诗""诗情画意"便是绝好的说明。《易》象既与诗通，与画便自然不隔。但也应指出，《易》之象和艺术形象毕竟是有区别的。钱钟书说："《易》之有象，取譬明理也。'所以喻道，而非道也。'（语本《淮南子·说山训》）求道之能喻而理之能明，初不拘泥于某象，变其象也可；及道之既喻而理之既明，亦不恋着于象，舍象也可。……词章之拟象比喻则异乎是。诗也者，有象之言，依象以成言，舍象忘言，是无诗矣，变象易言，是别为一诗甚且非诗矣。故《易》之拟象不即，指示意义之符也；《诗》之比喻不离，体示意义之迹也。"①。这就是说，《周易》以象明道，象本身并不是目的，它只不过是指示意义的符号。道既喻，理既明，舍象也可。诗则不同，它是形象的语言，依据形象的刻画来组织语言；舍弃掉形象和语言，诗也就不存在了。推及绘画，与诗相通，绘画的形象本身就是作品，就是目的，舍去形象，也就等于取消了绘画。

《周易》中的象与诗画中的象尽管有区别，但借助形象来认识或揭示事物的丰富内涵和本质规律，这一点却是一致的。这种思维方式接近于现在所谓的"形象思维"。即是说，思考和说明问题的过程，始终不能脱离具体的、感性的事物。《系辞上》说："是故夫象，圣人有以见天下之赜，而拟诸其形容，象其物宜。"这里的"象"，不以毕肖外物为宗，重要的在于揭示天下万物的深邃和奥妙。这就清楚地表明了《周易》中"象"的思维活动特征正是"由个别表现一般，由具体表现抽象"。就这点来说，与绘画之道是完全相同的。黑格尔强调"意蕴"是艺术中最高的美，这"意蕴"也就是讲形象本身有所指，有其特定的内涵。这一点对艺术至关重要。易象就具有这种品格。

现以《易经》第一卦乾（三连）卦为例，加以说明。

---

① 钱锺书：《管锥编》第 1 册，中华书局 1986 年版，第 12 页。

　　初九（第一爻）：潜龙勿用；

　　九二（第二爻）：见龙在田，利见大人；

　　九三（第三爻）：君子终日乾乾，夕惕若厉，无咎；

　　九四（第四爻）：或跃在渊，无咎；

　　九五（第五爻）：飞龙在天，利见大人；

　　上九（第六爻）：亢龙有悔。

　　龙是古代华夏民族图腾崇拜的神物。这一卦以龙的行动过程为例，说明事物的进退得失、顺利和不顺利。第一阶段（初九），龙处在潜伏状态，无所作为。第二阶段（九二），龙摆脱了地下潜伏状态，出现在地面上（见龙在田），其含义是"利见大人"。第三阶段（九三），虽未说到龙的行踪，但很明显，龙在进一步行动，意味着事物进一步变化，人们应谨慎小心，才可免于不幸。第四阶段（九四），龙进入深水中，有了更大的活动余地。第五阶段（九五），飞龙在天，得到了极大的成功。最后阶段（上九），物极必反，龙也有悔，开始从顺利转向不顺利。

　　这不就是一幅系列图画吗？龙由潜伏到跃上蓝天，象征着、说明着人世事物的兴衰变革，是具象又是抽象，既简单而又多义。这是易象的特点，也是中国文人画的特点。宋代画家宗炳说："竖画三寸，当千仞之高；横墨数尺，体百里之迥。嵩华之秀，玄牝之灵，皆可得之于一图。"（《画山水序》）。宋画家王微则说，山水画家，"以一管笔拟太虚之体"（《叙画》）。明代李日华说，"以一点墨摄山河大地"（《画媵》）。沈灏则说，"一墨大千，一点尘劫"（《画尘》）。清代戴熙更说，"嘘吸太空，牢笼万有"（《习苦斋画絮》）。上述这些画家之言论，其基本精神与易象的"拟诸其形容""以见天下之赜"道理是一致的。王微甚至开门见山地说："以图画非止艺行，成当与易象同体"（《中国画论类编》）。由此，不难看出，《周易》中的"象"对于中国画界的影响是多么深远。

二

《周易》中关于意和象关系的论述，奠定了中国绘画的方法论基础——艺术辩证法。《周易》卷三《系辞上传》中有这样一段话："子曰，书不尽言，言不尽意。然则圣人之意，其不可见乎？子曰，圣人立象以尽意。"即是说，书对言来说是有局限的，它不能尽言；言对意来说，也是有局限的，它不能完全表达意。当圣人的意思无法用语言完美地加以表述时，就找到了"立象"这一途径。"象"能起到语言所不及的"尽意"的特殊功效。《易传》"立象以尽意"的命题，提出了意和象对立统一的关系问题。在《易传》看来，"象"是感性形式，"意"是思想内容，而"意"只有依靠"象"才得以传达和表现，只有两者很好地结合起来，"尽意"的目的方能达到。《易传》的这种思想运用于艺术美学中，便是要求把具象和抽象、主观和客观加以统一，创造出形神兼备、情景交融的艺术形象来。中国美学的意象论、形神论正是从这里诞生的。中国的绘画要求形神兼备，这与《易传》要求意、象统一是大体相当的。顾恺之的"以形写神"（《论画》），白居易的"形真而圆"（《画记》），李衍的"形神兼足"（《竹谱》）等，均是画界这方面的著名言论。另外，重视"意"也是中国艺术美学的传统，而这也正是《易传》影响的直接产物。六朝范晔就提出"以意为主，以文传意"（《狱中与甥侄书》），到唐代更有白居易的"不根而生从意生"（《画竹歌》）、张彦远的"意存笔先，画尽意在"（《历代名画记》），宋代郭若虚的"画尽意在，象应神全"等，都强调了"意"在艺术创作中的重要性。这种传统，一直为后世文艺界所继承，并进而衍化为意境说。意境说的出现则把绘画艺术推向了高峰——这便是宋元山水意境。唐王维的诗境，如："楚塞三湘接，荆门九派通，江流天地外，山色有无中。郡邑浮前浦，波澜动远空，襄阳好风日，留醉与山翁。"开始出现在客观地、整体地描绘自然的北宋山水画中。自此，画境亦如诗境，做到了"状难言之景列于目前，含不尽之意溢出画面"。这就是作为源头的《周易》对中国绘画美学发展的重大作用。

　　另外，"立象以尽意"这一命题本身，涉及如何通过有限的"象"去表现无限的"意"，亦即尽意与不尽意的问题。正是在《易传》的影响下，围绕尽意与不尽意的问题，展开了艺术辩证法与其他各方面的探讨。诸如虚与实、隐与显、有与无，以及含蓄、蕴藉、神韵等理论，都对中国的艺术产生了积极的内影响，使其与西方艺术相比，显示出不同的令人神往之处。前面已说到，易象与诗之比兴相通。"比兴"是什么？刘勰的《文心雕龙》说，"兴者，起也"，"起情故兴体以立，附理故比例以生"；钟嵘的《诗品》说："言有尽而意无穷，兴也；因物喻志，比也。"比兴也是为尽意服务的，它要求通过外物、景象而抒发、寄托、表现、传达情感观念，从而使艺术品成为非概念所能表述的具有感染力的艺术形象和语言文字。在诗则强调所谓"不着一字，尽得风流"（司空图《二十四诗品》）以及"羚羊挂角、无迹可求"（严羽《沧浪诗话》）等；在画则讲究"空本难图，实景清而空景现。神无可绘，真景逼而神境生。位置相戾，有画处多属赘疣。虚实相生，无画处皆成妙境"（笪重光《画筌》）；"实者逼肖，虚者自出。故画北风图则生凉，画云汉则生热，画水于壁，则夜闻水声"（邹一桂《小山画谱》）。

　　"真景逼而神境生"和"实者逼肖，虚者自出"，讲的正是虚与实的辩证法。艺术中的虚和无，既包含画内虚景，即作品中出现或暗示的实中之虚、隐蔽、残缺、空白、间歇、无言等部分，又包含有形象体系所生发的无限的画外虚境。这种虚境正是在联想、想象和幻想中由言外象、象外意统一所生成的艺术境界。当然，这种虚境又正是通过艺术语言、艺术媒介所传达出来的意象直接呈现的画内实境所支持的。有了实境（象）的支持，才可以实现"无画处皆成妙境"（象外意的表达）。正所谓"山虽一阜，其间环绕无穷；树虽一林，此中掩映不尽"（郑绩《梦幻居画学简明》）。这"一阜""一林"，启示出、传达出无穷的空间和情感观念。这就是以画外象胜和画外意胜的中国艺术之特点。

　　齐白石老先生就深谙此道，往往能在平凡的题材中"悬崖撒手"，创造出动人心弦的奇妙境界。他的《拜石图》，名为"拜石"却空无人影，只画一奇石，一笏板，一官帽。这就是老先生"意出象外"的超绝之处。

他的《放牛图》,只在一树盛开的桃花下面,画一木凳,凳上置一绳棰,却不见牛的踪影;《独酌图》,只画蟹爪狼藉满盘,而不见"饮者"。这种以画外意胜、画外象胜的妙笔,开拓了无限的空间,创造了深邃的境界,卓立千古,令人叫绝。这与诗家的"超以象外,得其环中"也是一脉相承的。南宋时马远、夏珪的许多山水小品,如《柳溪归牧》《秋江瞑泊》等,其画面大部分是空白或远水平野,只一角有一点点画,观之却令人感到辽阔无垠而心旷神怡。这种以少胜多,以虚代实所造成的艺术效果,正是中国美学中艺术形象有限性与无限性、直接性与间接性辩证方法的巧妙运用。这显然是以《易传》为开端的。

三

《周易》的宇宙观,为中国绘画所表现的境界奠定了哲学基础。《易经》将宇宙中自然界与人类社会视为一体,"易与天地准,故能弥纶天地之道""天尊地卑,乾坤定矣;卑高以陈,贵贱位矣;动静有常,刚柔断矣;方以类聚,物以群分,吉凶生矣;在天成象,在地成形,变化见矣"(《易·系辞上传》)。而上述这一切,最终由阴阳之道所统辖,"易者,阴阳之道也"。正是把宇宙万物看成阴阳二气所化成,故不论天象、地象、人文,均是道的体现,微尘中见大千,刹那间见终古。道具象于一花、一草、一石、一鸟,道就是生生不已的阴阳二气织成的生命节奏。易之八卦,即是以最简单的线条结构表示出宇宙万象的变化节奏。《易》指示的哲学,亦即是以"生命本身"去体悟"道"的节奏,"道"的变化和周流。画幅中的每一丛林,一堆石,一枝花,一棵草,就都应表现宇宙固有的有节奏的生命。诗和画说到底便是诗人和画家对宇宙之道的神悟并与之融而为一的体现。唐代诗人司空图《二十四诗品》有言:"风云变态,花草精神,海之波澜,山之嶙峋。俱似大道,妙契同尘,离形得似,庶几斯人。"他分明强调,诗人和画家应该与风云、花草、海波、山岩等天地万物融为一体。苏轼在一首题其亡友文与可的画竹诗中,也指出画家只有与天地万物浑然一体,方能卓尔不群:"与可画竹时,见竹不见人。岂独不见人,嗒然遗其身。其身与竹化，无穷出清新。"① 与司空图一样，也是在强调人与物化、人与自然精神的合一。而中国绘画的特点正在这里。

宗白华先生更明确地指出，中国绘画"所表现的精神是一种'深沉静默地与这无限的自然，无限的太空浑然融化，体合为一'。它所启示的境界是静的，因为顺着自然法则运行的宇宙是虽动而静的，与自然精神合一的人生也是虽动而静的。它所描写的对象，山川、人物、花鸟、虫鱼，都充满着生命的动——气韵生动。但因为自然是顺法则的（老、庄所谓道），画家是默契自然的，所以画幅中潜存着一层深深的静寂。就是尺幅里的花鸟、虫鱼，也都像是沉落遗忘于宇宙悠渺的太空中，意境旷邈幽深。至于山水画如倪云林的一丘一壑，简之又简，譬如为道，损之又损，所得着的是一片空明中金刚不灭的精粹。它表现着无限的寂静，也同时表示着自然最深最厚的结构。有如柏拉图的观念，纵然天地毁灭，此山此水的观念是毁灭不动的"。② 宗白华先生的分析融合着他对中国艺术的深切体验和对中国哲学的真知灼见，自然是十分中肯的。他分明告诉我们，中国的绘画所表现的宇宙意识有着强烈的形上光彩，既是具象的，又是抽象的，既是变化的，又是恒久的；描摹物象以达造化之情，以象征方式而提示人生情景的普遍性。这正如清代大画家恽南田对一幅画景所做的描述："谛视斯景，一草，一树，一丘，一壑，皆灵想所独辟，总非人间所有。其意象在六合之表，荣落在四时之外。"

这"一草，一树，一丘，一壑"是具象的，但它们所启示出的最深境界，也即宇宙中的自然之"道"却是形上的、永恒的，因而是超时间的，所以"荣落在四时之外"，这就是艺术的最高价值。

然而，并不是任何人都能体悟《易》所指示的阴阳之"道"。《易·系辞上传》有言："易，无思也，无为也，寂然不动，感而遂通天下之故。非天下之至神，其孰能与于此。夫易，圣人之所以极深而研几也。唯深也，故能通天下之志；唯几也，故能成天下之务；唯神也，故不疾而速，

---

① 转引自郭绍虞《中国文学批评史》，上海人民出版社 1956 年版，第 182 页。
② 宗白华：《意境》，北京大学出版社 1987 年版，第 82 页。

不行而至。"因为《易》之理与天地准，所以它无思、无为，无为而有为；由于无思无为，故能寂然不动而通神明。圣人正是以寂然观照而探赜宇宙之至深处，并研（钻测）事物之将发未发之"几"，得"真几"才能通神入化。神化是中国艺术的最高境界，其基本功夫是寂（内）和感（外），而其关键在于知"几"、用"几"，其最高理想是神化（"几"，即微也，精也，由神而显）。艺术家虽不是圣人，但要追求艺术的最高境界，就须忘情世俗，于静中观万物之理趣。就是说，画家必须人格高尚，秉性坚贞，洗尽尘滓，独存孤迥，不以世俗利害营于胸中，不以时代好尚惑其心志。这样才能沉潜深入于万物的核心，得其理趣，胸怀洒脱，与天地精神往来，随手拈来都成妙谛。苏东坡云："余尝论画，以为人禽宫室器用皆有常形；至于山石竹木，水波烟云，虽无常形，而有常理。常形之失，人皆知之。常理之不当，虽晓画者有不知。"① 这里所说的常理，实际上是自然生命之内部结构，它不能离却生命而单独存在。山水人物花鸟画中，无不寄寓着浑沦宇宙之常理；画家抒写自然，主要在体会宇宙创化之原理，表现其生动之气韵。所以，那无穷的空间和充塞这空间的生命（道），成了中国古代绘画的真正对象和境界。中国人对于这宇宙空间和生命的态度是纵身大化，与物推移。《周易》常用"往复""来回""周而复始""无往不复"，来描写人与宇宙空间的这种关系；中国诗中则用"盘桓""周旋""徘徊""流连"来形容；画家则说："身所盘桓，目所绸缪，以形写形，以色写色。"（宗炳《画山水序》）中国的山水画所描绘的正是这目所绸缪、身所盘桓的层层山、道道水，尺幅之中有千里之景。这重重景象，虚灵绵邈，有如远寺钟声，空中回荡。《周易》中第十一卦象曰："无往不复，天地际也。"中国人看山水不是心往不返，目极无穷，而是"返身而诚""万物皆备于我"。辛弃疾有词云："我见青山多妩媚，料青山见我应如是。情与貌，略相似。"（《贺新郎》）

人与自然相互赠答，往复无穷。这就是纵身大化，这就是与物推移。吴冠中的画就达到了这种境界：其绘画元素虽简化到只有线和点，却缭绕

———————
① 《意境》第32页。

泼洒，一往情深。他勾勒的线，总是一接触纸面，便恋住，依依不去，因为纸面即是故土的地面，能惹起牵肠挂肚的乡思，苦苦地东寻西找，山长水远地迈行；长线，到画面上便是柔情的网、树木的枝条、水田的堤埂、山岭的脉络……曲曲折折，流连徘徊，剪不断，流不尽，藕断丝连，似有说不完的往事、心事。点，到了画面上便是苔点，也是石，是鸟，是村舍，是人及其他。墨汁、色汁，来不及通过笔毫，便直跳纸面、纸外，色汁溅散开来，便是"泪眼问花"的迷蒙，是花，是蓓蕾，是嫩叶，也是岸头行人、小船上的渡客和舟子。点也是雨，是雪，是沙，是酒，是血……点点滴滴，疏疏密密，洒在江天，飞扬缤纷……总之，吴冠中先生确乎已能用一管笔拟太虚之体，游离在抽象与具象之间，超越于形与情的分际。他吐纳宇宙，融化万物，已臻于神化了。

《易·系辞上》说："是故易有太极，是生两仪，两仪生四象，四象生八卦。八卦定吉凶，吉凶生大业。"太极为一，万物起源于一；两仪即阴阳，阴阳之变，化生万物。伏羲画八卦，始于乾卦的第一画，称为一画开天。陆游《谈易诗》："无端凿破乾坤秘，祸始羲皇一画时。"（《陆放翁全集》下册）老子《道德经》也说："道生一，一生二，二生三，三生万物。"17世纪中国著名画家石涛有"一画论"，他说："一画者，众有之本，万象之根。"（《画谱》）

既然天地因"一画"而立，万物就包含在"一画"之中。要表现天地、山水、氤氲、远尘等，也必须从"一画"入手。画家的才、识、力、情与意，自然万物的姿态、神韵，都集中在"一画"上。"一画"即一管笔，它能拟太虚之体。苦瓜和尚对自然之道的体悟已至深至微。他说："人能以一画具体而微，意明笔透，则腕不虚。腕不虚，动之以旋，润之以转，居之以旷，出如截，入如揭，方圆直曲，上下左右，如水就深，如火炎上，自然而不容毫发强也。"《画谱》画家自身心、手、笔、墨统一的"一画"与自然万物之"道"的"一画"相融合，就实现了用生命的节奏去体悟"道"的节奏，这也就是宇宙艺术的统一论。

当下，在画界颇有些人迷恋西方现代派而轻视传统艺术。值此，反顾一下《周易》给予我们的若干启示，不是很有意义吗？鲁迅讲过："时时上征，时时反顾，时时进光明之长途，时时念辉煌之旧有，故其新者日新，而其古亦不死。"[1] 在发展艺术的长途上，鲁迅的这番话是颇令人深长思之的。

一九九一年三月

---

① 鲁迅：《摩罗诗力说》，载《鲁迅全集》第 1 卷，人民文学出版社 1956 年版，第 196 页。

阴阳、五行学说的纵向传播与历史演变

阴阳、五行学说，在中国民俗学中占有重要的位置，其影响也十分深远。它对于中华民族文化心理结构的形成起了举足轻重的作用。本文旨在从传播学的视角，对这一民俗文化遗产纵向传播与演变的轨迹，做一些粗疏的扫描。

一

"阴阳"学说，是中国民俗文化中最重要的内容。据学者们多方考察、研究，断定它直接来自太阳崇拜。太阳崇拜存在于许多原始民族中，中国古代商王朝的人也崇拜太阳，根据甲骨卜辞记载，商人有专门迎接日出和告别日落的仪式。这说明商代人对太阳的认识既包括白天太阳在天上从东向西运动的过程，也包括黑夜太阳在"地下"由西向东运动的过程。商王朝尚处于神话的时代，在商代人的想象中，有一只太阳鸟负载着太阳跃出东方海面，从东向西飞越天空，光照大地，这就是白天。当太阳鸟完成一个白天的飞行，栖息在西方时，太阳进入地下，黑色的乌龟便驮着太阳从西向东穿过地下，这时候便一片漆黑。商民族十分崇拜土地，在他们看来，地下是死去的祖先居住生活的世界，亦即埋葬神验龟甲的地方，这里是一片黑暗。因此从"暗"而得名"阴"。总之，是商民族从太阳崇拜中，推衍出了阴和阳这两个对立的概念。与阴阳两个概念同时产生的是时间意义上的白天和黑夜；空间意义上的上和下，东（动，太阳萌动）和西

（栖，太阳栖息）；色彩概念中的白和黑；物质概念中的天和地；生命意义上的生和死；乃至具象的数字概念"一"和"六"（从"一"和"六"中，商人最终完成了奇偶数的区分）。从此，这种一分为二、对立转化的学说便深入人心。诸如，天地、男女、生死、上下、黑白、内外、有无、热冷、干湿、吉凶等相辅相成的概念，成为中国传统文化认识世界的最根本的出发点，并长期积淀在先民的心理结构中。

但人的生命是有限的，人的代代更新也是十分迅速的。先民们的上述观念究竟是依托什么媒介传承下来的？在传承的过程中，这些观念又是怎样演变的？这便是本文要研究的重点。

从中华典籍中可以得到证明：早在殷商时代就产生了阴阳观念，主要靠甲骨文字将这一观念加以记录，并从遥远的古代传播给后人。与此同时，原始巫师和先民群体的口头传播与行为示范，在其中更起到了无可替代的作用。由于传播者在传播过程中自觉或不自觉地加工与创造，其内涵不断地拓展和演化。

如前所述，"阴阳"的本义是指物体对于日光的向背。向日为阳，背日为阴。如山之北称"阴"，山之南称"阳"。《诗经·大雅·公刘》中就有"既景乃冈，相其阴阳"。这便是运用日光向背这一"阴阳"的本义，说某人在山冈的北面和南面察看日影。"阴阳"的本义是具体的、直观的、感性的。后来，它不断发展，所涵盖的内容越来越多，含义也越来越抽象，成为贯穿整个中国古代哲学的基本观念之一，甚至可以说是中国传统文化和民俗的基本观念之一。

从先秦文献典籍考察可以判定，"阴阳"观念作为一对哲学概念是在春秋时期形成的。从原始的"阴阳"观念和反映事物及其属性的具体概念，到形成具有普遍意义的哲学概念，前后经历了几百年的传播、发展和演变的过程。而在这一过程中，起关键作用的是"阴阳"与"气"概念的结合。

西周末年，周太史伯阳父首先把"阴阳"看作性质对立的两种"气"。他说："夫天地之失，不失其序。若过其序，民乱之也。阳伏而不能出，阴迫而不能烝。于是有地震。"（《国语·周语上》）这里讲的"阴阳"就是天地二"气"；认为阴气和阳气的关系既统一又对立，"不失其序"即是统一、平衡；"过其序"是不平衡的对立；地震这一自然现象的出现就是两者对立的结果。这种理解就与商代有了很大的不同。

《左传》载，鲁僖公十六年，宋国发生了"陨石于宋五"和"六鹢退飞过宋都"的事件；宋襄公请内史叔兴谈这两件事的吉凶。内史叔兴表面上用传统的旧观念作了一番预言，说："今年鲁国会有多次大丧。明年齐国会有变乱，你将会做诸侯的领袖，但是不能够维持到底。"回来以后，叔兴却对别人说："宋君问错了。这是阴阳方面的事，并不关系吉凶。"叔兴这里所说的"阴阳"，就是指与人事吉凶无关的自然现象。《左传·昭公元年》记载了医和谈"六气"问题。"阴阳"也是"六气"之中的二"气"，他却把它们用来解释人的生理和病理现象。

历史上，道家学者是使"阴阳"观念具备哲学含义的重要促进者。道家学派的鼻祖老子说："道生一，一生二，二生三，三生万物。万物负阴而抱阳，冲气以为和。"（《老子·四十二章》）老子认为万物都是"阴阳"之和。这个"阴阳"已不是日光照射与否的原始意义，也不是简单的两种"气"，而是指一种属性，一种原力，一种使万物得以成为"物"而又分为"万"的根源。它是一个具有普遍性的抽象观念。道家学派的重要学者庄子，对"阴阳"观念有了进一步的论述。《庄子》一书中认为："今计物之数，不止于万，而期曰万物者，以数之多者号而读之也。是故天地者，形之大者也；阴阳者，气之大者也；道者为之公。"（《庄子·则阳》）。这就是说，宇宙之中，形之最大者为天地，气之最大者为阴阳。"大明之上"是"至阳之原"，"窈冥之门"是"至阴之原"（同上）。人也"受气于阴阳"（《庄子·秋水》），"阴阳于人，不次于父母"（《庄子·大宗师》）。正由于此，人体内部作为一个小宇宙也有"阴阳"二气，为人应该"静而与阴同德，动而与阳同波"（《庄子·天道》）。不要为生死得失而忧心。如果因得而大喜，则"邪畔于阳"；因失而大怒，则"邪畔于阴"（《庄子·在宥》）。两者都会使"阴阳之气有沴（病）"（《庄子·大宗师》），都会发生"阴阳之患"（《庄子·人间世》）。因此，最佳的精神状态应该是"非阴非阳，处于天地之间，直且为人，将反于宗"（《庄子·知北游》）。

所谓"反于宗",即回到天地初辟的混沌状态——原始状态。"非阴非阳"也就是亦阴亦阳,亦即老子所说的"和"或庄子所说的"阴阳和静"。《管子》一书中论述"阴阳",认为"春秋冬夏,阴阳之推移也;时之长短,阴阳之利用也;日夜之易,阴阳之化也"(《管子·乘马》)。又说:"阴阳者,天地之大理也;四时者,阴阳之大经也。"(《管子·四时》)这里把"阴阳"作为宇宙间的规律提了出来,也就是把"阴阳"看作一切自然现象运动变化的内在动力。

　　《庄子》中属于庄子后学作品的《天下》篇中,有"《易》以道阴阳"的说法。实际上,《易经》中并没有"阴阳"的观念,连"阴阳"对举的内容也不存在。在所有卦辞、爻辞中,仅《易·中孚》的"九二"爻辞有一"阴"字:"鸣鹤在阴,其子和之。"此处"阴"字借为"荫",无"阴阳"之"阴"的含义。真正把《易经》纳入"阴阳"学说的是成于战国时代的《易传》,即旧称的"十翼"。所以,有学者指出,这是"以阴阳道《易》",而不是"《易》以道阴阳"。《易》中分别用来代表"阴阳"的符号,本是作数字符号的奇偶来解的,并不是作"阴阳"来解的。而作"阴阳"来解释则是《易传》的发明。学界公认,《易传》非成于一时,也非一人所著,其成书于战国时期。在《易传》中,有大量论述"阴阳"的内容。如《说卦》云:"昔者圣人之作《易》也……观变于阴阳而立卦。"又说:"立天之道,曰阴与阳;立地之道,曰柔与刚;立人之道,曰仁与义。"这里把"阴阳"作为"天道"的根本,一切变化都是从"阴阳"的对立引起的;卦象是根据"阴阳"对立引起事物变化而制定的;人事的"仁义"也是"阴阳"的表现。《易·系辞》中则说:"阴阳之义配日月。"又说:"乾、坤其《易》之门耶!乾,阳物也;坤,阴物也。阴阳合德,而刚柔有体。以体天地之撰,以通神明之德。"这里的"阴阳"已不是指"气",而是指事物的性质,即比"气"更高的抽象。在《易》中,"阳"性为乾,"阴"性为坤;乾、坤交配,互合其德,便可生成六十四卦的刚柔之体。而六十四卦的性质就是"阴阳合德"。通过六十四卦,便可体察天地,汇通神明。《易·系辞》中还说,"一阴一阳之谓道""阴阳不测之谓神"。这里已经包括了"阴阳"二气的变化和一切事物的对立统一关系,即"阴阳"对立变化是宇宙发展的根本规律。

战国诸子百家中讲"阴阳"学说的不在少数,其中以《易传》的"阴阳说"和以邹衍为代表的"阴阳家"最有代表性。邹衍,战国末年齐人,以善谈"阴阳"著称于世,他的学说和学派被称为"阴阳家"。邹衍的著作已经失传,从其他一些零星的文献资料中间接了解,其学"深观阴阳消息""以阴阳主运显于诸侯"(见《史记·孟荀列传》)。他提出了著名的"五德终始"说(下文有详述)。这说明他不仅讲"阴阳"还讲"五行"。至于作为诸子百家的"阴阳家",司马谈在《论六家要旨》中曾有过概述。他说,"阴阳家"研究"四时、八位、十二度、二十四节",即包含天文、历法、量度、季节、物候和气象等。司马谈指出,"阴阳家"的长处是"序四时之大顺";其短处则是"大祥而众忌讳,使人拘而多所畏"。在他看来,这个学派既研究天文历法,又大讲神秘的"术数",令人生畏。《汉书·艺文志·诸子略》中也说:"阴阳家者流,盖出于羲和之官(掌管四时历象,占日月、望星气的官吏),敬顺昊天,历象日月星辰,敬授民时(给老百姓指出节气变化,使他们能按时播种收获),此其所长也。及拘者(迷信者)为之,则牵于禁忌,泥于小数,舍人事而任鬼神。"

《汉书·艺文志》中所收"阴阳家"的著作很多:有《诸子略·阴阳家》作品二十一家、三百六十九篇;有《兵书略·阴阳家》作品十六家、二百四十九篇;有《数术略·五行家》三十一家、六百五十二卷。其中,《数术略》虽以"五行"名之,但内容多为"阴阳"与"五行",其中"阴阳家"实不居少数。从《汉书·艺文志》所著录的书目来看,"阴阳家"可说是诸子百家中的一个大宗。

从战国末期到西汉,"阴阳"观念的重大进展,就是与"五行"这个中国哲学史乃至中国文化史上至关重要的观念开始融合起来,并从而形成了一套完整而庞杂的"阴阳五行"理论体系。在邹衍那里,"阴阳"和"五行"的观念已开始趋向融合;到西汉时期,这一融合基本完成。"阴阳五行"的观念,在西汉已不只是"阴阳家"所主张的学说,而是为全社会所接受。如属于儒家的董仲舒,在他所著的《春秋繁露》中就充斥了这一套理论。在董仲舒的"阴阳五行"理论中,也渗入了儒家君臣、父子、夫妻、君子小人等伦常纲纪的内容。再如属于道家学派的《淮南子》中，也是以"阴阳五行"理论为基础的。整个西汉，"阴阳五行"思想风靡各个领域，正如顾颉刚先生说的："汉代人思想的骨干，是阴阳五行。无论是在宗教上，在政治上，还是在学术上，没有不用这套方式的。"① 此时的"阴阳"观念，其涵盖面已包括了一切属于对立的事物和性质；从天象到人事均可纳入"阴阳"的范围。实际上，那时在中国传统文化和民俗中，"阴阳"之象无处不见，统摄天地万物。西汉以后，"阴阳五行"学说主宰了中国文化的发展方向，成为全社会的普遍信仰和思维方式，成为中国传统文化和民俗的内在骨架。

二

关于"五行"思想的起源，也有多种说法。比较通行的有"天赐"说，即认为是由上天赐予的。从文献方面考察，"五行"一词始见于《尚书·甘誓》："有扈氏威侮五行，怠弃三正。天用剿绝其命！今予惟恭行天之罚。"《尚书·甘誓》据说是夏代的遗文，记载的是夏王启在征伐有扈氏时，在甘这个地方所做的战前誓词。这里所说的"五行"和"三正"，前世经学家注解多指金、木、水、火、土和月建（建子、建丑、建寅），但近代以来学者普遍怀疑这种解释。因此，这里的"五行"究竟何指，至今无法认定。

明确指出"五行"为水、火、木、金、土五种物质的是《尚书·洪范》。《尚书·洪范》记载周武王灭商后，访问商的旧臣箕子，箕子告诉武王上天赐予大禹"洪范九畴"（九类大法）的事，其中把"五行"作为第一类，箕说：

> 五行：一曰水，二曰火，三曰木，四曰金，五曰土。水曰润下，
> 火曰炎上，木曰曲直，金曰从革（可以按人的要求进行变革），土曰

---

① 顾颉刚：《秦汉的方士与儒生》，上海古籍出版社 1978 年版，第 1 页。

稼穑。润下作咸，炎上作苦。曲直作酸，从革作辛，稼穑作甘。

这里把水、火、木、金、土作为五种物质元素提出，并区分了它们的属性和功能。这一"五行"排列的顺序被认为是"定序"。但是，《尚书·洪范》的写成年代，今人多认为是在战国。所以其说在时间上一般不能认为是最早的。

西周末年和春秋时期，"五行"成为人们经常使用的概念。这在《左传》和《国语》中屡有记载。西周末年，周太史史伯曾说：

> "和"是产生万物的法则。没有对立面的"同"是不能产生什么新事物的。一种东西和另一种对立的东西互相配台叫作"和"，所以能使事物发展壮大。如果总是一种东西与同一种东西相加，达到顶点就会失败。因此先王用"土"和"金、木、水、火"配合而产生万物。（《国语·郑语》）

这里值得注意的有两点，其一是提出了"五行相杂以成万物"。简单地说明了"五行"与万物的关系，亦即事物由"五行"相杂而成，极具哲学的意味。其二是这里的"五行"之序，与《尚书·洪范》的定序不同，是一种"变序"。并且在"五行"中，"土"被提到首要的位置。以"土"和其他四行配合而构成万物。《左传》所排的"五行"顺序是：木、火、金、水、土，也属于"五行"变序。

在春秋时期，"五行"说的流行还体现在以下两个方面：一是尚"五"观念，即把各种事物都纳入"五"的范畴，如"五味""五声""五色""五方""五神""五牲""五谷""五脏"等。不少著名的思想家、政治家和军事家，都试图运用"五行"观念和"五行"范畴以阐述各自的学说和思想。二是已出现了"五行相胜（克）"和"五行相生"的观念，即"五行循环序"的端倪。如《左传·昭公三十一年》记晋史墨所说"火胜金""水胜火"；《孙子·虚实》篇孙武言曰"五行无常胜"等，都属于"五行相胜"的观念。当时"五行相生"的观念，虽无明言，但从当时"五行"与"天干"相配推算，也可以发现其中的奥妙。清人王引之所著《经义述闻》之卷二十三《春秋名字解诂》中，说当时"秦白丙字乙""郑石癸字甲父""楚公子壬夫字子辛""卫夏戊字丁"，便是"木生火""水生木""金生水""火生土"之义。在《墨子·贵义》中更有把"天干"与"五方""五色"相配的，即甲乙日在东方杀青龙，丙丁日在南方杀赤龙，庚辛日在西方杀白龙，壬癸日在北方杀黑龙。此中虽缺"戊己""中央""黄龙"这一项，但这是指"中"，有的学者认为可以省略。

有人据此排出了"五行"的顺序："木—火—土—金—水"。这就是"五行相生"的"循环序"。当然，类似的循环序在春秋时代还不十分通行。

战国时代，"五行"学说有了很大发展，诸子百家中有不少是讲"五行"的。其中，儒家的"思孟学派"和阴阳家的"五行说"最有特色。"思孟学派"是指子思、孟子一派，荀子曾作《非十二子》对他们予以指责。思孟"五行"的内容，唐朝杨倞注为"五常"，即仁义礼智信。也就是说，他们把"五行"的属性加以道德化而成为一种伦理观念。

战国后期，属于"阴阳家"代表人物的邹衍，根据"五行相胜"的原则，提出一种"五德终始"说，即认为历史上的每一个朝代都代表"五行"中的一"德"，顺序循环往复。这个学说，比较完整地保存在《吕氏春秋·应同》篇中（黄帝是土德，夏禹是木德，商汤是金德，周文王是火德，替代火德的必然是水德）。这实际上是把"五行"运用到了历史和社会政治制度之中，其原则就是"五行相胜"的循环序。这套学说在秦汉时代影响极大。秦始皇灭六国后，首先依此说建立各项制度，如以十月朔为岁首；衣服、旌旗都用黑色；数字以六为纪（符与法冠六寸、车六尺、乘六马、六尺为步等）；行政严格依法；改黄河名为"德水"等（详见《史记·秦始皇本纪》）。当时因为没有出现祥瑞物，有人就骗他说，五百年前秦文公出猎时曾获得一条黑龙，即是祥瑞。以后西汉也一会儿尚"水德"，一会儿尚"火德"，都是这套理论在发生作用。著名古典小说《三国演义》第三十七回写刘玄德三顾茅庐，其中说到了在路旁酒店内有两位高士（石广元和孟公威）在吟唱一首歌，曰：

吾皇提剑清寰海，创业垂基四百载；桓灵季业火德衰，奸臣贼子调鼎鼐。

青蛇飞下御座旁，又见妖虹降玉堂；群盗四方如蚁聚，奸雄百辈皆鹰扬。

吾侪长啸空拍手，闲来村店饮村酒；独善其身尽日安，何须千古名不朽！

其中的"火德衰"，即指东汉桓帝（刘志）、灵帝（刘弘）的帝业已衰微。虽然这是后世小说家的创作，但也可反映出东汉时五行学说流行之广。

据有关专家认定，从战国后期到西汉时代，"五行"学说的发展较前有了四个方面的不同表现。

一是"五行"观念与"阴阳"观念开始融合，从而构成中国传统文化的骨架。在"阴阳五行"中，"五行"是从属于"阴阳"而自身又可以构成一套图式，以解释万物的。

二是"五行相生"的"循环序"完成，这是由董仲舒首先完整提出的。董仲舒将"五行"的次序规定为木—火—土—金—水。他说："木，五行之始也；水，五行之终也；土，五行之中也。此其天次之序也。木生火，火生土，土生金。金生水，水生木。"（《春秋繁露五行之义》）也就是说，他是按照"五行相生"的循环顺序来确定"五行"顺序的。在讲"五行相生"的同时，董仲舒也讲"五行相胜"，并提出"此相生而间相胜"的理论，即按照他排的"五行"次序，属于"相生"的是挨着的，属于"相胜"的是一个间隔一个的。"五德终始"说，其理论与邹衍以"五行相胜"为原则的"五德终始"说绝然不同，甚至相悖。

三是"五行"与"八卦"的配合。"五行"和"八卦"本是两个不相容的图式。"五行家"看宇宙中的一切都是水、火、木、金、土五种物质及其能力演变而成的；"八卦家"看宇宙间的一切则是乾、坤、震、巽、坎、离、艮、兑；化作具体之物则是天、地、雷、风、水、火、山、泽。但在这一时期，两者也奇妙地配合了起来。这在《易传》的《说卦》中已经明示，如"乾为金""坤为地（土）""离为火""坎为水"等。《说卦》的写成年代有学者认为是汉宣帝时，即使不是也不会早于战国中期。"五行"与"八卦"的配合，其中也掺杂着方位之类，兹不赘述。

四是"五行"演化为一切神秘方术的核心观念。"阴阳五行"在此时合一，但对所有方技术数而言，"阴阳"观念还是比较抽象的，而"五行"观念才是具体的，所以其重要性较"阴阳"更甚。如关于征兆的"五行灾异"，择日的"五行干支"，风水的"五音姓氏"，相术的"五行人相"，算命的"五行"与"旺相休囚死""寄生十二宫""五行干支"，等等。

比如，民间习用的以"五行"论人的命相，就有一首《六十花甲纳音歌》，是这样写的：

> 甲子、乙丑海中金，丙寅、丁卯炉中火。戊辰、己巳大林木，庚午、辛未路旁土。壬申、癸酉剑锋金，甲戌、乙亥山头火。丙子、丁丑涧下水，戊寅、己卯城墙土。庚辰、辛巳白蜡金，壬午、癸未杨柳木。甲申、乙酉井泉水，丙戌、丁亥屋上土。戊子、己丑霹雳火，庚寅、辛卯松柏木。壬辰、癸巳长流水，甲午、乙未沙中金。丙申、丁酉山下火，戊戌、己亥平地木。庚子、辛丑壁上土，壬寅、癸卯金箔金。甲辰、乙巳佛灯火，丙午、丁未天河水。戊申、己酉大驿土，庚戌、辛亥钗钏金。壬子、癸丑桑柘木，甲寅、乙卯大溪水。丙辰、丁巳沙中土，戊午、己未天上火。庚申、辛酉石榴木，壬戌、癸亥大海水。

这个"纳音歌"，实际上讲的是哪年生人属于什么命（这里把人的命相分为金、水、木、火、土，五种；每一种再细分并用实物指代）。之所以采用"歌"的形式，无非是为了更便于记忆、便于传播。直到现在，民间仍然用它论命相、测"八字"、定婚姻。可见，"五行"学说影响之大。甚至连中医、内丹、外丹等方术也无不与之结有不解之缘。仅以外丹为例，所谓的"三五与一，天地至精"，实际就是一水、二火、三木、四金、五土；一二三四五之和十五即"三五"（还有一种理解为二火加三木一五，土一五，一水加四金一五，也是"三五"）。

中华民族是世界上语言文字产生最早的民族之一。据说，仓颉创造汉字时，"天为雨粟，鬼为夜哭，龙乃潜藏"，何等惊天动地！文字的产生，为民俗文化的传播创造了有利的条件。于是，先以龟甲上之甲骨文为传播载体和工具，后以绢帛书籍为载体，更加先民的口头传播、游侠的游说。一直到今天，五千年的文明得以完好保存。想到这些，谁不为我们的先人感到骄傲和自豪呢？

二〇〇三年三月

刘勰美学思想刍议

    刘勰，这位古代杰出的文艺理论家，早在一千五百年前就以专著的形式对文学问题做了深入的论述。他的《文心雕龙》五十篇，在中国文学批评史上是具有划时代意义的皇皇巨著。探讨刘勰的美学思想，对于建立我国的美学体系，有着重要的意义。

    刘勰所生活的魏晋南北朝时期，乱篡纷起、干戈扰攘，社会很不安定，生产遭到严重破坏；但在学术理论的探讨上却呈现百花齐放、群星灿烂的大好形势。许多有价值的理论著作相继出现，文论、画论、乐论等都是空前的。其中尤以《文心雕龙》最为卓著。后世的评论家称它"体大而思精"，居于"笼罩群言"的地位（《文史通义·诗话篇》）。刘勰的美学思想主要通过这部著作而具体表现出来。

一

    文艺与现实的关系问题，历来为美学家和文艺理论家所重视。西方的学者一般都坚持"艺术模仿自然"这一传统的观点，但在具体阐释这一命题时，却由于每个人哲学观点的不同而有着不同的理解。柏拉图的"模仿说"就改变了这一命题固有的唯物主义的含义，因为他相信理式世界的第一性，文艺就变成了"影子的影子""和真实隔着三层"[1]。

---

① 朱光潜：《西方美学史》上卷，人民文学出版社 1979 年版，第 44 页。

刘勰虽然没有明确地用"模仿自然"的说法，却认为先有自然和自然之道，然后才产生出种种的"文"；先有自然美，然后才有艺术美。《文心雕龙》的《原道》篇认为，从混沌到开天辟地，天上便出现了圆玉似的日月，呈现着灿烂的光华；地上的锦绣山河，也展示了壮美的图形，"此盖道之文也"。这些自然之道所焕发的文采，用现在的话说，便是自然美。在这之后，才出现了富有聪明才智的人类。人类和天、地并称为"三才"，而人是天地的核心。刘勰认为，"心生而言立，言立而文明，自然之道也"。人类创造了语言，有了语言就会有文章，有了文章也就是有了艺术美。他认为这是很自然的道理。

在刘勰看来，美广泛地存在于天地一切自然物之间。动物有龙凤虎豹的奇姿，植物有草木的繁花，天上有云霞雕色，地上有林籁泉石的声响，这些形成了大自然各方面的形态之美和声音之美。作为"天地之心"的聪明睿智的人类，当然应该具有更高级、更纯粹、更理想的美。"夫以无识之物，郁然有彩；有心之器，其无文欤？"这里的"文"，既是指文章、文采，又是指人的风姿仪态，还可概言人对艺术美的创造。刘勰认为，在上述一切美之中，人类文章的艺术美是较为重要的。

既然自然在先，艺术在后，那么两者的关系又是怎样的呢？

《物色》篇写道："春秋代序，阴阳惨舒，物色之动，心亦摇焉……岁有其物，物有其容；情以物迁，辞以情发。"自然景色的千变万化，对于人不可能没有一种感召力量，不可能不牵动人的心绪、触发人的感情。这种被触发起来的感情要形之于言，于是便产生了诗文。一切文学作品都是在这种外景与内情交融的状态中写成的。刘勰正确地指出了作品与现实的关系是"诗人感物""情以物迁，辞以情发"：艺术美与自然美之间是反映与被反映的关系。

在《情采》篇中，他还指出，自然界中存在的五色、五音，经过人们的合理安排，可以制成美丽的花纹，也可以构成动听的乐章，自然美就是这样成为艺术美的。这种观点与"艺术模仿自然"的观点极相似。更可贵的是，刘勰没有停留在"模仿自然"（即"文贵形似"）的阶段，却进而提出要抓住事物的要点（"善于适要"）"写气图貌"，达到"以少总多"。这就近似于文学中典型化的理论了。

　　另外，在文艺与现实的关系问题上，刘勰还强调时代对文学的影响。他认为不同的时代会产生不同的文学艺术作品。在《时序》篇里，他举出了一系列文学史上创作的实例来说明作品是反映时代和政治的。政治清明与政治污浊，时世动乱和时世安泰，均能在作品中得到不同程度的反映。远古时代，社会风俗淳朴，人民安居乐业，所以就产生了"勤而不怨""乐而不淫"的尽美的诗歌；到了西周末年以及东周，由于政治污浊、民不聊生，于是就产生了《板》《荡》《黍离》等愤怒和哀怨的作品。时代不同，文章风格迥异。他的结论是："文变染乎世情，兴废系乎时序。"

　　上述这些观点，可以说基本上符合文学艺术发展的实际，具有朴素的唯物主义因素，直到今天仍有其借鉴作用。

　　然而，我们也不能不看到，刘勰的时代正是骈骊的淫靡文风盛行的时代，世人作文往往"俪采百字之偶，争价一句之奇"（《明诗》），形式主义、唯美主义的文学一时泛滥成灾。这种流俗所及，恐怕很少有人幸免。刘勰虽力图与这种流俗划清界限，但在实际上根本无法摆脱这种影响。《文心雕龙》用骈文写成，这本身就是一个极好的说明。由此，我们不难推想刘勰的世界观，因为处在儒、道、佛诸家思想并行的时代，势必受到各方面的影响而具有复杂性。这就决定了他的美学思想中既有清新的朴素唯物主义因素，也有陈腐的主观唯心主义成分；从他的文学理论本身便可以看到许多地方存在难以克服的矛盾。在探讨文艺与现实的关系时，他一方面正确地指出了自然景物、时代政治对文学艺术的影响；另一方面，在文学的起源问题上却又说："文之为德也大矣，与天地并生者何哉！"（《原道》）这就很有些二元论的味道了。他认为文章缘于道，道必须依靠圣人来表达在文章里，圣人又通过文章来阐明道。"道"是什么？多数人解释为自然规律，也有人把它说成一种形而上的宇宙意识，所谓"一阴一阳之谓道"（《易经》），正是古代中国人最根本的宇宙观。而刘勰自己也说不清楚，"玄圣创典，素王述训：莫不原道心以敷章，研神理而设教。取象乎河洛，问数乎蓍龟，观天文以极变，察人文以成化"（《原道》）。"道"与"神理"一样，成了万能的东西，有点神秘主义的色彩了；不仅如此，他对"龙图献体,龟书呈貌"一类荒诞不经的迷信传说,居然也深信不疑。这些都说明了刘勰世界观的局限性。

二

内容和形式的完美统一,是文学艺术作品艺术美的生命。刘勰对作品的内容和形式的论述,构成了《文心雕龙》一书的重要部分。《风骨》《明诗》《情采》直到《总术》各篇,都对内客和形式的问题进行了很详细的论述。

在论及内容和形式的关系时,刘勰发挥了孔子尽美尽善的美学观点。孔子论乐时谈道,"《韶》,尽美矣,又尽善也""《武》,尽美矣,未尽善也"(《论语·八佾》)。在这里"美"是从艺术作品的形式说的,"善"则是对艺术作品的内容而言。

刘勰在《情采》篇便专论到内容和形式的关系。"情"即情志,也就是指作品的思想内容;"采",指文采,即作品的语言形式。情和采如同质和文一样,是相互依存、密切关联的。他首先以外界事物作比,强调文学作品应质文并重,如水的性质为虚,所以有波纹荡起;木的性质为实,故有花萼开放。波纹赖水而生,花萼依木而振,这就是文附质的道理。同样,文学作品中的采也由情而成,离开情,采便无从附丽。刘勰特别谈到《易经》中的"贲卦","贲卦"讲的也是一个文与质的关系问题。《情采》篇指出:"衣锦絅衣,恶文太章,贲象穷白,贵乎反本。"贲者,饰也,本来是斑纹华彩,是绚烂的美。白贲,则是绚烂又复归于平淡。所以说,采饰不是根本,追根到底,"贲卦"以白色为正;《易经》的"杂卦"就说:"贲,无色也。"这里的无色,是一种"极饰反素",这实际上讲的是要质地本身放射辉光,这是真正的美,是艺术的最高境界。刘勰认为,文章应该注重情和质,避免让浮泛的光彩太刺眼。这就如同穿衣一样,衣服太华丽,就不应让它太裸露,而应套上一件罩衣,给人的美感反而更加强烈。

总之,情和采,文与质,应该协调、统一,有什么样的质,就应有什么样的文;反过来,文不同,质也就不同。虎豹的皮毛若没有花斑,那与犬羊的皮毛还有什么分别？这便是质待文的道理，也就是说，情要靠采来表达。这一方面也不可忽视。

文与质的关系，首先是孔子提出的，他说："质胜文则野，文胜质则史，文质彬彬，然后君子。"（《论语·雍也》）孔子原是论人的，但这段话也适用于论文，尤其适用于说明内容与形式的关系。刘勰的文附质、质待文的理论，显然是从孔子那里推演出来的。

《风骨》篇也讲到内容与形式的问题。风骨的含义，分开来讲，风即文意、情感，骨即文采。然而，骨也并非只是个辞藻的问题，骨和词有关系，词又是有概念内容的；词清楚了，它所表现的形象或思想感情也就清楚了。所以，刘勰说："怊怅述情，必始乎风；沉吟铺辞，莫先于骨。""结言端直，则文骨成焉，意气骏爽，则文风清焉。"语言明白正确，就产生了文骨；但光有"骨"还不够，还必须从"端直"走到艺术性，才能生动感人。所以"骨"之外还要有"风"，"风"可以动人，它是从感情中来的。

刘勰认为，"风"是《诗经》"六义"（风、雅、颂、赋、比、兴）的第一项，是进行教化的根本，它与作者的情志和气质是一致的。作者内心有感要发时，必先考虑其中的内容；而在寻思如何表达时，必先注意到词采骨力。文章的骨力，就好比人身体的骨架一样重要；作者的感情中富有教化作用的内容，犹如人身内所包含着的气质一样。风与骨须相辅相成、相得益彰。

刘勰对风骨总的要求是"风清骨峻"，所谓"建安风骨"正是他心目中的楷模。建安文学以刚美著称，"志深而笔长""慷慨而多气"正是建安文学的突出特征。他之所以推崇"建安风骨"，不仅是因为它体现了作品思想性和艺术性相统一这个美的根本准则，同时也是对齐梁时代所盛行的淫靡文风的反击。刘勰针对当时文坛的弊病论道："若瘠义肥辞，繁杂失统，则无骨之征也。思不环周，索莫乏气，则无风之验也。"他运用以下形象的比喻，说明文章的风骨应该兼善，不可偏重。他说，野鸡的羽毛色彩虽然齐备，但顶多飞一百步，原因就是肌肉过多，而力量却不济。老鹰没有鲜艳的羽毛，却能一飞冲天，原因在于它骨骼强壮而气概雄健。尽管如此，老鹰毕竟还不是最理想的，最理想的应该是凤凰。"唯藻耀而高翔，固文笔之鸣凤也。"只有既具备动人的词彩，又有着丰富深刻的思想内容，才算得上文章中的凤凰。

虽然刘勰强调内容与形式并重，但儒家重教化的思想决定了他更重视作品的内容。《情采》篇除了申述内容、形式二者应该并重之外，又着重阐述了以内容为本的原则。他认为，铅黛只是装饰一下外容，却代替不了天生的资质所焕发出的娇媚情态；文采只能修饰语言，作品要真正达到巧妙华美，还要以它的思想内容为基础。所以，思想内容好比是文章的经线，语言形式好比是纬线，"经正而后纬成，理定而后辞畅"。刘勰把这视为文学创作的根本原则。

正因为他比较看重内容，才充分肯定从内容出发的"为情而造文"，反对从形式出发的"为文而造情"。《哀吊》《章表》诸篇，均强调作品以感情为根本，认为"奢体为辞，则虽丽不哀"，"恳恻者辞为心使，浮侈者情为文使"。可见，刘勰对内容与形式的关系之基本思想，是内容决定形式。

然而，什么样的内容才是好的内容，什么样的形式才是好的形式呢？综观刘勰的论述，可以看出他的标准是"真"和"美"；对内容的要求主要是真，对形式的要求则主要是美。比如，在《宗经》篇他曾提出文章宗经的六项标准："一则情深而不诡，二则风清而不杂，三则事信而不诞，四则义直而不回，五则体约而不芜，六则文丽而不淫。"这六项标准中，前四项都是针对内容而言，而这四项的中心点，则是一个"真"字。只有真才有美。《辨骚》更明确提出，"酌奇而不失其真，玩华而不坠其实"，"奇""华"都必须以"真""实"为基础，方可施展它们的艺术魅力。

主真的思想，是刘勰美学思想的重要组成部分。正因如此，他在评价作家作品时，往往对感情真挚的作品有所偏爱，且给予很高的赞美。他称赞屈原和宋玉的作品"叙情怨，则郁伊而易感；述离居，则怆怏而难怀"，主要是说这些作品感情真挚，容易深深打动读者；而称许汉代的《古诗》为"五言之冠冕"，则是因为它"婉转附物，怊怅切情"。

强调文艺作品思想感情真挚，提倡记事真实可信，这对于促进文学事业向现实主义道路上发展是有积极意义的。但是，由于受到儒、佛诸家思想的规范和束缚，使得刘勰在艺术审美中形成很多偏见。他虚拟地、无端地夸赞所谓"圣文"，说什么"圣文之雅丽，固衔华而佩实者也""远称唐世，则焕乎为盛；近褒周代，则郁哉可从"（《征圣》）。事实上，除《诗经》之外，经文及古籍谈不上有什么文采。但刘勰却在很多论述中崇古而贬今，甚至对屈、宋的作品也多有微词。认为神话鬼怪是"诡异之辞"，荒诞不经，谈不上真，也就无所谓美；故对屈原作品中的"假托云龙，讲神说怪"持贬斥态度。他不晓得神话传说、寓言故事的文学意义，只是机械地以真来衡量一切，今天看来确实有点迂腐气了。

《宗经》篇所提六项标准的第五、第六两项，可以看作刘勰对作品形式美的总的要求。

所谓"体约而不芜"，是说文章风格简练而不芜杂，《征圣》篇转引《书经》的话说："辞尚体要，弗惟好异。"刘勰解释道："正言所以立辩，体要所以成辞；辞成无好异之尤，辩立有断辞之义。""体要""体约"，都是要求作品的语言重点突出，简练明快，而不在于新奇诡巧。

所谓"文丽而不淫"，就是文辞华丽而不过分。这项标准可以说是对"体约而不芜"的补充和完善。刘勰并不是只喜欢"要约写真"，他也要求文辞华丽，但是华丽要有分寸，不可过分，过分了反而会使内容受到损害，使作品的社会功能受到严重影响。在这个问题上，刘勰的观点是十分辩证的，对后世的文学创作和文学批评均有极大影响。

三

在《文心雕龙》一书中，关于艺术美的创造方法和创作技巧的论述，占去了大量的篇幅。诸如《神思》《体性》《丽辞》《章句》《夸饰》《比兴》《隐秀》《熔裁》《声律》《总术》等篇，对于文章艺术技巧的各方面，都做了专门的论述。

刘勰将天下文章分为三大类，即"形文""声文""情文"。"形文"之美是"五色杂而成"，"声文"之美是"五音比而成"，"情文"之美是"五情发而成"。这些都须经过人的创造，与自然之美已不相同。艺术美的创造是专属于人的一种劳动，这种劳动有它自己的特点。马克思曾把人的劳动与蜘蛛结网和蜜蜂筑蜂房相比较，人所不同的是"劳动过程结束时得到的结果，在这个过程开始时就已经在劳动者的表象中存在着，即已经观念地存在着"①。作家的创作也正是这样，作品在写出之前，就已经在作家的表象中存在了。这个孕育存在的过程在创作中叫作构思。

刘勰非常重视文章的构思，他写了《神思》篇对这个问题进行专章论述。他指出，作家在进行创作构思的时候，思路非常开阔，驰骋想象，"思接千载""视通万里"，无所不及。慢慢地，随着感情的蓄积，见闻和经验的荟萃，耳边就像听到了珠玉般美妙的声音，眼前如同展现了风云舒卷的壮景，这就是构思的结果。形象思维和感情酝酿的充分与否，关系到作品的成败；只有待构思达到"登山则情满于山，观海则意溢于海"的境地时，方可进入写作的过程。如果在自己的头脑中没有这篇作品所要描绘的鲜明形象，那就没法进行艺术的创造。

具备什么条件才会有好的构思，才会有驰骋的想象呢？刘勰认为，要有好的构思，必须沉寂宁静，思考专一，内心通畅，精神净化。另外，平时还要认真学习，积累知识，善于思考问题；并注意研究生活经验，培养情致，以达到准确运用语词。

丰富的知识，广博的见闻，深厚的生活积累，高尚的情操，善于思索的头脑以及驾驭语言的功夫，这些直到现在还是每个优秀作家所必备的基本功。刘勰在一千五百年前就比较全面地论及这些方面，应该说是难能可贵的。

不仅如此，刘勰还特别指出思想感情和语言在构思中的重要作用，"神居胸臆，而志气统其关键；物沿耳目，而辞令管其枢机"。思想感情起统帅作用，是构思活动的主宰；语言是构思活动的媒介，依赖语言才能进行思维和想象。为此，他在《章句》篇指出，作家写作应字斟句酌，每字

---

① 中共中央马克思恩格斯列宁斯大林著作编译局编：《马克思恩格斯全集》第23卷，人民出版社1965年版，第201页。

每句都准确精当，全篇就会生辉。

遣词造句时，他认为"言对为美"，他的根据是成双成对符合自然现象（"造化赋形，支体必双"）；但须对得精巧、允当，反对"文乏异采，碌碌丽辞"。在崇尚骈骊的齐梁时代，他对形式美的认识不能不受到影响，这种对语句对偶形式的偏爱，不能不说是时俗导致的偏见。

为使文章写得简练精粹，刘勰提出了"熔裁"的理论。意思是对文章要进行一番去芜存精的制作加工。他认为，"裁则芜秽不生，熔则刚领昭畅"。在这里，"裁"是就文辞而言；"熔"是就内容而言。对内容的熔炼，他特标举了三项准则：一是"设情以位体"，即根据作者的情志确定体裁；二是"酌事以取类"，即选取与内容有关的事例写入文章；三是"措辞以举要"，即运用最精当的语词突出要点。而对文辞的剪裁，他则提出"善删""善敷"两项："善删者字去而意留""善敷者辞殊而意显"。不仅做到简繁得当，还要使语词一字不易。这些意见都是很可取的。

刘勰还十分注重文章的含蓄美。他主张作者要运用夸张、比兴等多种手法，将文章写得有声有色，意味隽永。《隐秀》篇就集中论述了什么是含蓄美，以及含蓄美的艺术表现形式。他解释含蓄美说："隐也者，文外之重旨者也。""重旨"，即丰富的内容，含蓄美必须建立在作品深厚内容的基础上，"隐以复意为工"中的"复意"也是指文章本身的内容。含蓄美的表现特点是，文字要有"弦外之音"，亦即所谓要"义生文外"，还要像那只闻其声不见其形的"秘响"。

在提出"隐"的同时，刘勰又提出与"隐"相对的"秀"的艺术表现形式。"秀也者，篇中之独拔者也""秀以卓绝为巧"。"隐秀"，这是艺术技巧中的掩、映，或藏、露，是艺术美的重要创造手法。

要使作品具有含蓄美，常用的修辞手法是比和兴。《比兴》篇写道："比者，附也；兴者，起也。附理者切类以指事，起情者依微以拟议。""比"是按事物的相似处来比附事理，"兴"是从事物的隐微处来兴起感情。比兴手法运用得好，就能使文学艺术作品具有含蓄美的魅力。

刘勰虽然极力主张写真、写实，但在艺术技巧上却并不排斥夸张。他认为夸张是文学创作中的一种传统表现方法；自古以来，夸张就被重视了，"自天地以降""夸饰恒存"。运用夸张，不但不会削弱文章内容的真实性，恰恰相反，"壮辞可得喻其真"，夸张的语言能更加真实地表现事物的本质。不唯如此，夸张运用得好，还可以"披瞽而骇聋"。然而，刘勰却再三告诫，运用夸张要"夸而有节，饰而不诬"，要"不以文害辞，不以辞害意"。

在进行艺术创造时，刘勰还主张继承与革新并重。"名理有常，体必资於故实；通变无方，数必酌于新声。"（《通变》）他要求对新声和故实同时资取参酌，才能"骋无穷之路，饮不竭之源"，从而创造出丰富多彩的篇章。

四

凝结着刘勰半生心血的《文心雕龙》，是中国古典文学理论的集大成之作，也是他世界观和美学思想的集中体现。诚然，他对文学艺术的论述，不乏精辟的真知灼见，使他作为我国古代杰出的文艺理论家而名耀史册；但是，从这部巨著中，也可以看出他是一个虔信佛道，膜拜周孔和尊崇经书的儒者。《序志》篇自叙说，从孩提时起他便梦寐以追随孔子，且年至逾立而不移。他之所以研究文学理论，也是鉴于经典对于君国、臣民的重要性，"君臣所以炳焕，军国所以昭明，详其源，莫非经典"。而经典又要靠文章来阐发和宣扬，文章成了经典的枝条。尤其是他有感于孔子文章的教化作用，所谓"木铎起而千里应，席珍流而万世响；写天地之辉光，晓生民之耳目"（《原道》），便是他对孔子以文章推行教化的高度赞扬。

他在谈到《文心龙雕》一书的枢纽时又说："文心之作也，本乎道，师乎圣，体乎经，酌乎纬，变乎骚。"可见，佛道、圣典、神理、先哲都是他心目中时刻铭记的政治偶像，也是他著书立说时念念不忘的政治招牌。这些都形成了他科学理论的神秘外壳。不剥掉这层外壳，他的科学理论的光辉便会显得黯淡。他在政治上是一个保守主义者，一个佛教信徒；而在艺术理论的探讨上，则又不乏辩证的思想、唯物的成分。他就是这样一个矛盾的统一体；他的学说同样是糟粕、精华混杂。这固然是时代造成的，不应苛责古人，但刘勰的最终出家，也不能不说他在政治的权衡上是神道、唯心的东西终占了上风。

然而他毕竟是个杰出的文艺理论家，是一个渊博的学者；他的著作中那些随处可见的佛道、神理、圣文、圣典，毕竟掩不住艺术理论的光辉。正因为这样，《文心雕龙》将永远作为我国古代文学理论论著中前无古人、后无来者的一部名著而彪炳于世；刘勰的美学思想将永远是中国传统美学思想中一份最宝贵的遗产！

一九八五年六月

儒道思想对中国艺术理论的影响

　　儒家是主张入世的，注重现实，善讲"人道""天行健，君子以自强不息"（《易·乾卦》），就恰好道出了儒家对待自然、对待人生的基本态度；道家是主张出世的，注重超现实而善讲"天道""无为自化，清静自正"（《史记·老庄申韩列传》），这正是道家的处世哲学。两者刚好是对立的。然而，这两种相互对立的思想却在中国人的心中得到了融合与统一，成为支配中国人思想的两大精神支柱。尤其中国的士大夫们，表面上说是儒家，实际上却很有些道家的气质，他们既摆脱不掉功名事业，又忘不了风流潇洒；既要"学而优则仕"，又要神往自然，忘情于山水。所谓"形在江海""心存魏阙"（《文心雕龙·神思》）正是对这种双重人格的形象描绘。

　　儒家以诗教为中心，孔子论诗，讲"兴、观、群、怨""事父""事君"和"思无邪"，荀子则提出"明道"的主张，这些都为儒家的文艺观奠定了基础。在儒家看来，天地间的一切都可纳入礼乐之中，礼是各种宗教仪式和政治、法律以及典章制度的总称，乐是声乐、器乐以及诗歌、舞蹈等各门艺术的总称。《礼记·乐记》中写道：

　　　　乐者天地之和也，礼者天地之序也。和故万物皆化，序故群物皆别。乐由天作，礼以地制。过制则乱，过作则暴。明于天地，然后能兴礼乐也。

　　　　乐者敦和，率神而从天；礼者别宜，居鬼而从地。故圣人作乐以应天，制礼以配地。礼乐明备，天地官矣；天尊地卑，君臣定矣；卑高已陈，贵贱位矣；动静有常，小大殊矣。

从这两段话中，可以看出，乐的作用就在于促进和谐、通融感情，使社会有一种和睦的气氛；礼的作用则是调理社会秩序，使尊卑贵贱有别。礼、乐两者完好地结合起来，一个万物各得其所的融洽安泰的社会就会出现。不仅如此，这里还强调礼乐均由圣人制作，不过不及，中和平正，相反相成，不可分割，维持着天地的秩序与和谐。可见，乐在儒家的学说中，一开始就是与伦理、教化和社会的治乱联系在一起的。礼、乐不可分离，用现在的眼光来看，实际上也就是艺术要反映政治而且为政治服务。

道家则主张"绝圣弃智"（《道德径》十九章），"致虚极，守静笃"（同上书，十六章），"复归子朴"（同上书，二十八章），崇尚自然，否定人为的艺术。认定"信言不美，美言不信"（同上书，八十一章），"大音希声（最完美的声音是听而不闻的），大象无形"（同上书，四十一章）。道家的代表性学者庄子，就明确地表示："有成与亏，故昭氏之鼓琴也；无成与亏，故昭氏之不鼓琴也。"（《庄子·齐物论》）郭象注说："夫声不可胜举也，故吹管操弦，虽有繁手，遗声多矣。而执籥明弦者，欲以彰声也。彰声而声遗，不彰声而声全，故欲成而亏之者，昭文之鼓琴也。不成而无亏者，昭文之不鼓琴也。"不论有多么庞大的乐队，有多少技艺高超的乐工，所吹奏出的也仅是声音的一部分，不可能把所有的声音之美都表现出来。干脆不鼓琴，不奏乐，反倒能体现出想象中的所有音乐之美。昭氏尽管是最出色的音乐家，但他的鼓琴，也只能表现"偏"而"不全"的音乐美；他干脆不鼓琴，反而能使人体会到全面的音乐美。

从这种思想出发，庄子以为语言文字不过是一种粗迹，最高的真理当求之语言文字之外。《秋水篇》说："可以言论者，物之粗也；可以意致者，物之精也；言之所不能论，意之所不能察致者，不期精粗焉。"《天道篇》说："视而可见者，形与色也；听而可闻者，名与声也。悲夫！世人以形色名声为足以得彼之情，夫形色名声果不足以得彼之情，则知者不言，言者不知，而世岂识之哉？"实际上，道家所追求的正是一种超乎言意之表，越乎声色之上的自然的艺术。

　　随着儒家正统地位的确立，儒家的文艺观也就成为中国社会传统的文艺观。强调艺术的人工制作和为社会政治服务的外在功利，注重其"厚人伦、美教化、移风俗"的社会效果，始终是中国艺术家心目中确定主题内容的准则。正因为如此，在中国漫长的封建社会中，"为艺术而艺术"的论调始终没有多少市场。而从孔子的"思无邪"、荀子的"明道"，到刘勰的"原道、征圣、宗经"，再到韩愈的"文道合一"和"文以载道"，直至书画也要讲"成教化、助人伦、穷神变、测幽微，与六籍同功，四时并运"（张彦远：《历代名画记·叙画之源流》），这却是一脉相承，源远流长。

　　然而，儒家并非不注重艺术的特点和规律，孔子提出的"兴"的理论，就是对诗乐艺术特点的最早概括。依孔安国的解释，"兴"就是"引譬连类"，即是"由彼及此""触物起情"；从作者本身来说，即由于自然景物或社会上某种事象，触动了他主观的感情，因而写成了诗篇。从读者本身来说，是透过作品的内容而获得了感染，有如朱熹所说，是"感发意志"。"引譬连类"，意味着通过一个具体的形象事物的譬喻，启发人们的联想和想象，从而使人领会到与这一譬喻相关的人生道理。这或许与今天的所谓"形象思维"不无相通之处。这样就从根本上揭示了诗以及其他艺术所具有的形象性、感染性和启发联想、想象等特征。同时，"兴"意味着从具体的、形象的东西启发出某一普遍的道理，这对于中国文艺理论特色的形成有着直接的影响。

　　正是从"兴"开始，后世的文艺理论家在阐释它的过程中加进了道家的思想。刘勰的《文心雕龙》说："兴者，起也。""起情故兴体以立，附理故比例以生。"钟嵘《诗品》说："言有尽而意无穷，兴也；因物喻志，比也。"通过外物、景象而抒发、寄托、表现、传达情感观念，从而使艺术品成为非概念所能表述的具有感染力量的艺术形象和文学语言，所谓"不着一字，尽得风流"（司空图《二十四诗品》）以及"羚羊挂角，无迹可求"（严羽《沧浪诗话》）等，也不外是"言有尽而意无穷"的另一种说法而已。"言有尽而意无穷"与庄子的追求言意之表、超乎声色之上的所谓"得鱼而忘筌""得意而忘言"又是息息相通的。儒、道两家的文艺观也许就是从这里开始连在一起的。

但是，应当指出，以庄子为代表的道家在中国艺术辩证法的形成和发展上起了儒家所不及的奠基和开拓的重大作用。

比如老庄的"虚静"说和"有无相生"的观点，虽说有"绝圣弃智"消极出世思想一面，但另一面，却给艺术的创作带来许多有益的启示。庄子说："静则明，明则虚，虚则无为而无不为也。"（《庚桑楚》）"视乎冥冥，听乎无声。冥冥之中，独见晓焉；无声之中，独闻如焉"（《天地》）。谈的都是虚静和有无的辩证法。正是在这个基础上，陆机的《文赋》才有"课虚无而责有，叩寂寞而求音"；刘勰的《文心雕龙》才有"陶钧文思，贵在虚静，疏瀹五脏，澡雪精神"；司空图《二十四诗品》才有"素处以默，妙机其微"；苏东坡论诗才有"欲令诗语妙，无厌空且静，静故了群动，空故纳万境"（《集注东坡分类诗》卷二十一《送参寥师》）；笪重光《画筌》才有"空本难图，实景清而空景现。神无可绘，真境逼而神境生。位置相戾，有画处多属赘疣。虚实相生，无画处皆成妙境"。很显然，这些理论都是对道家思想的发挥和运用。

从老子的"大音希声，大象无形"和庄子的"有成与亏"理论，中国的画家们推衍出大色无色——不用色而色全的艺术思想，提出"画道之中，水墨最为上；肇自然之性，成造化之功"（王维：《山水诀》）。用水墨代五色，写性陶情，成为独具一格的中国士大夫画。墨虽没有五色鲜丽，实乃大色，可以代替一切的色。按道家的理论，用色而色遗，不用色而色全；大自然的色彩是千变万化、难以穷尽的，用无色的水墨，反倒可以写出自然的神理。正如张彦远所说的，"草木敷荣，不待丹绿之彩；云雪飘扬，不待铅粉而白。山不待空青而翠，凤不待五色而綷。是故运墨而五色具，谓之得意。"（《历代名画记》）为什么画草木不用丹绿之彩，也可以显示葱荣之态；画云雪不用铅粉之白，也可表现其洁白的形貌呢？原因就在于"得意"。"得意"可以忘言，"得意"可以忘象，"得意"也可以忘色。用色不一定能比上自然之色；不用色，让人通过"意会"去想象自然之色，反而更好。这就是所谓"摈落筌蹄，方穷至理"。

　　中国的水墨画，空灵淡远、古朴隽永，自有其独特的审美价值，与西方绘画的浓墨重彩、毕肖外物迥然不同。这不能不说是道家思想影响所致。

　　中国的艺术理论与西方的不同之处在于，讲究"风骨""气韵"，提倡"妙悟"，标举"神韵""性灵"和"境界"，形成了具有民族特色的文艺理论体系。这之中原因固然很多，但追溯起来，最终与儒、道两家（特别是道家的思想体系）的影响是分不开的。

　　"风骨""气韵"等概念，原是用以品评人物的。六朝时，由于老庄及佛教思想的普遍影响，社会上对于形、神关系曾有过热烈的争论，道家的重意轻言、重神轻形思想影响的结果，则是人们对于放浪形骸之外，不受世俗封建礼法束缚的行为或精神风貌，常常给以很高的赞赏；讲求潇洒不群、超然自得、无为而无不为的所谓魏晋风度。嵇康"目送归鸿，手挥五弦，俯仰自得，游心太玄"（嵇康），成为一代风流的楷模。这样的一种气韵和风貌，正好是当时士大夫阶层的审美理想和趣味。

　　反映到文论中，则是以"风骨"论文，如刘勰说："若丰藻克赡，风骨不飞，则振采失鲜，负声无力""采乏风骨，则雉窜文囿"（《文心雕龙·风骨》）。"风骨"，一般是指人的精神面貌，用在文学理论中，就是要求文章在思想艺术方面具有刚健、清新和遒劲的力的表现，像鹰隼盘旋于晴空那样"骨劲而气猛"。

　　反映到绘画中，则是以"气韵"论画，如谢赫的《古画品录》中所提出的绘画"六法"，头一条就是"气韵生动是也"。所谓"气韵生动"，就是要求绘画生动地表现出人的内在精神气质、格调风度；表现出外物的生机意趣、特色和内涵。

　　在诗的艺术理论中，道家的影响则更为明显。钟嵘认为，诗歌应当"有滋味"，"使味之者无极，闻之者动心，是诗之至也"（《诗品》）。司空图讲："诗家之景，如蓝田日暖，良玉生烟，可望而不可置予眉睫之前也。象外之象，景外之景，岂容易可谭哉！"（《司空表圣文集》卷三《与破浦书》）严羽认为诗的最妙处，"透彻玲珑，不可凑泊。如空中之音，相中之色，水中之月，镜中之象。言有尽而意无穷"（《沧浪诗话·诗辨》）。所以，他主张"诗道亦在妙悟"。

"韵味"也好，"象外之象，景外之景"也好，"镜花水月"也好，都可以在道家的思想中找到根据。道家的"无为""无言"和离"形"而得"神"，正可以说是上述理论的哲学基础。

至于王渔阳有名的"神韵"说，在某种程度上说来，不过是对司空图和严羽等前人理论的发挥而已，并非他的独创。回避和脱离现实生活，讲究"含蓄""冲和""淡远"，强调"虚灵"和"韵味"，如同镜花水月，"不涉理路，不落言筌"。所有这些特点，无疑都打上了道家思想的烙印。

而袁枚的"性灵"说，虽则从儒家的"诗言志"说推衍出来，却与"神韵"说极相接近，同样重在个性，重在自我，只不过"神韵"说抽象些，"性灵"说具体一些而已。

待到王国维提出"境界"之说，便同时对严羽、王渔阳等人的诗论进行了清理，在清理的基础上又做了新的发挥。他看到了严羽一味强调作家主观的"妙悟"，过分追求诗中清闲淡远的情趣和不可捉摸的言外之意，这虽显得肤浅，但在反对以"理"入诗、重视突出诗的艺术特点方面还有一定的积极意义；王渔阳则更加强调作家的"兴会神到"，追求作品中含蓄不尽的"韵味"和朦胧空寂的美，进一步把创作引向脱离客观现实的道路。

王国维汲取了严羽总结的抒情诗歌艺术经验（"言有尽而意无穷"之类），但又不像严羽、王渔阳那样片面强调抒发作家的主观感受，否认情感的客观基础，而从主客观两方面去揭示"境界"的内容。正如他在《人间词话》中所说的，"境非独谓景物也。喜怒哀乐，亦人心中之一境界。故能写真景物、真感情者，谓之有境界。否则谓之无境界"。至此，文艺理论的发展就愈臻完满了。

儒道尽管相互对立，但也并非没有共同点，这个共同点就表现在对待自然的态度上，这即是"天人合一"。孟子说，"万物皆备于我"（《尽心上》），"上下与天地同流"（同上）；庄子说，"天地与我并生，万物与我齐一"（《齐物论》），"人与天，一也"（同上）。他们在主观意识上虽有积极和消极之别，但"天人合一"的思想却是一致的。儒家讲"中庸"，影响到中国人的思想则是注意二元，无论对于天、地或人，都是一样。《易》说："立天之道曰阴与阳，立地之道曰柔与刚，立人之道曰仁与义。"（《说卦》）阴阳、刚柔、仁义都是相反相成的二元，天道、地道、人道都为此二元所支配。《礼记·乐记》说："著不息者，天也；著不动者，地也；一动一静者，天地之间也。"动、静，也是二元。宇宙间的事物形形色色，万象森罗，但归纳起来，也不外乎动静两大现象。儒家的"中庸之道"最善于把二元统一起来，这也是儒道互补和统一的基础。例如，最足以代表静的现象，莫过于山；最足以代表动的现象，莫过于水。孔子说："知者乐水，仁者乐山，知者动，仁者静。"（《论语·雍也》）知者好动，故喜欢水；仁者好静，故喜欢山。孔子的"比德"思想就把山水、动静统一了起来。后世的画家正是根据这种二元的思想，以山水画象征整个自然，并以山水寄兴情怀，比仁比知。所谓"竖画三寸，当千仞之高，横墨数尺，体百重之迥。嵩华之秀，玄牝之灵，皆可得之于一图"（宗炳《画山水序》）。山水画在中国知识分子中受到了特别的重视，山水画家也被认为是"以一管笔拟太虚之体"（王微《叙画》），能"一墨大千，一点尘劫"（沈灏《画尘》）。所以，在中国人看来，山水画不仅有静态，而且有动态，不仅有自然，而且有情志，是一种天人合一的写照。这在画法上就与西洋的所谓"远近法""透视法"很不相同，它不但要写出"身之所容"与"目之所瞩"，而且要写出"意之所游"与"意所忽处"；中国山水画的"三远法"（自山下而仰山巅，谓之高远；自山前而窥山后，谓之深远；自近山而望远山，谓之平远）（郭熙：《林泉高致》）和"以大观小"（如人观假山）法，就正是为了适应上述目的而产生的绘画理论。

　　总之，儒、道思想在塑造中国士大夫阶级的心理结构和艺术审美思想方面起了十分重要的作用。这两种相互离异的思想，通过千百代知识分子的融合和相互补充、相互为用，便为中国文化的发展奠定了哲学基础，使得中国的艺术创作和艺术理论具有了与世界其他国家极不相同的特色；只要你面对我们古代的文化遗产仔细审视，随处都可发现这种影响所留下的印痕。

　　中国是世界上文明发达最早的国家之一，儒、道思想也是人类文化最早的精神成果的一部分，受儒、道思想影响而产生的中国艺术和艺术理论，自然也是人类文化史上光辉的遗产之一。我们万不可妄自菲薄，自轻自贱，而应在马克思主义理论指导下，对这份宝贵的遗产认真分析、总结，下大力气去做披沙炼金的工作，以发展我们民族的新艺术、新文化！

一九八三年三月

玄学美学的四大范畴："无""空""玄""妙"

一

玄学家为人们的最终归宿便是"无"，曹魏正始阶段的玄学最强调的也是这个"无"字。"天地万物皆以无为本""万物生于有，有生于无"，这是王弼、何晏反复强调的。他们都把"无"看作事物存在的本质与本源。王弼论《周易》，不断申明"天地虽大，富有万物，雷动风行，运化万变，寂然至无，是其本矣"的道理；同时，"无"也就是"反其所始"的"始"，是宇宙最原始的开端。王弼形容"无"的本身是无形无名的，"其为物也则混成，为象也则无形，为音也则希声，为味也则无呈"（《老子指略》），可它却是一切有形、有名、有味、有声、有具体差别之事物产生的总根源。世间万物虽然都以"有"的形式存在于人们的眼前，但是，这"有"只是相对的、暂时的、受具体形质限制的；"无"才是绝对的、永恒的、无限的。玄学一下子将"无"提升到了本体论的高度。王弼《老子注》强调："天下之物，皆以有为生，有之所始，以无为本。将欲全有必反于无也。"确实将"无"视为人类终极的栖息地、最后的家园。到20世纪，德国哲学家海德格尔才充分认识到无的意义，他认为，"人在世界中存在"（用中国话来说就是"人生在世"），不只是意味着人与一个个别具体的事物发生关系，而且意味着人对整个世界的态度和立场。"人在世界中存在"的内容，除了和其他事物即"非此在式的存在者"的关系以外，还可以发现现实性以外的可能性，亦即存在以外的非存在，这就是"无"。海德格尔的《形而上学导论》一书开宗明义，第一句话就问："为什么有现实存在物而没有无？"这是一切问题的根源。人们平常提出无穷无尽的问题，似乎从未发生过这样一个问题，但我们每个人都不止一次地暗中接触过这个问题，只是没有意识到。例如，人们在绝望时，这个问题便隐约可见，人们在这时似乎会感到事物全部失去了它们的意义。这个问题之所以是头等的，一是因为它涉及的范围最广泛，它不限于问及某种特殊的具体事物，而是问及所有的事物，问题的界限大到只有不存在的无，甚至最终问及无本身，可以说，问题的范围已大到无可再大了；二是因为它是一个最深刻的问题，问题中的"为什么"就是问及万事万物的根基；三是因为它也是一个最基本的问题，被问及的内容与提问的活动之间有着不同寻常的特殊关系，它是一切问题中最基本的问题，没有一个科学上的问题可以不首先通过这个问题而被理解。海德格尔由此得出结论："作哲学思考，就是要问：'为什么有现实存在物而没有无？'"他认为，正是通过这样的提问，才使几千年来被遗忘和被隐藏的存在显露出来，才使至今被隐蔽了的形而上学的本质开始明白起来。海德格尔说，他的《形而上学导论》就是"引导提这个基本问题"。而形而上学的文章就作在"超出现实存在物"这几个字上。

"为什么有现实存在物而没有无？"这个问题的后半句补充语很重要，通过后半句补充语我们就达到了非存在的可能性，达到了无。海德格尔写道："科学正是拒绝无，把无作为虚无而加以抛弃。"[①] 但是，在科学否认无的地方就有了无，否认无实际上等于承认无，因为否认无，就是说在整个现实存在物以外是无物，而一旦从整个世界的角度看世界，就等于承认了无。"无是在我们与现实存在物作为整体相合一时才遇到的。""无是现实存在物之整体的失落。"[②] 所以，如果见不到这个事物整体，也就见不到无。科学、知识是讲有的学问，而哲学、形而上学是讲无的学问。海德格

---

① ［德］海德格尔：《什么是形而上学》，1995年版，第26页。关于海德格尔的论点，均参照张世英《天人之际》，人民出版社1995年版。

② 同上书，第33页。

尔认为哲学、形而上学与科学、知识两者处于不同的领域，前者在等级上高于后者。正是海德格尔在魏晋玄学之后的千余年才发现了"无"在哲学上的真正意义。海德格尔还把我们对不否弃、不消除、不脱离现实存在物的超出叫作"超越"。既超出，又不脱离，这就是说，"超越"是有（现实存在物）、无之间的一种摇摆（"飘摇不定"）。海德格尔认为，正是这种现实存在物在有、无之间的飘摇不定拘束着我们，又解脱着我们，使我们半有（半存在）半无，它也能使我们完全归于无，甚至不属于自己。由此可见，无的被发现，全赖于人，全赖于"此在"，无"此在"则谈不上无。只有人才能从整体把握现实存在物从而超出整体而达到无。反过来说，也只有当人的生存把自己投进无中，人的生存才能与现实存在物相关。人是世界的展露口，世界通过人才有意义，只有人才有他的世界，也才有无；动物无世界，因而在动物那里也没有无。

海德格尔还研究了"人究竟在什么时候能遇到无"。他的看法很有意思，他认为，当人面临死亡而发生一种"畏"的情绪时就能有这种体会。在"畏"的基本情绪中，人们似乎摆脱了一切日常生活和世俗的羁绊，沉入一种对世界万物都无所谓的境地，这就是投入了"无"。因为在畏中，万物整个儿变成转瞬即逝的；在畏中，"有一种令人感到阴郁的东西"。这令人感到阴郁的东西是什么？我们不可能说出它是什么。但整个来讲，它就是这样令人有此感受的。万物和我们自己都沉入了无所轩轾的状态。然而这并不意味着万物简单地消失了，而是说，就在万物退回去的这个活动中，万物又转向我们，整个万物退回去的活动包围着我们，这种活动在畏中压抑着我们。我们在万物身上无立足之地。在万物失落之际，唯一存留和投向我们的就是这个"在万物身上无立足之地"。这就是说，畏启示着无。在海德格尔看来，投入无也就是从人的日常"沉沦"状态，即"非本真状态"，返归"本真状态"。人在日常生活中，被一般人和世俗牵着鼻子走。当面临死神时，一切世俗的牵挂都没有了，死启示着无，人的"本真状态"出现了，这时人才能体会和发现自己的"本己"，达到最无拘束的自由境地。这样看来，海德格尔所谓形而上学是讲"此在"的哲学，讲"无"的哲学，也可以归结为返归"本真"和达到自由的哲学。很显然，将通过对死的领会作为达到"无"和"本真状态"的途径，太恐怖、太悲观了。所以，后期的海德格尔着重讲诗意的途径。他在谈到哲学优先于科学时强调，只有诗与哲学及其思想同等，虽然诗与思想还不是同一个东西。对科学来说，讲无总是一种可怕的和荒谬的事——但除哲学家之外。只有诗人能做到这一点，这是因为真正伟大的诗的精神本质上优于一切单纯科学中流行的精神。由于这种优越性，诗人谈起现实存在物时，总好像它们是第一次被召唤出来似的。海德格尔认为，诗就像哲学家的思维一样，总是有那么多的世界空间让出来使得每件事物——一棵树、一座山、一间房子、一声鸟鸣——在其中都失去了一切冷漠和平凡。真正讲无，总是非凡的，它是不能通俗化的。诗所讲的不像科学那样是些可以重复的事物，却似乎是第一次从"无"中跳出来的，是非凡的。它不为现实存在物所局限，完全摆脱了世俗的羁绊而显示存在的真意。在这一点上，海德格尔似乎完全洞解了魏晋玄学的"无"。

"无"作为魏晋玄学的核心，是在冲破了汉代"罢黜百家，独尊儒术"的束缚后为自己寻找到的一个憩园。在这里，人们能够摆脱世事的干扰，享受心灵的平静。人为人自己而存在，不依附于其他事物，享受到真正的自由，是无拘无束、无忧无虑的。这正如同海德格尔通过诗的途径以返回本真的思想是一样的。

张世英先生认为，"中国诗中较能表达海德格尔哲学的似乎只有陶诗。"① 而陶渊明的诗，正是对玄学理论的诗意表达，正是用诗的形式深刻地表现了"无"。《归田园居》云："一世异朝市，此语真不虚。人生似幻化，终当归空无。""空无"是相对于"异朝市""似幻化"的整个现实存在物而说的，是相对于"一世"或"人生"之整体而说的；只有超出整体，才能"终当归空无"。在《归去来兮辞》《形影神》《杂诗》《饮酒》《挽歌诗》等作品中，陶渊明多处谈到死，却没有面临死亡的恐怖与哀鸣，而是通过谈死来表达一种超越虚名、超越生死等一切"寓形宇内"的束缚的洒脱"空无"之情，在某种程度上正是对海德格尔那所谓"超越"哲学

---

① 张世英：《天人之际》，人民出版社 2005 年版，第 418 页。

的诗意吟诵。"富贵非吾愿,帝乡不可期。……聊乘化以归尽,乐夫天命复奚疑。"(《归去来兮辞》)"百年归丘垄,用此空名道!"(《杂诗》)"纵浪大化中,不喜亦不惧。"(《形影神》)这正是以诗的形式体现出的不贪生、不怕死、不拘束于"寓形宇内"之具体事物与敢于直面"无"的大无畏精神。陶渊明还以"心远"的超然对待整个世界,这是诗意的"心远",这即是"无"。没有对人生的超然态度,就谈不上"无"。反过来说,意识不到"无",就更谈不上"超然",谈不上"超出日常事物"。讲"无"的哲学在中国道家中早已有之,魏晋玄学则把它更明晰化、完善化了,而陶诗不过是玄学的诗化。但这种哲学在西方传统中都是没有的。张世英先生说:"西方哲学史上,长期占统治地位的思想传统是重主客二分,重知识的追求,要求人们知道外在的客体是什么,从而利用它们、征服它们,这种思想传统给西方社会生活带来了很大的好处,但它使人只知有'有'而不知有'无',使人囿于声色货利而忘掉了人生在世的真正意义,忘掉了人是怎样生活、生存于世界之中的。一般说来,'超然'的思想与西方哲学史上的老传统是格格不入的。"① 正是因为如此,海德格尔尽管在 20 世纪才提到形而上学哲学的基本问题"无",却对西方人起了振聋发聩的作用。所以,"无"是一个品位极高的中国哲学美学的范畴,是中华文明智慧的结晶。

二

"空"在某种程度上是"无"的另一种说法。但"空"与"无"毕竟不是一回事,佛教讲"空",道家讲"无"。从来源上看,佛教的"空"是对人生、对此岸世界的彻底否定,劝说并诱导人们通过修行而到达彼岸世界;而道家的"无"则是对宇宙本体性质的概括,经魏晋玄学的辨析,它成为形而上学哲学的核心。但是,当玄释合流以后,佛教禅宗却试着用"无"去说"空",使佛家的"空"与道家的"无"统一起来。尤善《老》

---

① 张世英:《天人之际》,人民出版社 2005 年版,第 423 页。

《庄》的晋高僧慧远便用玄学的"无"去解释佛教的"空"；从《坛经》看，唐高僧慧能说"空"不多，说"无"却不少。到此时，"无"即是"空"，"空"即是"无"了。《般若波罗蜜多心经》（唐玄奘译）里讲"空"的同时也讲"无"：

> 观自在菩萨，行深般若波罗蜜多时，照见五蕴皆空，度一切苦厄。舍利子，色不异空，空不异色；色即是空，空即是色。受想行识，亦复如是。舍利子，是诸法空相，不生不灭，不垢不净，不增不减。是故空中无色，无受想行识，无眼耳鼻舌身意，无色声香味触法，无眼界，乃至无意识界；无无明，亦无无明尽；乃至无老死，亦无老死尽。无苦集灭道，无智亦无得，以无所得故，菩提萨埵。依般若波罗蜜多故，心无挂碍，无挂碍故，无有恐怖，远离颠倒梦想，究竟涅槃，三世诸佛。依般若波罗蜜多故，得阿耨多罗、三藐三菩提。故知般若波罗蜜多，是大神咒，是大明咒，是无上咒，是无等等咒，能除一切苦，真实不虚。故说般若波罗蜜多咒，即说咒曰：揭谛揭谛，波罗揭谛，波罗僧揭谛，菩提萨摩诃。

一部《心经》，用了七个"空"字，二十一个"无"字。当然，其中的"空"与"无"字义不尽相同，但也有相同或相近的成分。佛门被群众称为"空门"，佛门弟子则应"四大皆空"。在慧能看来，大千世界不过是本心的产物，外部的一切都是虚妄的："日月星宿，山河大地，泉源溪涧，草木丛林，恶人善人，恶法善法，天堂地狱，一切大海，须弥诸山，总在空中。"（《坛经·般若品第二》）这里的"空"，正是人的本心，而本心"犹如虚空，无有边畔"（同上）。所以，禅宗的教义实际上就是"悟空"，悟空即悟道。有语云："佛理如云，云在山头，登上山头云更远；教义似月，月在水中，拨开水面月更深。"这不就是悟空吗？到了唐代，诗禅合流的倾向已十分明显，"空"成了许多诗人追慕和崇仰的境界。如王维的《辛夷坞》诗曰："木末芙蓉花，山中发红萼。涧户寂无人，纷纷开且落。"完全是一种既空又静的禅境。胡应麟认为，这首诗是"入禅之作"，令人

"读之身世两忘，万念皆寂"（胡应麟《诗薮》内编卷六）。宋代的苏轼直接概括："欲令诗语妙，无厌空且静；静故了群动，空故纳万境。"（《苏东坡集》前集卷十）这等于给优秀诗歌作品进行了理论上的规范，将空定为最重要的审美标准。到了严羽，更提出"以禅喻诗"说，他在总结盛唐以来的诗歌创作时指出："盛唐诗人惟在兴趣，羚羊挂角，无迹可求。故其妙处透彻玲珑，不可凑泊，如空中之音，相中之色，水中之月，镜中之象，言有尽而意无穷。"（《沧浪诗话·诗辨》，《诗人玉屑》卷一）无非强调空灵幻化，可望而不可即。至此，"空"不仅成为诗境，也成为画境，成为文人所追求的一种美的人生境界。

三

"玄"字一直是被人们视为神秘莫测、幽远高深的一个字眼儿。殷商的始祖契称为"玄王"（传说为玄鸟降生，故称玄王），孔子则被尊称为"玄圣"。《后汉书·班固传》载："悬象暗而恒文乖，彝伦斁而旧章缺，故先命玄圣，使缀学立制，宏亮洪业。"李贤注："玄圣，谓孔丘也。"其实，按字面解释，其本义不外有二。其一，是指天青色，泛指黑色，如玄青、玄狐。《仪礼·士冠礼》："兄弟毕袗玄。"郑玄注："玄者，玄衣玄裳也。"也指高空的深青色。《易·坤·文言》："天玄而地黄。"后世以"玄黄"为天地的代称。其二，是深奥、微妙，如玄妙、玄虚。《老子》："玄之又玄，众妙之门。""玄之又玄"又可省略为"玄玄"，道家用以形容道的微妙无形。《文选·孔稚圭（北山移文）》："谈空空于释部，覈玄玄于道流。"李周翰注："覈，考也；玄玄，谓玄之又玄也；道流，谓老子也。""玄玄"又可代指天。《淮南子·本经训》："当此之时，玄玄至砀而运照。"高诱注："玄玄，天也，元气也。砀，大也。"

从以上两层意思中，还合并衍生出第三层意思，即幽远、高深而神秘。天是高远而又深邃的，其颜色为深青色；它同时又是神秘莫测的，这又是奥妙的意思，由此而常常被组合为玄妙、玄虚、玄远、玄默、玄机等词语。

作为一种学术思潮、一种哲学体系的"玄学"，其形成时间一般认为是在曹魏正始元年（240 年）；而作为一个学科，其出现时间则更晚。《世说新语·文学》载："何尚之为丹阳尹，更置玄学于南郊外，一时名士慕道来游。"据《宋书·隐逸·雷次宗传》记载："（宋文帝）元嘉十五年（439 年），征次宗至京师，开馆于鸡笼山，聚徒教授，置生百余人，会稽朱膺之、颍川庾蔚之并以儒学，临总诸生。时国子学未立，上留心艺术，使丹阳尹何尚之立玄学，太子率更令何承天立史学，司徒参军谢元立文学，凡四学并建。"可见，到 5 世纪上半叶，玄学才得以作为独立的学科与儒学、史学、文学并列，成为四大学科之一。我们之所以关注"玄学"出现的时间，是因为"玄"这一概念作为审美范畴被世人所接受，是在玄学思潮的推动和影响下才得以实现的。"夫玄学者，谓玄远之学。""论天道则不拘于构成质料，而进探本体存在。论人事则轻忽有形之粗迹，而专期神理之妙用。夫具体之迹象，可道者也，有言有名者也。抽象之本体，无名绝言而以意会者也。"① 玄学探究本体存在而轻忽有形粗迹的方法论原则，决定了它是一种本体之学。哲学家们早就指出，玄学即是形而上学。形而上者谓之道，形而下者谓之器。玄就是道，是本，玄之为义，即是对具体有限之事物的超越。《老子》第一章云：

> 道可道，非常道；名可名，非常名。无，名天地之始；有，名万物之母。故常无，欲以观其妙；常有，欲以观其徼。此两者同出而异名，同谓之玄。玄之又玄，众妙之门。

在老子看来，"常无"与"常有"均为道的两种存在方式。从"常无"可以看出道的变化万端。此二者都是道之所出，虽名称不同，但都显示了道的深奥精微，所以都称为"玄"。玄的意思就是幽昧深远。苏辙在《老子解》中写道："凡远而无所至极者，其色必玄，故老子常以玄寄极也。"可见，老子赋予"玄"以某种不可名状的终极意味。王弼在其所著的《老子指略》一书中，对老子的论道又进行了辨析：

---

① 汤用彤：《汤用彤学术论文集》，中华书局 1984 年版，第 214 页。

夫道也者，取乎万物之所由也；玄也者，取乎幽冥之所出也；深
也者，取乎探赜而不可究也；大也者，取乎弥纶而不可极也；远也
者，取乎绵邈而不可及也；微也者，取乎幽微而不可睹也。然则
"道""玄""深""大""远""微"之言，各有其义，未尽其极者也。

王弼辨析了道、玄、深、大、远、微之不同，指出道是万物的根源，
不可名言；而玄则是出自幽冥难形。由此，我们可以揣摩"学"冠以
"玄"的意思了。

玄学，是探究"天人之际"的学问。美学家有言："魏晋玄学中的
'无'的主题恰恰是人的探索。"[1] 从根本上说，不是为了现实的某一事态
的改变，而是为了摆脱现实的具体形态和品格，超然于这些形态之上，去
追寻一种玄远而又幽深的精神意识。正是玄学在思辨的形式上扬弃了具体
的形态和形下的品性。在对玄的追慕中，人们的审美趣味转变为"舍形而
悦影，舍质而趋灵"[2]。手执麈尾，口吐玄言，雄辩滔滔，其重点展示的却
是内在的智慧，高超的精神，脱俗的言行，漂亮的风貌。嵇康在《赠秀才
入军》（其二）诗中写道："息徒兰圃，秣马华山，流磻平皋，垂纶长川。
目送归鸿，手挥五弦。俯仰自得，游心太玄。喜彼钓叟，得鱼忘筌。郢人
逝矣，谁与尽言。"他把嵇喜在军旅生活中的一切，想象成与谈玄的名士
一样，从山水与晴空中去体会、玩味人生的自得其乐。这正是灵气空中
行，神明里透出幽深，超以象外，得其于环中的中国艺术造境的特点。这
就是玄意、玄境。

玄学不是美学，因为它讨论的不是审美问题。"玄"也应当说不是真
正意义上的审美范畴。但是，正如美学家们指出的，玄学与美学的连接点
在于"超越有限去追求无限"，"由于超越有限而达到无限是玄学的根本，
同时对无限的达到又是诉之于人生的体验的，这就使玄学与美学内在地联
结到一起了"[3]。"晋人以虚灵的胸襟、玄学的意味体会自然，乃能表里澄

---

① 李泽厚：《李泽厚哲学美学文选》，湖南人民出版社 1985 年版，第 88 页。
② 宗白华：《美学散步》，上海人民出版社 1981 年版，第 97 页。
③ 李泽厚、刘纲纪：《中国美学史》第二卷，中国科学出版社 1987 年版，第 109 页。

澈，一片空明，建立起最高的晶莹的美的意境。"① 正是在玄学的推动下，对本体的探寻才不期然而然地进入了个体人格的层面，这就必然引起对人的情感、人的精神世界和个体心性自由的关注。魏晋玄学也正是在探寻人性的过程中，进入了美学的领域。所以，我们把"玄"列入玄学论美学的范畴予以探讨是必要的。

玄风的确改变了一个时代。不仅有大批的士人去谈那玄之又玄的宇宙之"道"，去追寻那朦胧幽远的"本体"，而且有不少人真的去实践和遵循那玄之又玄的人生之"道"，去营构那种散淡缥缈的人生境界。人们似乎对"玄之又玄"的幽远之处突然发生了兴趣，仿佛任心任性的"逍遥"自由真的在他们心灵中出现了。《世说新语·任诞》记载："王子猷居山阴，夜大雪，眠觉，开室，命酌酒，四望皎然。因起彷徨。咏左思《招隐诗》。忽忆戴安道。时戴在剡，既便夜乘小船就之。经宿方至，造门不前而返。人问其故，王曰：'吾本乘兴而行，兴尽而返，何必见戴?'"全赖兴之所至，率性而为，并无实际目的。这便是著名的"雪夜访戴"的故事，很为后人称道。"玄意"成了那个时代人们所追慕的人生境界，尽管它太玄虚、太缥缈、太抽象而又离现实太遥远。

四

"妙"，是与"玄"相联结而又可独立成体的审美范畴。前文已提到，《老子》一章中把"常无""常有"视为"同出而异名"，两者都谓之"玄"；而"常无，欲以观其妙""玄之又玄，众妙之门"。从这里看，妙、玄同义无疑。《老子》十五章又云："古之善为道者，微妙玄通，深不可识。"沈一贯《老子通》曰："凡物远不可见者，其色黝然，玄也。大道之妙，非意象形称之可指，深矣，远矣，不可极矣，故名之曰玄。"这主要是解释玄的，但也阐明了"妙"的内涵："非意象形称之可指"，即是说"妙"是无法用具象化的形象、意象和明确指称显示出来，它是只可意会

---

① 宗白华：《美学散步》，上海人民出版社 1981 年版，第 180 页。

而不可言传的一种精神和意念；而且它浑然窅然，可望而不可即。"妙"与"玄"同义并成为"玄"的另一概念指称。对"妙"的进一步探究，有助于对"玄"理解的深化和完善。王弼在《老子指略》中认为："妙者，微之极也。""微"的极致便是"妙"。由此而衍化为通常所说的"微妙""奥妙""玄妙""奇妙"等。由于"道"是其大无外，其小无内的，于是老子便把"妙"用作对"道"的极致表现："恍兮惚兮""窈兮冥兮""寂兮寥兮"（《老子》二十一章、二十五章），总之是玄虚、空灵、神秘而难以捕捉，没有时空具体性和实体指称性。这就是"道"，也即是"妙"。在老子看来，"妙"即"道"，而且是"道"的最高境界。对此，庄子也有大致相似的看法。《庄子·寓言》云："颜成子游谓东郭子綦曰：'自吾闻子之言，一年而野，二年而从，三年而通，四年而物，五年而来，六年而鬼入，七年而天成，八年而不知死、不知生，九年而大妙。'"这就是闻道的九个层级。颜成子游对东郭子綦说的话，意思是：自从我听了你讲的话，一年后返归于质朴；二年之后，随顺于世俗；三年之后，通达于事理；四年之后，与万物混同为一体；五年之后，天机自来；六年之后，与神灵感通、大彻大悟；七年之后，与自然之理神合；八年之后，忘却死生聚散的异同；九年之后，达到至善、至美的境地。这里"大妙"可以说就是至善、至美。吴功正先生在其所著《六朝美学史》一书中，对"妙"与"美"作过一番辨析，他认为："中国'美'的概念符号和从近代西方移译而来的'美'的概念符号虽然是同一的，但两者的含义不尽一致。我们今天所说的中国美学的概念实际上是经过西化，以西方概念来命名的。如果说中西方'美'的语义有相同处，只在浅表层次上。即感性、兴趣、经验，而在深度层次或本体层（抽象意味层）上，中西方所使用的语词概念则不同，西方是'美'，中国则是从哲学移栽来的'妙'。中国语词'美'的含义有两方面：一是外观呈现的、具体感性的、实体时空的现象、状态、外貌，给人以具体直感印象。用'羊大为美'的语字组合来解阐'美'的词义，也只能称指其感性状态。因此，中国'美'的另一种说法就是'好'。'好'由'女子'的语字组合而成，体现了'美'的含义所在。《诗经·邶风·静女》：'匪女之为美，美人之贻。'二是美与善相连，

《国语》：'彼将恶始而美终，以晚盖者也。'……这和西方本体性美学的'美'的含义有相当距离。"① 这段辨析的确很有意义，说明西方美学中所说的"美"与中国古代典籍中的"美"是不相类的，而"妙"的内涵恰恰类同于西方的美。基于这样的理解。"妙"与"玄"就有了某种不同。我们可以说"妙"即"美"，却不可以说"玄"即"美"。

待到玄释合流，"妙"与禅宗中习用的"悟"联结为"妙悟"。世尊在灵山会"拈花示众""迦叶微笑"是"悟"；慧能的"顿悟成佛"也是"悟"，"悟"是禅宗的灵光所在，无"悟"即无禅。而"悟"是不借助逻辑推理的心领神会，它重自我体验，只可意会，难以言说。《涅槃无名论》说得更清楚："玄道在于妙悟，妙悟在于即真。""妙悟"这一组合奠定了玄学美学审美的悟性思维机制。佛教禅宗思维方式和魏晋玄学思维上的结合，使得那一整个时期特别重视"悟解""悟服"与"悟会"。《世说新语》所记，名士谈玄过程中屡屡使用这些词语。魏晋谈玄的风气极大地推动了悟性思维的发展；用极其简洁的语言或动作，去暗示某种答案；而答案又不是一成不变的、固定的或唯一的，它完全依赖接受者的心灵体验和悟解能力。悟性高则为"妙悟"。它影响到艺术领域，则产生了顾恺之画论中的"迁想妙得"（顾恺之《魏晋胜流画赞》）这一极重要的审美命题。在联结无穷的想象、联想（即"迁想"）中，去获得精微之义，亦即获得本体之"妙"，是为"妙得"。在艺术创造和艺术审美领域中的"妙悟"，更能体现出悟性思维的微妙特征。南齐画论家谢赫在《古画品录》中评论张墨、荀勖的作品时说："若拘以物体，则未见精粹；若取之象外，方厌膏腴，可谓微妙也。"（谢赫《古画品录》）"妙"论的运用，直接揭示了审美的内在特质。如果拘泥于物象的形体状貌，体察虽细，描绘虽真，但也"未见精粹"；若"取之象外"，深刻反映对象内在的精神气质而超越于对象实体，亦即取象外之"道"，象外之"旨"，这才谓之"微妙"。"微妙"成为当时审美论标准，而"妙"的审美意味，则是难以用概念性的语言加以描述的。

"妙"，作为魏晋六朝玄学美学高档次的审美标准，标志着人们的审美

---

① 吴功正：《六朝美学史》，江苏美术出版社 1994 年版，第 283 页。

摆脱形似而追求神似，这可以说是中国美学走向成熟的标志。"妙"成了魏晋时期及其后具有广泛涵盖面的美学的核心范畴。如《世说新语·文学》载："简文称许椽云：'玄度五言诗，可谓妙绝时人。'"王僧虔《笔意赞》："骨丰肉润，入妙通灵。"庾肩吾《书品》："子敬泥帚，早验天骨，兼以掣笔，复识人工，一字不遗，两叶传妙。"《宋书·谢灵运传》："妙达此旨，始可言文。"绘画、文学、书法等广大艺术领域，均以"妙"作为审美评价的标准。

"妙"，作为中国独具品格的审美范畴，是在玄学勃兴和佛玄双修的文化氛围中孕育而成的，它的出现提高了玄学论美学的品位，对后世也产生了巨大的影响。著名学者、现代散文家朱自清先生曾写道："魏晋以来，老、庄之学大盛，特别是庄学；士大夫对于生活和艺术的欣赏与批评也在长足发展。清谈家也就是雅人要求的正是那'妙'。后来又加上佛教哲学，更强调了那'虚无'的风气。于是乎众妙层出不穷。在艺术方面，有所谓'妙篇''妙诗''妙句''妙楷''妙音''妙舞''妙味'，以及'笔妙''刀妙'等。在自然方面，有所谓'妙风''妙云''妙花''妙香'等，又有'庄严妙士'指佛寺所在；至于孙绰《游天台山赋》里说到'运自然之妙有'，更将万有总归一'妙'。在人体方面，也有所谓'妙容''妙相''妙耳''妙趾'等；至于'妙舌'指的是会说话，'妙手空空儿'（唐裴铏《聂隐娘传》）和'文章本天成，妙手偶得之'（宋·陆游诗）的'妙手'，都指手艺，虽然一个是武的，一个是文的。还有'妙年''妙士''妙客''妙人''妙选'，都指人，'妙兴''妙绪''妙语解颐'也指人。'妙理''妙义''妙旨''妙用'，指哲学；'妙境'指哲学，又指自然与艺术；哲学得有'妙解''妙觉''妙悟'；自然与艺术得有'妙赏'；这种种又靠着'妙心'。"①朱自清先生这段话，概括了从魏晋到现在中国人对"妙"字的各种用法。"妙"的含义尽管深邃，但中国人大都能心领神会。

二〇〇一年一月

---

① 朱自清：《朱自清古典文学论文集》上册，上海古籍出版社 1981 年版，第 131 页。

魏晋玄学：中国美学大转折的契机

谈到中国美学，宗白华先生认为："魏晋六朝是一个转变的关键，划分了两个阶段。从这个时候起，中国人的美感走到了一个新的方面，表现出一种美的理想。那就是认为'初发芙蓉'比之于'错彩镂金'是一种更高的美的境界。在艺术中，要着重表现自己的理想，自己的人格，而不是追求文字的雕琢。陶潜作诗和顾恺之作画，都是突出的例子。王羲之的字，也没有汉隶那么整齐，那么有装饰性，而是一种'自然可爱'的美。这是美学思想上的一个大的解放。诗、书、画开始成为活泼泼的生活的表现，独立的自我表现。"① 是什么原因引起了美学上的这一大的转变呢？这一大的转变的契机是什么呢？下面将对此加以论述。

一　玄学理论改变了人们的思维方式

魏晋玄学虽然以注易、注老、注庄的形式出现，却是中国哲学史上的一种全新的理论；它不仅是对一向占统治地位的两汉经学的反叛，也是对老庄思想的革新。可以说，魏晋玄学正是当时突破数百年的统治意识以后，重新寻找和建立理论思维之解放历程的重大成果。

关于魏晋玄学理论的特点，有很多学者对此作了深刻的论述。张世英先生说："魏晋玄学虽然继承了老庄的'天人合一'思想，但玄学已将道

---

① 宗白华：《美学散步》，上海人民出版社1981年版，第29页。

家思想与儒家思想相结合，有违老庄的原意，它包含了很多儒家'天人合一'说的成分。"① 汤用彤先生在其《魏晋玄学流别略论》一文中，更详细地辨析了东汉与魏晋谈玄的根本不同，他说，魏晋之学，"已不复拘拘于宇宙运行之外用，进而论天地万物之本体。汉代寓天道于物理。魏晋黜天道而究本体，以寡御众，而归于玄极（王弼《易略例·明象章》）；忘象得意，而游于物外（《易略例·明象章》）"②。汉代扬雄、张衡等人的玄理，均不过本天人感应之义，由物象的盛衰去说明人事的荣枯；或者依时间的流程，说明万物始于幽深精妙的太初太素的阶段。其所游心，未超于象数；其所探究不过谈宇宙的构造，推万物的孕成。只有到了魏晋，才能抛弃对物理的寻求，进而去探本体。"舍物象，超时空，而研究天地万物之真际。以万有为末，以虚无为本。"③

特别是以王弼为代表的玄学理论，为了调和汉魏之际名教与自然的矛盾，就一方面讲"老不及圣"，把圣人孔子置于老（庄）之上，将儒家置于道家之上；另一方面又以老（庄）释孔，采取了先注《老》后注《易》的研究程序，并力图使《易》统一在《老》上。这样一来，虽说玄学是对老庄思想的革新，而实际上道家精神毕竟是它理论的核心。所以王弼玄学的立足点必然是以道家的"贵无"论为本体的，在"本无""统无""崇无"中而达到"御有""存有""生有"。无与有，自然与名教，义理与事象的关系就成了一种本末体用的关系。这就实现了对儒、道的整合，使玄学既不同于原始道家，更不同于原始儒家，从而获得了一种崭新的结构和意义。

"以无为本"的革新意义，仪平策先生对此有一段相当精彩的论述，特征引如下。他说："在本体论上，它指的是万事万物借以存在和运动的内在根据和普遍法则；在认识论上，它指的是一种超感性、超事象、超分殊的绝对抽象和一般，一种形而上的'至理''至道'或'理之极''道之极'。在目的论和价值观上，则指的是一种超越一切现实的有限性、偶然性和变动性，无偏无执、无识无为、绝对静寂、无限自由的主体精神境

---

① 张世英：《天人之际——中西哲学的困惑与选择》，人民出版社1995年版，第9页。
② 汤用彤：《汤用彤学术论文集》，中华书局1983年版，第233页。
③ 同上书，第234页。

界。……在思维上表现了这样一种新结构、新形式：在思维对象上，它不再注重感性、具体、生动、直观的物质事项（即'有'），而是将视线投在了无形无迹、超言绝象、虚静寂然的精神抽象（即'无'）上；在思维重心和焦点上，则表现为由表层向深层的跃动，由现象向本质的跃动，由形而下世界（天地、社会、象数）向形而上世界（精神、心性、义理）的跃动，即颜延之所说的'得之于心'而'略其象数'；在思维方法和目标上，则不再拘泥于、固着于现实感性的实体存在来说明道理，比附意义，而是直接把无形无名、绝对抽象的精神、义理、心性等从具体繁杂的物质事项的涵盖和牢笼中提取出来，擢升为寂然不动、统摄万有的世界本体，并在思维中直接达到'穷易简之理，尽乾坤之奥'的境界。"① 这段议论以现代人的眼光分析了以王弼为代表的魏晋玄学在哲学思维上所达到的新高度，虽然在时间、广度、规模、流派上比不上先秦，但思辨哲学所达到的纯粹性和深度，的确是空前的。"以无为本"的魏晋玄学所体现的思维形式，一方面继承了本体与现象互济互生的中国思维传统，另一方面又将本体的层面提升为哲学的核心，因而成为古代思维形式的一大飞跃。

王弼所谓的"无"并非有无之无，而是作为万有群变的本体，在本无之外，没有任何的实在与它相对立。所以，虽万物之富，变化之烈，未有不以无为本也。正因为它是万物之本，是"道"之全，所以它超乎言象，无名无形。圆方由之得形，而此无形；白黑由此得名，而此无名。无是贞一的本体，为物之本源。它并不是与"有"相对立的，而恰恰是"万有"之母。无和有是一种一体化的体用、本末的关系。正是基于这种纯粹思辨的哲学思维方式，王弼玄学的"得意在忘象"说就打破了《周易》"立象以尽意"的思维模式，以意为本超越了以象为主。"玄贵虚无，虚者无象，无者无名。超言绝象，道之体也。因此本体论所谓体用之辨亦即方法上所称言意之别。二义在言谈运用虽有殊，但其所据原则实为同贯。故玄学家之贵无者，莫不用得意忘言之义以成其说。……汉代易学，拘拘于象数，繁乱支离，巧为滋盛，辅嗣拈出得意忘象之义，而汉儒之学，乃落下乘，

---

① 仪平策：《王弼玄学与中国美学》，《学术月刊》1992 年第 3 期。

玄远之风,由此发轫。"① 可见,从"立象以尽意"到"得意在忘象",确实是古人哲学思维模式的一种巨大改变,它直接导致汉儒之学的落寞和玄学风气的盛兴。

古代思维方式的这一重大改变,对神学目的论和谶纬宿命论是个致命的打击。人们仿佛一下子有了自我意识,想到了生命的短暂,人世的悲凉,于是对人生、生死的悲伤、咏叹和反思,形成了一股潮流。这就是主体意识的复归,悲剧情怀的兴起。正如苏珊·朗格指出的那样:"只有在人们认识到个人生命是自身目的、是衡量其他事物的尺度的地方,悲剧才能兴起、才会繁荣。在部落文化中,个人一直与家庭极为紧密地联系在一起,以致不仅社会,而且本人也把自己的存在看成公有财产,为了公众利益随时都可以牺牲,个性的发展还不是自觉意识到的生命形式。同样,在人们相信因果报应(Karma),相信符术(Tally)威力的地方,为了在来世报答和赎罪,灵魂可以延续下去,他们在今世的形体,很难看作一个体现了其全部潜力的自我满足的整体。"② 很显然,悲剧感的产生和存在依赖于人的主体意识,即认识到个体生命的目的、价值。但在"罢黜百家,独尊儒术"的极权君主社会里,自己的躯体、生命并不属于自己;同样,在宗教神学和谶纬宿命论的阴影笼罩下,个人相信灵魂不死,来世轮回等,都会丧失主体意识,从而失落悲剧感。正是玄学究天人之际的思辨理论,扫荡了颂功德、讲实用的两汉经学并痛击了神学目的论和谶纬宿命论,人的主体意识才得以复归。只有这时,真正具有美学意义的悲剧情怀才得以产生——中国学者称其为"人的觉醒"。在人的活动和观念完全屈从于神学目的论和谶纬宿命论控制下的两汉时代,是不可能有这种觉醒的。

悲剧意识的复归,悲剧情怀的兴起,反映了魏晋从思想文化到艺术、美学的一次真正深刻的变迁,它直接引导中国古代的审美意识跨入了一个新的历史阶段。人们已不再着意于外在的事功,而是执着于对人生、生命、命运、生活的强烈欲求和留恋。三曹、稽阮、陶潜的诗,《世说新语》

① 汤用丹:《汤用彤学术论文集》,中华书局 1983 年版,第 218—219 页。
② [美]苏珊·朗格:《情感与形式》,中国社会科学出版社 1986 年版,第 410 页。

中对人的评价，顾恺之、谢赫的绘画原则，都反映了这种变化。人们似乎已认识到，外在的任何功业都是有限和能穷尽的，只有内在的精神本体才是原始、根本、无限和不可穷尽的。所以，人和人格本身而不是外在事物，日益成为这一历史时期哲学和文艺的中心。人们审美理想的根本变化是从质实到空灵。

二　从质实到空灵

"崇本息末""以无为本"的王弼玄学所掀起的玄学风潮改变了一个时代。特别是知识阶层的所思、所想、所崇尚、所追慕，均与两汉时期有着极大的不同。反映在哲学—美学领域内，不是外在的纷繁现象，而是内在的虚无本体，不是自然观（元气论），而是本体论，成了哲学的首要课题。外在的、有限的、表面的功业、行为，已不再是人们关注的中心，而那具有无限、可能、潜在性的精神、格调、风貌，却成了那个时期哲学的主题和艺术中美的典范。正所谓"生活上人格上的自然主义和个性主义，解脱了汉代儒教统治下的礼法束缚"，"一般知识分子多半超脱礼法观点直接欣赏人格个性之美，尊重个性价值"。[①] 于是人的才情、气质、格调、风貌、性格、能力便成了重点所在。一部《世说新语》生动地记述了当时若干人士的言行和精神面貌，足可证明我们的论点。

"嵇中散临刑东市，神气不变，索琴弹之，奏《广陵散》。"（《雅量》下同）

"夏侯太初尝倚柱作书，时大雨，霹雳破所倚柱，衣服焦然，神色无变，书亦如故"。

"裴叔则被收，神气无变，举止自若"。

"郗太傅在京口，遣门生与王丞相书，求女婿。丞相语郗信：'君往东厢，任意选之。'门生归，白郗曰：'王家诸郎，亦皆可嘉，闻来觅婿，咸自矜持，唯有一郎在东床上袒腹卧，如不闻。'郗公云：'正此好。'访之，

---

① 宗白华：《美学散步》，上海人民出版社 1981 年版，第 178、183 页。

乃是逸少，因嫁女与焉。"

"庾太尉与苏峻战，败，率左右十余人，乘小船西奔。乱兵相剥掠，射，误中柂工，应弦而倒。举船上咸失色分散，亮不动容，徐曰：'此手那可使著贼！'众乃安。"

"桓公伏甲设馔，广延朝士，因此欲诛谢安、王坦之。王甚遽，问谢曰：'当作何计？'谢神意不变，谓文度曰：'晋祚存亡，在此一行！'相与俱前。王之恐状，转见于色；谢之宽容，愈表于貌，望阶趋席，方作洛生咏，讽'浩浩洪流'。桓惮其旷远，乃趣解兵。王、谢旧齐名，于此始判优劣。"

"周伯仁母，冬至举酒赐三子曰：'吾本谓渡江托足无所，尔家有相，尔等并罗列吾前，复何忧！'周嵩起，长跪而泣曰：'不如阿母言。伯仁为人志大而才短，名重而识暗，好乘人之弊，此非自全之道。嵩性狼抗，亦不容于世。唯阿奴碌碌，当在阿母目下耳！'"（《识鉴》）

"陈仲举尝叹曰：'若周子居者，真治国之器。譬诸宝剑，则世之干将。'"（《赏誉》，下同）

"世目李元礼，谡谡如劲松下风。"

"公孙度目邴原：所谓云中白鹤，非燕雀之网所能罗也。"

"裴令公目夏侯太初：'肃肃如入廊庙中，不修敬而人自敬。'一曰：'如入廊庙，琅琅但见礼乐器。''见钟士季，如观武库，但睹矛、戟；见傅兰硕，江廧靡所不有；见山巨源，如登山临下，幽然深远。'"

"王戎目山巨源：'如璞玉浑金，人皆钦其宝，莫知名其器。'"

"山公举阮咸为吏部郎，目曰：'清真寡欲，万物不能移也。'"

"武元夏目裴、王曰：'戎尚约，楷清通。'"

"庾子嵩目和峤：'森森如千丈松，虽磊砢有节目，施之大厦，有栋梁之用。'"

"王戎云：'太尉神姿高彻，如瑶林琼树，自然是风尘外物。'"

"张华见褚陶，语陆平原曰：'君兄弟龙跃云津，顾彦先凤鸣朝阳，谓东南之宝已尽，不意复见褚生！'陆曰：'公未睹不鸣不跃者耳！'"

"卫伯玉为尚书令，见乐广与中朝名士谈议，奇之，曰：'自昔诸人没已来，常恐微言将绝，今乃复闻斯言于君矣！'命弟子造之曰：'此人，人之水镜也。见之，若披云雾睹青天！'"

"王太尉曰：'见裴令公，精明朗然，笼盖人上，非凡识也！若死而可作，当与之同归。'"

"王平子目太尉：'阿兄形似道，而神锋太俊。'太尉答曰：'诚不如卿落落穆穆。'"

"太傅府有三才：刘庆孙长才，潘阳仲大才，裴景声清才。"

"林下诸贤，各有俊才子：籍子浑，器量宏旷；康子绍，清远雅正；涛子简，疏通高素；咸子瞻，虚夷有远志；瞻弟孚，爽朗多听遗；秀子纯、悌，并令淑有清流；戎子万子，有大成之风，苗而不秀。惟伶子无闻。凡此诸子，唯瞻为冠。绍、简亦见重当世。"

"王公目太尉：'岩岩清峙，壁立千仞。'"

"时人目庾中郎：'善于托大，长于自藏。'"

"卞令目叔向：'朗朗如百间屋。'"

"王平子与人书，称其儿：'风气日上，足散人怀。'"

"王丞相云：'刁玄亮之察察，戴若思之岩岩，卞望之之峰距。'"

"世目周侯：'嶷如断山。'"

"刘万安即道真从子，庾公所谓'灼然玉举。'又云：'千人亦见，百人亦见。'"

"有人目杜弘治：'标鲜清令，盛德之风，可乐咏也。'"

"恭尝行散至京口射堂，于时清露晨流，新桐初引，恭目之曰：'王大故自濯濯！'"

"司马太傅为二王目曰：'孝伯亭亭直上，阿大罗罗清疏。'"

"魏明帝使后弟毛曾与夏后玄共坐，时人谓'蒹葭倚玉树。'"（《容止》，下同）

"时人目夏侯太初'朗朗如日月之入怀'，李安国'颓唐如玉山之将崩'。"

"裴令公目王安丰：'眼灿灿如岩下电。'"

"嵇康身长七尺八寸，风姿特秀。见者叹曰：'萧萧肃肃，爽朗清举。'或云：'肃肃如松下风，高而徐引。'山公曰：'嵇叔夜之为人也，岩岩若孤松之独立；其醉也，傀俄若玉山之将崩。'"

"有人语王戎曰：'嵇延祖卓卓如野鹤之在鸡群。'"

"裴令公有俊容仪，脱冠冕，粗服乱头皆好，时人以为'玉人'。见者曰：'见裴叔则，如玉山上行，光映照人。'"

以上篇幅所记述的均侧重于人的个性、修养、风姿、气度和才情，而不是他的身份地位、成就和功业。正是内在的品性、才情和外在的风神气度成了一代风范而为人们所仰慕。嵇康临刑，态度如常，实属难能可贵，后人谓之"超脱人累，默契禅宗"（明王世贞语）；夏侯玄不为霹雳所动，镇定作书；王羲之祖胸露腹卧于东床，正是因为其坦率诚朴才被郗鉴择为"东床快婿"。这就是人格的"自然主义"和"个性主义"，这正是所谓人格个性之美。因为人格个性的美是无法用固定的标准去衡量、去判断的，所以魏晋时代的人们便习惯于用自然物的感性外形去比况人物的容貌、器识、肉体与精神。像"云中白鹤""劲松下风""璞玉浑金""森森如千丈松""瑶林琼树""凤鸣朝阳""岩岩清峙，壁立千仞""日月之入怀""玉山之将崩"等，把一种难以表达、难以叙说的内容，形象地表达了出来，表现了出来。但这种传达和表现却又是不具体的、不实际的、不准确的，在某种程度上说，只能是可意会而不可言传的。这就是虚灵，这就是审美的传达，它才是纯美学的。

由实入虚，即实即虚，超入玄境，这就是中国古代艺术的真髓。庄子主张"虚室生白""唯道集虚"（《庄子·人间世》），魏晋士人正是以虚灵的胸襟、玄学的意味去体会自然、品藻人物；不仅发现了山水之美，而且标举出简约玄澹、超然绝俗的人格个性之美，从而建立了表里澄彻、一片空明而晶莹的美的境界。艺术与虚灵有不解之缘。如果没有魏晋士人那种风神潇洒、不滞于物的自由优美的心灵，就不会有空前的艺术繁兴，也不会有空前的美的大发现。

魏晋人首先发现了山水之美，并为山水画孕育了绝好的境界。《世说新语·言语》载："顾长康从会稽还，人问山川之美。顾云：'千岩竞秀，万壑争流，草木蒙笼其上，若云兴霞蔚。'"又载："简文入华林园，顾谓左右曰：'会心处不必在远，翳然林水，便自有濠、濮间想也。觉鸟、兽、禽、鱼，自来亲人。'"这正是以艺术的眼光与心灵去欣赏和体味自然之美，为五代、宋元山水画的创意开了先河。

大画家顾恺之在《魏晋胜流画赞》中提出的"以形写神"及绘画理论家谢赫在《古画品录》中提出的"气韵生动"，成了当时和以后中国很高的美学理论和艺术原则。这些原则在总体上的要求，就是绘画应生动地表现出人的内在精神气质、格调风度，而不是外在环境、形状、姿态和皮相的铺张、描述和渲染。尤其所强调的"传神"，正是当时人们追求"气韵"和"风神"的美学趣味与标准的绝好体现。这也正与魏晋玄学对思辨智慧从质实到空灵的要求完全一致。

三 "宇宙意识"和悲剧情怀

由于思维方式的改变和精神上的真正自由、真正解放，才使魏晋人认识了自我。他们以灵慧的眼光和思辨的才智，"向外发现了自然，向内发现了自己的深情"（宗白华语）。被闻一多先生赞为"更夐绝的宇宙意识"的初唐诗人张若虚在《春江花月夜》中的描述与咏叹，其实早在魏晋已开其端了。面对无穷宇宙，深切感受到的是自己生命、青春的短暂和有限，那种苍凉的、无可奈何的感伤与惆怅潜藏在魏晋人的灵魂深处。《世说新语·言语》篇记载："卫洗马初欲渡江，形神惨悴，语左右云：'见此茫茫，不觉百端交集，苟未免有情，亦复谁能遣此？'""过江诸人，每至美日，辄相邀新亭，藉卉饮宴。周侯中坐而叹曰：'风景不殊，正自有山河之异！'皆相视流泪。"袁彦伯别友人赴官任，竟也悽惘地慨叹："江山辽落，居然有万里之势！"桓温北征，见当年全城所种柳树已老大，慨然曰："木犹如此，人何以堪！"这便是魏晋人对宇宙人生所体会到的一种至深的无名的哀感。这种深情是那些浑浑噩噩、浅俗薄情的人所无法理解的。对人生、宇宙的这种初醒觉的自我意识，正是悲剧观念得以产生的基础。一种深层的、带有形上光彩的悲剧情怀在魏晋时代萌发了，它更具有哲学的、美学的品位，应该看作中国美学的一次质的飞跃。

《世说新语·伤逝》所记述的那种情怀十分感人。王戎丧子，悲不自禁，对前去探望他的山简说："圣人忘情，最下不及情，情之所钟，正在

我辈!"庾亮丧亡,何充悼惜说:"埋玉树著土中,使人情何能已已!"支
道林的好友法虔死后,致使其精神萎靡不振,风采、情趣顿丧,并常对人
说:"昔匠石废斤于郢人,牙生辍弦于锺子,推己外求,良不虚也!冥契
既逝,发言莫赏,中心蕴结,余其亡矣!"第二年,支道林便去世了。与
此相似的还有王徽之,当他得知弟弟王献之死了,并没有任何悲痛的样
子,奔丧亦不哭。因为弟弟素好琴,他便直接坐到灵床上,取子敬琴弹,
弦没调好,声音也不和谐,于是掷第云:"子敬,子敬,人琴俱亡!"此时
悲恸之情已无法抑制,月余亦卒。没有对死亡的深透理解和悲天悯人的深
哀,是不可能有如此深入肺腑而又惊心动魄的情感体验的。

　　对生死存亡的重视、哀伤,对人生短促的感慨、喟叹,从建安直到晋
宋,确实成了整个时代的典型音调。曹操的"冉冉老将至,何时反故乡"
(《却东西门行》)与"对酒当歌,人生几何?譬如朝露,去日苦多"(《短
歌行》);曹丕的"日月逝于上,体貌衰于下,忽然与万物迁化,斯志士之
大痛也"(《典论论文》);陆机的"夫死生是失得之大者,故乐莫甚焉,哀
莫深焉"的感叹(《全晋文》卷96);刘琨有"功业未及建,夕阳忽西流。
时哉不我与,去乎若云浮"(《重赠卢谌》);特别是东晋大诗人陶渊明这类
咏叹就更多:"人生似幻化,终当归空无。"(《归园田居》其四)"人生无
根蒂,飘如陌上尘。分散逐风转,此已非常身。""盛年不重来,一日难再
晨。及时当勉励,岁月不待人。"(《杂诗》)"日月掷人去,有志不获骋。
念此怀悲凄,终晓不能静。"(《杂诗》其二)"古时功名士,慷慨争此场。
一旦百岁后,相与还北邙。松柏为人伐,高坟互低昂。颓基无遗主,游魂
在何方。荣华诚足贵,亦复可怜伤!"(《拟古》其四)"幽室一已闭,千年
不复朝。"(《挽歌诗》)"羡万物之得时,感吾生之行休。已矣乎,寓形宇
内复几时,曷不委心任去留,胡为乎遑遑欲何之?"(《归去来兮辞》)他们
所唱出的都是同一个情结——人生短暂、人必有死。面对人生的终结,虽
执着而又无可奈何。他们哀伤、感叹、思索、寻觅,企图找寻人生的慰藉
和哲理的安息。这本身就是"生活的悲剧感"[①](乌纳幕诺 Unamuno 语)

----

① [德]苏珊·朗格:《情感与形式》,中国社会科学出版社1986年版,第406页。

的诗意的表达。表面上看，似乎是如此颓废、悲观、消极和无奈，而深藏着的恰恰是它的反面，亦即对人生、生命、命运、生活的强烈欲望和留恋。陶渊明的"及时当勉励，岁月不待人"，正反映了人们对生命的珍视和对人生的执着。

悲剧表现了对生和死的意识，它必须使生命显得有价值，显得丰富而美妙，必须使死亡令人感到敬畏。就这一点来看，魏晋士人们的咏叹也许还算不上真正意义上的悲剧。但是，这种"感知生命"的情感体验，未尝不可以看作被柏拉图称为"放大的形式"（Writlarge）表达的艺术过程，"因为最小的艺术作品在自己的范围内也会达到最大作品所能达到的效果：它也表现了各种可能的感觉图式，生命力图式和精神图式，也使我们的主体——我们最熟知的实在——对象化了。这种功能把艺术与生活联系在一起了，但它不是当代生活、政治、道德态度的记录，它是情感在人类生命的升腾、成长、实现命运和面对厄运的有机的、个人的图式中的巨大展示，这就是悲剧"①。

四　禅宗与文学意境的创构

汤用彤先生认为，"魏晋佛学为玄学之支流"②。所以，我们在讲玄学对美学的影响时，就不能不论及佛学禅宗。

禅宗不仅在论理的衡量上使用玄学家"得意忘言"的新眼光、新方法，而且与玄学一体对中国文学审美意境的创构起了巨大的影响作用。我国台湾著名学者南怀瑾先生指出："在中国生根兴盛的禅宗，自初唐开始，犹如黄河之水天上来的洪流，奔腾澎湃，普遍深入中国文化的每一部分，在有形无形之间，或正或反，随时随处，都曾受到它的滋润灌溉，确有'到江送客棹，出岳润民田'的功用。"③事实证明的确如此。中国的文学，自汉末、魏晋、南北朝到隋唐间，所有文章、辞、赋、诗歌的传统内容与

① ［美］苏珊·朗格：《情感与形式》，中国社会科学出版社 1986 年版，第 424 页。
② 汤用彤：《汤用彤学术论文集》，中华书局 1983 年版，第 228 页。
③ 南怀瑾：《禅宗与道家》，复旦大学出版社 1991 年版，第 92—93 页。

意境，大抵不外渊源于五经，出入孔孟的义理，涵泳诸子的芳华，以形成辞章的中心意境。间或有飘逸出群的作品，均是兼取老庄及道家神仙闲适的意境，作为辞章的境界。而在南北朝到隋唐之间，其新的特点便是佛教学术思想的输入，引起翻译经典事业的盛行。由名僧慧远、道安、鸠摩罗什、僧肇等人的创作，构成别具一格的禅宗文学，其影响历经千年而不衰。只是因为后世一般普通文人不熟悉佛学的义理与典故，往往将其列于文学的门墙之外。在诗歌方面，南怀瑾先生认为，由初唐开始，从上官体（上官仪）到王（勃）、杨（炯）、卢（照邻）、骆（宾王）初唐四杰，经武则天时代的沈佺期、杜审言、宋之问等，所谓"景龙文学"，还有隋文学的余波，与初唐新开的质朴风气。后来一变为开元、天宝的文学，如李白、杜甫、王维、孟浩然、高适、岑参，到韦应物、刘长卿，以及大历十才子等人，便很明显地加入了佛与禅道的成分。再变为元和、长庆间的诗体，领导风尚的一代风格，如浅近的白居易、风流靡艳的元稹，以及孟郊、贾岛、张籍、姚合，乃至晚唐文学如杜牧、温庭筠、李商隐等，无一不出入佛、道之间，而且都沾上禅味。如此，才开创出唐诗特有的芬芳气息与隽永无穷的韵味。如王维的《梵体诗》：

> 一兴微尘念，横有朝露身，如是睹阴界，何方置我人。碍有固为主，趣空宁舍宾，洗心诋悬解，悟道正迷津。因爱果生病，从贪始觉贫，色声非彼妄，浮幻即吾真。四达竟何遣，方殊安可尘，胡生但高枕，寂寞谁与怜；战胜不谋食，理齐甘负薪，子若未始异，诋论疏与亲。浮空徒漫漫，泛有定悠悠，无乘及乘者，所谓智人舟。诋舍贫病域，不疲生死流，无烦君喻马，任以我为牛。植福祠迦叶，求仁笑孔丘。何津不鼓棹，何路不摧辀，念此闻思者，胡为多阻修。空虚花聚散，烦恼树稀稠，灭想成无记，生心坐有求。降吴复归蜀，不到莫相尤。

又如白居易《感兴二首》：

> 吉凶祸福有来由，但要深知不要忧。只见火光烧润屋，不闻风浪覆虚舟。

名为公器无多取，利是身灾合少求。虽异匏瓜难不食，大都食足早宜休。

鱼能深入宁忧钓，鸟解高飞空触罗。热处先争炙手去，悔时其奈噬脐何。

尊前诱得猩猩血，幕上偷安燕燕窠。我有一言君记取，世间自取苦人多。

再如他的《读禅经》：

须知诸相皆非相，若住无余却有余。言下忘言一时了，梦中说梦两重虚。

空花岂得兼求果，阳焰如何更觅鱼。摄动是禅禅是动，不禅不动即如如。

以上所举，几乎通篇都是禅语、禅境，高妙非凡。除此之外，唐代尚有许多著名诗僧，比如寒山子、贯休、皎然等，都有不朽的名作为世人所熟知。就是那些不甚著名的诗僧，也有很多禅境深远动人的作品，如灵一的《雨后欲寻天目山，问元骆二公溪路》：

昨夜云生天井东，春山一雨一回风。林花解逐溪流下，欲上龙池通不通。

再如诗僧灵澈的《东林寺酬韦丹刺史》：

年老心闲无外事，麻衣草履亦客身。相逢尽道休官好，林下何曾见一人。

还有他的《闻李处士亡》：

时时闻说故人死，日日自悲随老身。白发不生应不得，青山长在属何人。

到了宋代，受禅宗意境影响的诗文学更为明显。宋初著名诗僧作品影响一时，遂使醉心禅学的诗人，如杨大年（亿）等人，形成了有名的西崑体。著名文士如苏东坡、王荆公、黄山谷等，无一不受禅宗思想的熏陶，乃有清华绝俗之作。南宋的陆游、范成大、杨万里、尤袤等诗人，也都与禅宗思想结有不解之缘。如道济和尚的诗："几度西湖独上船，篙师识我不论钱。一声啼鸟破幽寂，正是山横落照边。""五月西湖凉似秋，新荷吐蕊暗香浮；明年花落人何在，把酒问花花点头。"特别是他的绝笔诗："六十年来狼藉，东壁打倒西壁。如今收拾归来，依旧水连天碧。"可以说无一句、无一字非禅境。再如王安石《无动》诗："无动行善行，无明流有流。种种生住灭，念念闻思修。终不与法缚，亦不著僧裝。"又《梦》诗云："知世如梦无所求，无所求心普空寂。还似梦中随梦境，成就河沙梦功德。"《赠长宁僧首》诗云："秀骨庞眉倦往还，自然清誉落人间。闲中用意归诗笔，静外安身比大山。欲倩野云朝送客，更邀江月夜临关。嗟予踪迹飘尘土，一对孤峰几厚颜。"《怀锺山》诗云："投老归来供奉班，尘埃无复见锺山。何须更待黄粱熟，始觉人间是梦间。"还有范成大的《请息斋书事》诗："覆雨翻云转手成，纷纷轻薄可怜生！天无寒暑无时令，人不炎凉不世情。栩栩算来俱蝶梦，喈喈能有几鸡鸣？冰山侧畔红尘涨，不隔瑶台月露清。"以上这些作品，禅境与诗境俱佳；尤其是禅境，如果没有对于禅宗的见地与工夫，没有几十年的深刻造诣与参悟，实在不容易分辨出它的所指。

在词曲方面，禅境的创构自然要受到禅诗的影响。南怀瑾先生认为，从晚唐开始，历五代而宋、元、明、清之间，禅宗宗师们以词来说禅，而且词境与禅境都很好的作品，随处可见。如辛稼轩的《鹧鸪天（石门道中）》："山上飞泉万斛珠，悬崖千丈落鼪鼯。已通樵径行还碍，似有人声听却无。闲略彴，远浮屠，溪南修竹有茅芦。莫嫌杖屦频来往，此地偏宜著老夫。"又《睡起即事》云："水荇参差动绿波，一池蛇影照群蛙。因风野鹤饥犹舞，积雨山栀病不花。名利处，战争多，门前蛮触日干戈。不知更有槐安国，梦觉南柯日未斜。"《登一丘一壑偶成》写道："莫滞春光花下游，便须准备落花愁。百年雨打风吹却，万事三平二满休。将扰扰，付悠悠，此生于世自无忧。新愁次第相抛舍，要伴春归天尽头。"《瑞鹧鸪（京口病中起登连沧观偶成）》云："胶胶扰扰几时休，一出山来不自由。秋水观中秋月夜，停云堂下菊花秋。随缘道理应须会，过分功名莫强求。先自一身愁不了，那堪愁上更添愁。"

由宋词演化而来的元曲中，也不乏充满禅意、禅境的篇章。如刘秉忠的《干荷叶》："干荷叶，色苍苍，老柄风摇荡。减清香，越添黄，都因昨夜一场霜，寂寞在秋江上。"又："干荷叶，色无多，不耐风霜剉。贴秋波，倒枝柯，宫娃齐唱采莲歌，梦里繁华过。"再如盍西村的《小桃红（杂咏）》："市朝名利少相关，成败经未惯，莫道无人识真赝。这其间，急流涌进谁能辨？一双俊眼，一条好汉，不见富春山。""古今荣辱转头空，都是相搬弄，我道虚名不中用，劝英雄，眼前祸患休多种。秦宫汉冢，乌江云梦，依旧起秋风。""杏花开后不曾晴，败尽游人兴。红雪飞来满芳径，问春莺，春莺无语风方定，小蛮有情，夜凉人静，唱彻醉翁亭。"还有鲜于去矜的《寨儿令》也很典型："汉子陵，晋渊明，二人到今香汗青。钓叟谁称，农父谁名，去就一般轻。五柳庄月朗风清，七里滩浪稳潮平，折腰时心已愧，伸脚处梦先惊，听，千万古圣贤评。"

无论是词，还是曲，大都通过对静雅的自然物的歌咏，烘托出一种清幽淡泊而超凡脱俗的意境，它足可安顿人的思想与感情，将它们寄托在永久的遥途，升华于纯净的不可思议的宗教境界中——这就是禅境。

禅宗对中国小说的影响亦十分明显。闻名世界的长篇小说《红楼梦》那对人生（生命）终极意义的追问，对命运的体验和感叹，无疑与玄学的联系至为密切，尤其禅宗的意味更是十分浓烈。除《好了歌》与《好了歌解注》以外，那"假作真时真亦假，无为有处有还无"的对联，以及"满纸荒唐言，一把辛酸泪，都云作者痴，谁解其中味"的诗句，均极力烘托出梦幻空花，回头是岸的禅境；甚至与《楞严经》上写的"纯想即飞，纯情即堕"，以及"生因识有，灭从色除"的意念毫无二致。为大家所熟知的《三国演义》开篇词《西江月》："滚滚长江东逝水，浪花淘尽英雄。是非成败转头空，青山依旧在，几度夕阳红。白发渔樵江渚上，惯看秋月春风。一壶浊酒喜相逢，古今多少事，都付笑谈中。"其内涵十分清晰、明确。南怀瑾先生认为这首词正是《金刚般若经》上所说："一切有为法，如梦幻泡影，如露亦如电，应作如是观。"此一段经义是文学境界的最好注释。也正如皓布裩禅师的《颂法身向上事》说的："昨夜雨滂亨，打倒葡萄棚。知事普请，行者人力。撑的撑，拄的拄，撑撑拄拄到天明，依旧可怜生。"前《西江月》的词意可以说与此一脉相承。由《红楼梦》《三国演义》还可推及其他作品，如《西游记》《封神榜》《东周列国志》《聊斋志异》《醒世姻缘》等，无一不渗透了禅理与禅机，营构出一种似真如幻、善恶果报的佛学禅宗境界。

禅宗原本是不立文字、忘言绝象的，当然更不会有意借重文学以鸣高。但孰料"无心插柳柳成荫"，魏晋以降，特别是唐、宋的禅师们，都与文学结有不解之缘。尤其是他们的影响，更是始料不及的。后世文人以禅喻诗、以禅喻文、以禅喻画，甚至成为一种时尚。禅宗作为玄学的支流，不但不立文字，而且以无相、无门为门，亦即以无境界为境界，摆脱了宗教的形式主义，而着重于佛教修证的真正精神，升华人生的意境，进入纯清绝点、空灵无相而无不是相的境界。这便是绝妙诗词的意境，是一切上乘艺术作品的境界，甚至是最高军事艺术的意境，也是人生的最高境界。所以，千百年来，它为士大夫阶级所欣赏、所垂青，把禅境的营构视为第一流有高深意境的文学作品，流风所及，禅语、禅机、禅境遂成为中国艺术中独有的文化精神。

二〇〇二年三月

试谈语文教学中美感的诱发

　　青少年是最善于想象、幻想、探索和追求的。他们对人生，对事业，对大自然，对整个宇宙，都有着一种不可遏制的求知欲望；对美好的未来，则更是十分强烈地憧憬着。他们感觉敏锐，才情焕发，尤其对于美的捕捉能力极强。他们往往对老师提出较高的要求，希望课堂上的讲述能生动活泼，有滋有味；不仅能学到知识，而且能感受到美。学生们的这种愿望和要求，对于语文课来说，应该是不算过分的。

　　语文是讲授语言和文学的，文学是语言的艺术。既然是艺术，当然包含着美，因为美是艺术的生命，这无须多说。即使单就语言而论，也有个美不美的问题。所以，语文教学中如何准确地把握住学生的心理动向，运用真挚、优美的语言，循循善诱地把他们引导到一个可以打动他们心灵，可以陶冶他们性情的崇高的、纯净的、美的境界，从而激发起他们主动探求和深入钻研的热情和兴趣，这已成为语文教师亟待解决的一个重要问题。

　　如何才能更有效地诱发学生的美感呢？本文谨就课堂语言和作品领悟两个方面，谈些不成熟的意见。

　　首先，语文课的语言，既是逻辑语言、科学语言，又是艺术语言、音乐语言。所谓逻辑语言、科学语言，是说它必须是准确的，严整的，规范化的，合乎语法、合乎思维规律的；所谓艺术语言、音乐语言，是说它必须是饱含感情的、形象化的、韵律和谐而又优美动听的。前者是后者的基础和保证，后者是前者的提高和发展。而语文课的语言，主要还应当是艺术的和音乐的。

我国美学界老前辈宗白华先生认为，逻辑语言和科学语言是在情感的推动下，才产生飞跃，成为艺术语言和音乐语言的。他举出古代《乐记》中的一段话作为例证。《乐记》云："故歌之为言也，长言之也。说之故言之。言之不足，故长言之；长言之不足，故嗟叹之；嗟叹之不足，故不知手之舞之、足之蹈之也。"[①] 这里的"长言"，就是一种情感的语言，它比普通的语言要具有更强烈的感染力。鲁迅先生讲"长歌当哭"，足见长歌表达的悲痛感情比哭还要强烈。"长歌"，也就是长言的极致，是为浓烈的感情浸透了的语言。语文教师的语言应多些"长言"才好。

有一特级教师在讲李白的《梦游天姥吟留别》时，对"安能摧眉折腰事权贵，使我不得开心颜"这一诗眼作了精彩的分析。他激昂慷慨而又字正腔圆地说："我怎么能够低头弯腰，卑躬屈膝，趋炎附势，出卖灵魂，侍候你们这些贵族老爷呢？使我不开心，不称意，不愉快，不自由呢？——这就是李白的性格，这就是李白的傲岸，这就是一个不走样的李白，不折不扣地受人崇敬的李白，这也就是这首诗的主题。"这段饱含感情的语言，不仅活脱脱地刻画了李白的性格和为人，而且准确地进行了理论上的概括，深化了主题，真可谓声情并茂，酣畅淋漓。

试想，作为一个语文教师，如果他的语言尽是些光秃秃、硬邦邦的枯燥货色；他的态度总是冷冰冰地正襟危坐，在学生面前，在作品面前，丝毫也不动一点感情，那么，即使他满腹经纶，恐也很难把语文课教好。

我国古代教育家孔子，他的语言表达就很值得我们借鉴。他时时把自己摆进去，颇带感情地向他的弟子们娓娓而谈。

"饭疏食，饮水，曲肱而枕之，乐亦在其中矣。不义而富且贵，于我如浮云。"（《论语·述而》）短短几句话，却有情，有景，有声，有色，借助比喻，把抽象的道理说得明明白白。难怪他的弟子颜渊赞美他说："仰之弥高，钻之弥坚；瞻之在前，忽焉在后。夫子循循然善诱人，博我以

---

① 宗白华：《美学散步》，上海文艺出版社 1981 年版，第 50 页。

文，约我以礼，欲罢不能，既竭吾才。如有所立卓尔，虽欲从之，未由也已。"(《论语·子罕》)意思是：老师的学问道德太高了。我抬头仰望，越觉其高；我努力钻研，越钻越觉得深；看着好像在前面，忽然又像在后面，简直叫人难以捉摸。老师善于一步步地诱导我们，用各种典籍来丰富我们的知识，又用各种礼节来约束我们的行动，使我们想停止前进也不可能，直到竭尽了我们的力量。好像有一个十分高大的东西立在前面，虽然想要攀登上去，却没有办法。

孔子的循循善诱，动之以情，极大地感染了他的学生，学生们的学习主动性达到了"欲罢不能"的程度。这种教育的成功，不是可以发人深省吗？

所以，语文课上的"长言"是诱发学生产生美感的第一要素，但是，什么样的语言才算是情感语言，即"长言"呢？

这里说的情感，并非那种"为赋新词强说愁"的情感，那是种矫揉造作、装模作样、故弄玄虚的情感，它不但不会产生好的效果，反而会把课讲得更糟。情感应该真挚、深沉，发自肺腑，首先能感动自己，然后才能感动别人。

这里说的语言，也不是那种繁词丽藻的堆砌，而是要求质朴、鲜明、准确、生动，要音节响亮，清晰，抑扬顿挫。只有把上述这样的情感和语言统一起来，才是"长言"语言。"长言"语言由字和声组成，字可以表现人的思想，表达事物的内容。字还要转化为声，声又有抑扬顿挫，这就很便于表现情感。声有规律地组合，就形成节奏，就有了音乐感；进入音乐境界，也就有了美。表现真理的语言要进入美，"真"要融化在"美"里面。"字"和"声"的关系，就是"真"和"美"的关系。只谈"美"，不谈"真"，就是形式主义、唯美主义；既真又美，才是我们努力追求的目标。这也是美学家历来所主张的。感情和语言的关系就如同字与声的关系，也要真与美结合起来、统一起来，才可避免形式主义。

由此看来，要做一个优秀的语文教师，不仅要有很高的驾驭语言的能力和渊博的知识，而且要心地高洁，感情丰富，诚恳谦和，热爱本职工作。"言为心声"，没有上述条件，也就很难设想能产生感染力强的语言。

其次，是关于作品领悟的问题。所谓领悟，也就是指在心理上对作品内容的整体把握，是一种心领神会。没有这种领悟，也就不会有情感体验，也就谈不上什么美感。这就要求教师不仅自己要领悟，而且要指示领悟的方法，引导学生进入作品之中。

清代学者王夫之说过："作者用一致之思，读者各以其情而自得。"（《薑斋诗话·诗绎》）指示领悟的方法，以使学生"各以其情而自得"，并不是件很容易的事。这就首先要求教师有点文学的眼光和美学的眼光。

郭绍虞先生在《中国文学批评史》一书中讲："训诂家是不能领悟诗趣的，评点家也一样不能领悟诗趣。拘于字面以解诗，则失之泥；拘于章法以解诗，则失之陋；拘于史迹以解诗，则失之凿。"① 很显然，在语文教学中，既不可当纯粹的训诂家，也不能做单一的评点家，而是要做一个善于领悟诗趣的文学家、美学家。

语文教学领域中，过去就有所谓"评点法"与"大分析法"之争。前者讲究字字落实，"大站"大停，"小站"小停，一段一结；后者则强调对文章的整体分析，从而提炼归纳文章的中心思想。有人认为"评点法"是我国传统的语文教学法；"大分析"则是架空分析，曾予以贬斥。实际上，"评点法"也并非好的语文教学法。要说我国传统的语文教学法，那便是诵读，有一句老话叫作"书读百遍，其义自见"。古人很注重文章的诵读，深情地、反复地诵读是使读者领悟的好方法。古人作诗，辗转苦思，惨淡经营，"二句十年得，一吟双泪流"；诵诗的人也须击节唏嘘，摇头顿足，达到所谓出神入化的境地，认为只有如此才能对得起作者。如果教师们都能深切了解作者的苦衷，领悟到文中的深意，达到所谓"一吟双泪流"的程度，那么，很容易地就会感染学生、激发学生。

青年教师往往热心于"方法"，一走上教学第一线，就渴望掌握几种成功的"法"。然而，语文教学只在方法上下功夫，是很难达到彻悟的。还是郭绍虞先生说得对，"于法中求悟，便只能偏重在做法方面，而不会

---

① 郭绍虞：《中国文学批评史》，新文艺出版社 1955 年版，第 448 页。

理会到诗人作诗之本意"[①]。要紧的是教师必须花大力气，下深功夫，反复地钻研课文，用艺术的、审美的眼光去欣赏它，品尝它，体味它，领略它，直到自己感觉身心都融入了作品之中，感到"相看两不厌"，甚至达到迷醉的程度；然后，再去引导学生阅读、体味，这样学生就会比较容易进入意境，从而分享到作品的美。审美是自觉的、愉快的；学生感到了美，就有了学习的兴趣和热情。到那时候，字词、篇章的掌握也就容易得多。

比如，给学生讲授都德的《最后一课》，这篇作品是以第一人称的写法，通过一个调皮、贪玩的学生的嘴，讲述了他所看到的、感到的一切；既没有难解之词，也没有难懂的意思，关键就在于引导学生去领会。特别是对课文中讲到的，教了四十年法语的韩麦尔先生在上最后一堂法语课时说的话："法国语言是世界上最美的语言——最明白，最精确；……我们必须把它记在心里，永远别忘了它；亡了国当了奴隶的人民，只要牢记住他们的语言，就好像拿着一把打开监狱大门的钥匙。"对这段话重点朗读，认真体味。就要失去自己祖国的人们，在连自己民族的语言也禁止使用的情况下，记住了自己国家的语言，就是记住了民族的耻辱，就能激发爱国的热忱，就有复国的希望。透彻地领悟这一段话的思想含义，就能进入"最后一课"的氛围之中，激发起热爱自己祖国、仇恨侵略者的强烈情感，作品的美学意义也就会深切地感受到了。

当然，引导学生的方法不止一端，最重要的是充分估计学生已有的审美经验和他们联想、想象的能力。从他们最熟悉、最感兴趣的方面入手，慢慢地将他们引导到作品所创造的氛围中，逐渐进入境界，最后真正达到"各以其情而自得"。在这个过程中，学生的联想、想象等心理活动特别活跃，学生的理解力也就特别敏锐，教师的讲解必然会特别奏效。

在这里把课堂语言和作品领悟分开来讲，只是为了叙述的方便；事实上，这两个问题是紧密联系在一起的。语言，不论是教师的课堂用语，还

---

① 郭绍虞：《中国文学批评史》，新文艺出版社1955年版，第449页。

是作品本身的语言，都靠情感来支持，没有情感就不会有带情感的语言。对作品没有领悟，对作品的美没有感受到，也就谈不上产生情感。所以，对教师来说，这实际上是一个问题的两个方面；对学生来说，仅仅是个先后的次序排列而已。

美感的诱发，还与修辞和直观教学、形象教学等多种方法有关，这已为教育界所熟知，本文就不一一论述了。

一九八三年十月

试谈叶嘉莹的教学艺术

——在北京大学听讲"诗的欣赏与批评"课的感受

叶嘉莹女士作为加拿大不列颠哥伦比亚大学教授，是在中国有影响的学者之一。她在王国维研究和一系列古典诗歌研究方面的论著，受到了学术界的高度关注和好评。但她的教学艺术，应该说直到现在还很少有人评论，甚至鲜为人知。这不能不说是一件憾事。

1979 年，"文革"的风雨刚刚消停，全国百废待兴。叶嘉莹教授应邀到北京大学讲课。从 6 月 19 日到 7 月 3 日，授课六次，每次两小时。中文系的学生闻风而动，争拜门墙，北大第一教学楼一层大教室内座无虚席，连窗外与走廊里也挤满了人。自始至终，一直如此。

叶教授的课讲得的确精彩，用"炉火纯青""出神入化"来形容也实不为过。她所讲的内容为"诗的欣赏与批评"。这是个很大又很难讲的题目，其涉及诗作之多，征引理论之广，可想而知。但令人吃惊的是，她驾驭得那么从容：所有的内容均从容道出，娓娓谈来，古今中外，博大精深，出口成章，美不胜收。听者如坐光风霁月之中，似乎被一种神圣的东西感召着、融化着，内外一片澄洁明澈。这不能不说是一种艺术的魅力。那么，她成功的妙诀是什么呢？如果从教学法家的角度看，她运用了什么先进的"教学法"呢？对此，笔者思考了整整 20 年，最终觉得还是用叶教授自己说过的一句话来回答最好："世间一切法则都为常人所设，天才是自由的。"这正是所谓"至法无法"。既然很难从教法的角度去研究叶教授的讲课艺术，就只能从中概括出几个特点来，以就教于教法专家。

其一，"煽情"而不忘明理。文学是靠情感支撑的，用美学家的话说，"艺术是人类情感符号形式的创造"。没有情感就没有艺术。叶嘉莹教授深知情感对于文学课的重要性，因为诗是要用情感与心灵去感悟的。所以讲课伊始，她用了一段时间来进行所谓"煽情"。她说，由于种种原因，使她一个人多年漂泊海外，独学而无友，孤陋而寡闻。今天有幸能来北大讲课，激动之余，也颇有班门弄斧的感觉：北大是中国的最高学府，国学大师都荟萃于此。她讲了她的思乡之苦，使她每读杜甫的诗，便感同身受，情不能已。于是，她含泪一连吟出了多首抒发海外思乡之情的诗作：

> 向晚幽林独自寻，枝头落日隐余金；
>
> 渐看飞鸟归巢尽，谁与安排去住心。
>
> 花飞早识春难驻，梦破从无迹可寻；
>
> 漫向天涯悲老大，余生何处惜余阴。
>
> 却话当年感不禁，曾悲万马一时喑；
>
> 如今各向春郊骋，我亦深怀并辔心。
>
> 海外空能怀故国，人间何处有知音；
>
> 他年若遂还乡愿，骥老犹有万里心。

要煽情必须有真情，装模作样是不行的。叶教授的感情是发自肺腑的。她是北京人，1945 年毕业于北平辅仁大学，不久即离开大陆；到 1979 年回北京，已是 30 多年了。她回忆着，动情地吟诵那从心底涌出的诗句："曰归枉自悲乡远，命驾真当泣路歧。""天涯常感少陵诗，北斗京华有梦思。"多么真挚，多么感人啊！

她就是怀着这样的情感，讲杜甫，讲李白，讲陶渊明，讲古诗十九首，每每能一语破的，妙不可言。重要的是她并没有陷入情感中而不能自拔，一旦接触到她要讲的内容，理性就抬起头来。她认为，杜甫在吸收艺术上没有偏颇，"不薄今人爱古人，清词丽句必为邻""转益多师是汝师"，所以眼光、才能、襟怀、感情均不同凡响，有担荷的力量和勇气。他不避丑拙，正视一切痛苦。"何当击凡鸟，毛血洒平芜。"（《画鹰》）"斗上捩孤影，嗷哮来九天。修鳞脱远枝，巨颡拆老拳。高空得蹭蹬，短草辞蜿蜒。折尾能一掉，饱肠皆已穿。"（《义鹘行》）从其咏物诗看，杜甫很有正义感。对此，叶教授从理论上予以清晰的说明。她指出，杜甫是以情注物（陶诗是以心托物），这个物是特定实有之物。杜甫的诗沉雄健举，博大深挚，他以一个有集大成容量的诗人，生于一个可以集大成的时代；有北方诗歌的豪俊，也有南方诗歌的富丽。

其二，旁征博引而不忘"守约"。面对《诗的欣赏与批评》这样一类课题，要想讲出高水平，势必涉及古今中外的大量材料，这就不能不旁征博引。但如果失度，往往会天马行空，难以收缰；听者也会如坠五里雾中而不得要领。叶教授在讲课时能做到放而有度，收而得体，虽博却又守约；从而使听者能登高望远，视野开阔而思路明晰，取得记忆和理解双丰收。她说，李白是诗仙，仙而人者："昔年有狂客，号尔谪仙人，笔落惊风雨，诗成泣鬼神。"李白的诗本质上平衡、相对，但字句不相对，不相平衡。他有腾跃飞扬的风格。陶渊明的思想是很难认识的，而他的诗又表现思想性最多。《饮酒诗十首》是很奇怪的，"方饮酒中，不知缘何记得此许多事"（苏轼语）。此诗写在归隐之后，有人又向他提出出仕之事，他于是反省自己的思想，他的诗有反省的意味。"陶公不为诗，自写其胸中之妙耳。"（黄山谷语）他写诗不管文字，不管修辞，在真，在真淳，"更无一字不清真"。叶教授评论道，真诚是追求真理的重要态度。陶诗的意境、表现不讲技巧；有时他也用比兴（心、物），用象喻，是借咏物以托喻。他的诗意境简单，表现丰美。他的真淳，不用色泽来修饰，不用学问去向人炫耀；表现出本色的丰美。这主要在于他的思想繁复，诗的思想、诗的内容和表现，在于他的心思与意念的流动（叶教授指出，西方的意识流之说，是有心在做，故意为之。她引述过大量西方现代派理论，但每每都予以评点，指出其缺陷；从不故弄玄虚，盲目推崇）；其思想性是透过生活、感情来表现的。陶诗的意象常用的有菊、松、鸟。如，"芳菊开林耀，青松冠岩列。怀此贞秀姿，卓为霜下杰。"这些诗，不是涂泽的美，而是内心和外景的融合，取意象真秀的品质。而其意象在托喻，从心物对举到心物合一。陶公为人，在潮流中而不随波逐流。不随波逐流者有两种：一种是勇于进；另一种是勇于退。陶属后者。

讲到《古诗十九首》，叶教授认为，这是对后世影响很大而又最早、最好的五言诗。一写离别之思，一写失志之悲，一写无常之慨。这是古今中外人人都感受到的感情，"人人读之皆若伤我心者"。有人批评《古诗十九首》为："抚衷徘徊，回顾无俦，空中送情，知向谁是？"因为全诗均用托喻，全写假象；然而正是如此，才愈加显射其形上光彩。

《古诗十九首》见《昭明文选》李善注："盖不知作者。"有人以为枚叔（即枚乘）作，也有人以为傅毅或曹工所作。叶教授认为此是东汉及相近时代作品，没有西汉的作品。一首"明月皎夜光，玉衡指孟冬"，金克木先生以为"孟冬"为方位；叶教授认为，从风格看，应在班固、傅毅之后，建安曹王之前。其中"之一""之五"两首诗，就提供了许多多义与象喻的可能，因为其作者不确知。由此，叶教授还顺便谈到了感情上的个相与共相的问题。如，"四月十七，正是去年今日别君时"（韦庄词）。这是首个相的诗。当然，天才是不会受法则束缚的，是自由的。"行行重行行"，天籁也，非人籁耳。"生别"与"死别"："死别已吞声，生别常恻恻"；《离骚》"九歌"："悲莫悲兮生别离，乐莫乐兮新相知"，亦即此意。也有说"生"是"硬生生地"的意思。如，元曲"锦貂裘生改尽汉宫妆"。叶教授认为，此为唐以后的俗语，非古诗原意也。

叶教授紧紧抓住陶诗与《古诗十九首》不放，直到将其固有的意思讲深、讲透；与此同时，她也让学生们透过这些诗看到了更悠久的历史和一个更为广阔的天地。

其三，化艰深为浅易。讲学的本义，就是要把艰深难懂的东西明晰化、浅易化，从而使其变得易记、易懂。叶教授在这一点上也堪称楷模。她在讲《从两首古诗谈诗的多义性和象喻性》这一专题时指出：中国古诗有三类不同的作品：一是易懂易解者。二是难懂难解者，亦即字面上有困难，意象也难懂，如李白的《远别离》与李商隐的《燕台四首》。三是易懂难解者，这是因为内容意蕴过多幽微深远之处，如陶诗的"此中有真意"；还因字法句法有多种可能性，如"流水落花春去也"词，一种有问号："天上？人间？"一种惊叹号："天上！人间！"一种表相见之难："天上人间！"这些均会造成读诗人的争论。杜甫的《戏为六绝句》"劣于汉魏近风骚"一句，一读"劣于汉魏，近风骚"；一读"劣于，汉魏近风骚"。由于读法不同，其意义也就不同。叶教授特别指出，要学生参看朱自清译的《多义七式》一书和我国台湾学者译的《七种暧昧的类型》等书。

再艰深的理论，也都是源自浅易之中。只要把握准确，领会深透，总能找到一种通达而易懂的表述方法。凡讲解不清，表达不明的课，均属讲解者本人想"以已昏昏，使人昭昭"之故。听叶教授之讲课，更加证实了我的这一看法。

然而，从根本来说，一个教师要把课讲得精彩，自己必须有真才实学和真情实感。所谓真才实学，一是要博学，二是要熟知。所谓真情实感，就是必须用心灵去感受。叶教授讲课从不看讲稿，总是深情地注视着学生，似乎永远也倾吐不尽她那已经提纯了的知识和学问，那么才华横溢，那么恰到好处。不是真才实学绝不能达到如此境地。叶教授以她那东方人特有的对世界的感悟，打通了上下几千年人们心中的灵犀，时而把人引入轻灵似梦、幽深如诗的境界；时而又将人置入一种凄楚动人、隔世相慕的氛围之中。非真情实感，也绝不能产生如此奇妙的效果。

而今许多学校，重科研而轻教学。如果你听过叶嘉莹教授的课，也许你会认为，把课讲好，比科研更难。课堂才是检验一个教授是否有真才实学的关键场所。

二〇〇二年十一月

论大学语文课的审美教育作用

  语文，顾名思义，是语言与文章的统称。文章又分为两种：一种是应用文，另一种是文学。无论哪一种文章，都离不开语言。所以，语言教学是最基本的，即使在文章教学中，也必须时时配合并加深语言的教学。因此，文章应看作语言的应用和发展。也正是基于此，在语文教学的历史上，曾有过把语文教学定位为工具教学的主张，"语文是一门工具课"的说法，不能说没有道理，但过于强调语文课的工具性，就使语文教学陷入一种枯燥、呆板、冰冷的程式中。后来，有人又提出语文课应注重"人文精神"的教育，强调人文教育应作为语文的重点和中心。这种主张当然是针对过分强调语文课的工具性而提出的，作为纠偏，自然是很有道理的。笔者认为，语文教学，既不能轻视语言教育，亦不能忽视人文教育，二者应是相辅相成的。语言教学的最终应用要落脚到文章，而文章的教学（其中最重要的当然是人文教育）反过来又加深和提高了语言教学，最要紧的是不应将两者对立起来。

  这里我们要讨论的重点并不是语言与人文的关系问题，而是大学语文的审美教育问题。就是说，大学语文对于美育来说究竟有多大的意义。

  一是语言的本体论意义。语言与人类的生存和发展密不可分。自从人类诞生以后，语言就和人类结下了不解之缘。因为语言对应着世界的全部物质现象，对应着所有的事件、事物、人的行为、人的活动和人本身，因此，这个世界的一切都是语言。人类的全部行为、思想都是语言。人类社会中的一切人为活动都是语言。人类社会所附加影响的一切自然现象也都是语言。因此，在某种意义上说，人的最基本的特性就在于人是一种语言的存在物，而且这一特性是人之外的任何存在物都不具备的。人之为人就在于人能创造语言、使用语言并通过语言来理解和把握自身以外的世界。可见，语言问题，从来就不是一个简单的问题。

西方哲学和美学在前苏格拉底时代，就把语言问题和存在问题相提并论，一直在本体论的意义上为哲学家和思想家们所思考和追问。赫拉克利特和巴门尼德从来就没有把语言和存在分开，他们总是把语言和存在作为同一个问题一道进行思考，或者说语言问题本身就是一个存在论的问题。这在赫拉克利特和巴门尼德使用"Logos"（逻格斯）和"Nous"（奴斯）这两个词时就能得到很好的说明。在希腊语中，"Logos"这个词一开始便有说话、谈论的意思，虽然这不是其唯一的意思，但至少也是其主要的意思之一。而更为古老、更为本原的意思却是"集合""使某物呈现出来"——即把一事物置于另一事物边上，把它们集合起来。由此，可以说明语言的本质。人们通常把语言看作某种发声和指称，虽然也说明了语言的某些特征，却是极为肤浅的、表面的，没有说明语言的更深层的、更原始的本质规定。语言的本质便是使事物无遮蔽地显现出来，表露出来，并集合于我们面前，而这正是存在的意思。"Logos"一词作为思想，在希腊文中也有呈现、出场、进入无遮蔽状态的意思，而且这还是它的主要意思。对古希腊人来说，"Logos"的意思绝不是今天意义上的思想、思维，而是一种特殊意义上的把握。马克思所说的"语言是思想的直接现实"，是从人的思维角度讲的。由此可见，今天人们所讲的语言、理性、思想、存在，其最本原、最本己，也是最本质的意义都是一样的，即都是使事物无遮蔽地表露出来，呈现出来，并集合于我们面前。很显然，对语言的最根本的思考就是存在论的思考，而存在论的思考也就是本体论的思考。"本体"（Ontology）这个词虽然产生于17世纪，而其希腊语词根（"Onta"）正是指存在。存在论亦是哲学的本体论。但是后来，语言逐渐丧失了它的本体论意义，变成了一种固定的、不变的、静止的、客观的符号存在。语言逐渐被抛离了它的存在论的本体论意义，仅仅作为一种工具、符号被人使用，其功能也仅仅在于记录，在于传递客观信息；语言仅仅是一种载体，此外没有别的功能和意义。这样一来，语言在哲学和美学的活动中就逐渐退居次要地位，越来越不被人们重视。近代西方的科学革命直接推动哲学美学和语言学的发展，西方当代哲学的一个重要视野，是要超越语言的逻辑规则和语法规范，去寻找语言背后更深刻、更本真的东西。所以，语言的"审美性"就成了当代西方美学的一个热门话题。

语言与文字密切相关，文字的出现，使人类由口头到书面语言的发展成为可能。中国古籍中记载，当仓颉造字时，"天为雨粟，鬼为夜哭，龙乃潜藏"。那确实是一件惊天动地的事情，是决定人类后来有如此辉煌伟大的文化留存的原因之一。而且，中国的方块字与西方的字母不同，中国方块字，起始于象形文字，可以说每个字都与形象分不开。中国字的发展和演变，本身就积淀着数千年的中华文明之光。语言是丰富的地层，语言表面缤纷闪现的是现代阳光照耀下的人类社会生活；而在厚厚的语言地层下面，不同深度，掩藏的是人类历史文化不同阶段的遗物。有人把语言文字说成一个民族文化发展史的活化石，认为这个民族历史的方方面面都以各种显露的或隐藏的方式记录在这个民族的语言文字中，这是很对的。特别是中国的方块字，它确实记录着有史以来所有文化发展的痕迹。所以，单纯对中国语言文字解读本身就具有不朽的魅力。中国语言文字本身，比古希腊的 Logos 更具有本体论的意味。况且中国的语言文字的音、形、意都是特别讲究的，在使用每个单字表情达意或指称某事物时，对于其所处语境中的形式美因素从来都不忽视。比如，清代向学童讲授诗歌创作常识的《笠翁对韵》一书中，就极其注重字词的音韵和含义，在对仗上极其严格。"一东"列举的字词是：

> 天对地。雨对风。大陆对长空。山花对海树，赤日对苍穹。雨隐隐，雾朦朦。日下对天中。风高秋月白，雨霁晚霞红。牛女二星河左右，参商两曜斗西东。十月塞边，飒飒寒霜惊戍旅；三冬江上，漫漫朔雪冷渔翁。

表面上看，上述这段文字是纯形式美的编排，讲究对偶，音韵的和谐及节奏；而实际上，在文字所表达的内容方面也极讲究审美的规律。由单字相对，到双音词相对，再到三字、五字、七字相对，最后竟至十字的长联对，含义也愈来愈复杂。中国字的巧妙组合，无处不显现着美的趣味和意蕴。这本身就有着丰厚的文化底蕴作基础，刘勰《文心雕龙·丽辞》篇讲："造化赋形，支体必双；神理为用，事不孤立。夫心生文辞，运载百虑，高下相颂，自然成对。"这就是中国人喜对偶的道理，对偶是我国语言艺术独有的特色之一，这一特色的形成，与汉字的特点有重要关系。

即使在非文学性的著作中，古人使用语言文字时也特别注意其形式美因素。如传统中医著作中的《药性赋》是专讲每味中药的药性的，却煞费苦心地采用赋体，以便让学习者易记、易诵、易比较。特引出其片段如下：

> 诸药赋性，此类最寒。犀角解乎心热，羚羊清乎肺肝。泽泻利水通淋而补阴不足，海藻散瘿破气而治疝何难。菊花明目而清头风，射干疗咽闭而消痈毒。薏苡理脚气而除风湿，藕节消淤血而止吐衄。瓜蒌子下气、润肺喘，又且宽中；车前子止泻、利小便，尤能明目。是以黄檗疮用，兜铃嗽医。地骨皮有退热除蒸之效，薄荷叶宜消风清肿之施。宽中下气，枳壳缓而枳实速；疗肌解表，干葛先而柴胡次。

你看，借用中国文字特有的美韵，将那么枯燥和复杂的药性介绍变成了朗朗上口的美文。这就是中国文字的美学效应，古人已将它发挥到了令人叹为观止的程度。有一个极端的例子，那就是晋代女诗人苏若兰创作的回文诗《璇玑图》。在纵横八寸的一块锦缎上，织出八百四十一字，纵横反复，皆成章句。当时读者，不能尽通。她笑着对人说："徘徊宛转，自成文章，非我佳人，莫之能解。"的确，《璇玑图》内的诗，反读、横读、斜读，交互读，退一字读，选一字读，皆成文章。可组成三、四、五、六、七言诗三千八百余首。当然，像猜谜语一样读回文诗，纯属一种文字游戏，不宜提倡。但它却在另一面展示了中国方块字固有的美学属性，特别是其包含的那种玩味不尽的意蕴。可惜现代语言中，这种传统遭到了破坏。有些人还故意模仿西方的语气，把原本简练优美的汉语，变成谁也琢磨不透的文字链条，以让人看不懂和出新为时尚，还自视为语言的"活水"，这样的"活水"当然无美可言了。

二是文章、文学的艺术魅力。中国语言文字的美学属性既已无可怀疑，那么，用这样的语言文字写成的文章——无论是写景绘形，无论是抒情言志，无论是铺陈颂赞，也无论是雄辩论说——又比语言文字的审美内涵有了更大的拓展。因为这时的语言文字已有了更确切的负载，有了作者审美意趣和复杂精神活动的参与，已达到所谓"神用象通，情变所孕；物以貌求，心以理应"（《文心雕龙·神思》）的地步。这样的文章或典雅，或远奥，或精约，或壮丽，或新奇，异彩纷呈，美不胜收，当然是人们最理想的审美对象。

就拿文学来说，它虽然也是以语言文字作为载体，但其审美特征已与语言文字迥然不同。文学艺术的重要特征是从感情上去打动人。有人曾借用清代学者焦循在《毛诗补疏序》里说过的三句话："不质直言之，而比兴言之；不言理，而言情；不务胜人，而务感人。"用以揭示文学艺术魅力之所在，这是很有道理的。"不质直言之，而比兴言之。"意思是，不是直接地、简简单单地讲那个事情的原貌，而是通过比兴来讲。白居易《琵琶行》诗写琵琶的声音，就是用比喻的手法："大弦嘈嘈如急雨，小弦切切如私语。嘈嘈切切错杂弹，大珠小珠落玉盘。间关莺语花低滑，幽咽流泉冰下难。"这不仅写了听觉，还写了视觉、触觉。这样写来，让你觉得声音很美。

汉乐府《陌上桑》，写罗敷的美，最打动人心的，不是服饰打扮，而是："行者见罗敷，下担捋髭须；少年见罗敷，脱帽著帩头；耕者忘其犁，锄者忘其锄。归来相怨怒，但坐观罗敷。"不写罗敷本人长得怎样，而写罗敷的美给人的感染力。这与《荷马史诗》中写海伦的美一样，不写海伦怎样美，而写元老们眼中海伦的分量——为她十年的战争是值得的。这就是"不质直言之，而比兴言之"。

所谓"不言理，而言情"。杜甫在《兵车行》中，伤感农村的残破，对唐王朝的穷兵黩武提出了批评。但这种批评是言情而不是言理:"信知生男恶,反是生女好。生女犹得嫁比邻,生男埋没随百草。君不见青海头,古来白骨无人收。"老百姓痛切地感觉到生男不如生女,战争给他们带来的伤害不言自明,这就是"不言理而言情"。

至于"不务胜人而务感人",这样的例子更多。感人必以情。《三国演义》中讲到刘备临终托孤,他在白帝城把诸葛亮从成都招来,指着阿斗说:"君才十倍曹丕,孺子可辅则辅之,如其不然,君可自取。"这话当然出自肺腑,但照理,临终托孤应该说:你怎样辅佐好我的儿子。但刘备这样的话,更打动诸葛亮,使他"鞠躬尽瘁,死而后已"。刘备当然是看人说话,不可能没有权诈的成分,但其行为所达到的以情感人的效果却是十分奏效的。

焦循的三句话,在某种程度上说,的确是抓住了文学艺术的根本特点:强调从感情上去打动人,诉诸人的心灵,不是单纯诉诸人的理智。它是把思想、感情、理智结合在一起,分割了就等于去掉了文学艺术的生命;它是活的、有生命力的。因此,作家、艺术家应该是一个敏锐的,有强烈、真挚、丰富的情感的人。一个冷漠无情的人,对什么都不感兴趣,不可能成为一个作家、艺术家。同理,语文教师讲授文学作品的过程,更是把文学作品完备化、具体化、实现化的过程;当然必须有强烈、丰富的情感。冷漠无情的人,当不好文学教师。

当然,从美学的角度去审视语文教学,应该有更高的要求,更高的品位。文学艺术的鉴赏提高到美学的角度,应不同于一般的课文分析。美学要求的是超脱那种比较狭窄的有限的东西,追寻那更加自由的表现,追寻那广阔无垠的人生情感和理想,追寻那种形上之美。这就要求语文教师必须获得一种心理能力,一种心理结构,一种把握世界的最佳方式。这种结构不只是知识,知识是重要的,但它是死的,而心理结构则是活的能力和能量。语文教师心理结构至少表现在智力、意志、审美三方面,审美又要求有哲学的深度。

比如对待唐代诗歌《春江花月夜》和《代悲白头翁》,就不是仅从字面去讲明意思就算完成了任务。若从美学的角度去审视、去品评,以下这

些诗句的意蕴就显得十分深沉、远奥:

> 江畔何人初见月,江月何年初照人?人生代代无穷已,江月年年只相似。
>
> 不知江月待何人,但见长江送流水。今年花落颜色改,明年花开复谁在?
>
> 已见松柏摧为薪,更闻桑田变成海。古人无复洛城东,今人还对落花风。
>
> 年年岁岁花相似,岁岁年年人不同。

透过这些漂亮、流畅、优美、轻快的诗句,我们感受到了什么?闻一多先生说,他在这些诗句中发现了"更夐绝的宇宙意识!一个更深沉更寥廓更宁静的境界!在神奇的永恒前面,作者只有错愕,没有憧憬,没有悲伤""他得到的仿佛是一个更神秘的更渊默的微笑,他更迷惘了,然而也满足了""这是一番神秘而又亲切的,如梦境的晤谈,有的是强烈的宇宙意识""这是诗中的诗,顶峰上的顶峰"(《唐诗杂论·宫体诗的自赎》)。这样的感受,语文教师有吗?若没有,就该去提高自己的审美能力了。春江花月,流水悠悠,面对无穷宇宙,深切感受到的是自己青春的短暂和生命的有限,这是人类无法摆脱的一种永恒的情结,这是一种典型的悲剧情怀。没有这种情怀就无法体会这种诗所具有的形上光彩。

要讲好语文课中的文学作品,特别是讲中国的文学作品,就不能不通晓中国的哲学。天人合一是中国哲学的基本精神,它所追求的是人与人、人与自然的和谐统一的关系。当然,我们搞美学、讲哲学,重要的是以马克思主义哲学为基础,以辩证唯物主义和历史唯物主义世界观和方法论为前提,但也必须继承中国的传统。马克思讲人化的自然,中国的天人合一讲的恰恰是人化的自然。中国长期以来是小生产的农业社会,而农业生产与自然的关系极为密切。所以,中国人很重视、很注意己身与自然的关系、与自然的适应。历史上的阴阳五行之所以历代都讲,这足以体现出对天人关系的重视。天即自然,人即人类。不懂这些,就不懂中国文化的由来和演化。尽管这有过于强调人顺应自然的偏颇，但毕竟注意到了人必须符合自然界的规律，要求人的活动规律与天的规律（自然的规律）符合、吻合起来，这一点非常重要。现代文明科学的发展导致的对自然之破坏从反面证明了中国哲学的正确性。《周易》上讲的"天行健，君子以自强不息"，是一种非常积极的精神。在人与自然的关系上，中国美学强调的正是一种亲密和谐的关系。所以，在描写自然的文章中，很少出现自然界荒凉可怖的内容。在这方面，宗白华先生的《美学散步》一书里，有精妙的论述。《周易》说的"天地之大德曰生"，更是肯定生命，肯定感性世界，肯定现实生活，不像佛教那样倾心于彼岸世界。即使宋明理学家，也是对生命采取肯定态度的，认为自然界充满了无限生机、生气，这些均来自天人合一的思想。孔子的"逝者如斯夫，不舍昼夜"，也有深刻的哲学思想。他对时间的流逝，作了一种富有人的情感的说法，使人想到了人的存在意义，涉及了人的存在的一些本质问题。由此，我们可以想到朱自清的《匆匆》，那不正是这种中国哲学思想的深化么？

自然美在中国是最早被发现的。中国的山水诗、山水画的出现比西方早得多。近代以来，文学艺术家经常把人与自然类比，把人比成自然的某一种物，自然物也有人的感情，这都是建立在人与自然和谐统一这种关系基础上的。面对自然，特别是登高望远，你就会强烈地感觉到宇宙自然与人的关系，获得一种特殊的人生感悟。陈子昂的"前不见古人，后不见来者。念天地之悠悠，独怆然而涕下"，就表达了这样一种人生感悟。古往今来，宇宙的存在，都表现出一种哲学的思想，人们都可以从中得到哲理性的感受，这是真正意义上的美学的思考。在中国的艺术界，人们最初追求的是人格理想，后来又追求人生境界（王国维就有"境界说"）。所谓境界，也就是不要求感性的真实，而是通过想象的真实去追求一种人生的境界，它是虚灵的，也是生动的、形象的。这是一种超脱了"小我"感觉的东西，是一种精神的东西。儒家是这样，道家也是这样。

中国的美学不像西方那样有系统的逻辑推理，有完整的哲学体系做基础。它经常采用直观方式去把握审美客体，而且的确能较好地把握；这种把握不一定能像西方那样讲出一番大道理，即使讲也不一定讲得很明确，所谓"只可意会，不可言传"；甚至是"言有尽，而意无穷"的一种感悟，一种心领神会。不了解这一点，就很难把握中国的诗文，更难去品评中国的艺术。

总之，语文教学与审美教育本身，有许多新的层面和新的视野等待我们去深入探析、去洞幽烛微。这就要求语文教师有高远的美学目光，有完整的文化心理结构，有坚实的哲学基础，还要有深刻的人生体验。否则，很难将语文教学升华到美学的高度。

二〇〇三年十二月二十三日

论美育的含义

美育的含义是什么？美育有哪些根本的职能？对这两个问题的回答，美学界似乎并没有多大分歧。实际上，这意味着对美育的研究还不够深入，美育的重要性还没有引起美学家的足够重视。就目前已出版的几本美学教材来看，大都在最后一章谈到一些关于美育的问题，其观点大同小异。如蔡仪主编的《美学原理》认为，美育就是审美教育或美感教育，它"不是一般的知识教育，而是与美感有密切关系的特殊教育，即通过美感来进行教育"。"就它的目的来说，有这样两个主要的方面：一是培养人们对现实美和艺术美的审美能力，即发展人们正确理解美并获得愉悦的能力；一是培养人们根据美的规律塑造美的产品的创造能力，即发展人们的艺术欣赏的知识和在艺术创作方面的能力。"[1] 上海人民出版社出版的《美学基本原理》认为，美育的"任务是培养和提高人们对自然美、社会美以及艺术美的鉴别、欣赏和创造的能力，陶冶人们的思想情操，提高人们的生活趣味，使人们在思想感情上全面健康地成长"[2]。这些论述大都在强调美育与德育、智育、体育之不同和美育以培养人们的审美能力为中心。这样讲当然没有错，而且是必要的。但就美育这个概念的总体来说，上述观点似乎仅仅涉及了它狭义的方面，而对其更深广的意义还涉及不够或没有涉及。

---

① 蔡仪主编：《美学原理》，湖南人民出版社 1985 年版，第 364—365 页。
② 刘叔成、夏之放、楼昔勇等：《美学基本原理》，上海人民出版社 1984 年版，第 456 页。

美学与哲学密切相关，哲学与人生有不解之缘。美育的真谛应从哲理人生的高度去探求。美育的职能除了引导和培养人们进行艺术的欣赏和自然美的观照之外，更重要的应是培养人们对完美人格的涵养和美的人生境界的追求。一句话，美育的出发点应是对整体人格的塑造。从这个意义上讲，它比德育、智育、体育的涵盖面更广，它的含义更为宽泛。

就"美育"这个词的来源看，也可以得到这方面的证据。席勒在1793年写《美育书简》第一次提出"美育"时，是以康德的"知、情，意"理论为依据的。康德认为人类应以毫无功利的审美判断力去沟通对自然规律必然性认识的"知"和获得道德与意志自由的"意"之间的关系。正是在这一理论基础上，席勒认为，人生活在世界上，既要受自然力量和物质需要的限制，又要受到理论法则的约束，故而是不自由的。人要获得自由，就必须由受自然力量支配的"感性的人"变为能充分发挥主体意志并具有主动精神的"理性的人"，这样的人，才可望形成完美的人格，从而获得自由。而"从感觉的被动状态到思想和意志的主动状态这一转变过程，只有通过审美自由这个中间状态才能实现""若是要把感性的人变成理性的人，唯一的路径是先使他成为审美的人"。① 在席勒看来，把人变为"审美的人"是手段，而把"感性的人变成理性的人"才是目的；因为只有"理性的人"才能充分发挥主体意志和具有主动精神，只有"理性的人"才能形成完美的人格。且不管席勒的美学观是唯心的还是唯物的，单就他对美育的阐释来说，其出发点一开始便是强调完美人格的培养和塑造，并非只局限于对人审美能力的培养上。我认为，在这一点上，他正是抓住了美育的本质。我们只有从这一点入手去探讨美育的内涵，或许才不致舍本逐末。

1979年仲夏，朱光潜先生曾书赠笔者三句话作为勖勉之词，曰：

充实而有光辉之谓大；

从心所欲不逾矩；

---

① 北京大学哲学系美学教研室编：《西方美学家论美和美感》，商务印书馆1980年版，第181页。

人尽其能，地尽其利。

这三句话恰恰是从大的范围描述了美育的目标，探到了美育的真谛，体现着朱先生的美育观。

诚然，这三句话都是借来的古语，并非朱先生的创造，但它们一经朱先生这位胸藏万卷的学者的征引、摘编，就大有深意了。只要稍加分析，便不难发现，这三句话各有侧重，分别描述和勾勒出三种美的境界：一是做学问的境界；二是做人的境界；三是共产主义的境界。这三种境界都是人间最崇高、最美好的境界，当然也就是对每个人实施美育的最高目标。

首句借用了孟子的一句话，原意是说"善"和"信"这些美好的品质充满于人本身而且光辉地表现出来，这就叫"大"。"大"是孟子的审美标准之一，而今在美学上则常常把"充实而有光辉"当作内容和形式上完美统一的借语，用以表示艺术、人品、自然事物呈现的高度审美价值。朱先生借用这句话勉励后生在学问的探索和人生的修养上所应达到的崇高境界。这也是他本人一生做学问和涵养人格的座右铭。正如他自己说过的，为了充实自己而不顾生活的艰辛，在西方几个大学里做过十四年的学生；解剖过鲨鱼，制过染色切片；读过建筑史，学过符号名学；研究过文学、心理学、哲学；通晓了好几种西方语言。虽学贯中西，造诣极深，晚年仍不顾高龄，钻研马列思想，认真反省自己的美学观点，热心著述，诲人不倦。这一切正是"充实而有光辉"的最好体现。

次句借用了孔子的话。孔子在回顾自己的一生时，说自己直到晚年才达到所谓随心所欲地去做而又不越出规矩的程度。此话在美学上正符合康德"合目的性，合规律性"的美学思想，这也是一种崇高的美的境界。刘少奇同志在《论共产党员的修养》中，当说到人的修养问题时，认为人们要想完成从必然王国到自由王国的过渡，就必须注重学习，注重修养，提高认识能力，逐步掌握客观事物的规律，最后达到"从心所欲不逾矩"的程度。一个人的一生，既要时时遵从客观规律，讲究科学性，又要充分发挥自己的主观能动性，在掌握客观规律的基础上，进行大胆的、自由的创造，以适合自己的要求，这就臻于美的境界了。

庄子在《养生主》篇中，曾以庖丁解牛为喻，说明客观事物尽管纷纭复杂，但只要"依乎天理""固其自然"，按客观规律办事，一切就会"游刃有余"，迎刃而解。而且像庖丁那样，"手之所触，肩之所倚，足之所履，膝之所踦，砉然向然，奏刀騞然，莫不中音，合于《桑林》之舞，乃中《经首》之会"。纯熟的技法可以使得解牛进入于音乐的境界，从中能领略到一种"从心所欲不逾矩"的感受。

宗白华先生说过："中国的哲学是就'生命本身'体悟'道'的节奏。'道'具象于生活、礼乐制度。道尤表象于'艺'。灿烂的'艺'赋予'道'以形象和生命，'道'给予'艺'以深度和灵魂。"① 艺术是一种技术，古代艺术家原本就是技术家（手工艺的大匠）；庖丁解牛，这正是"道"的生命和"艺"的生命的完美统一，游刃于虚，莫不中音，音乐的节奏是它们的本体，娴熟的技艺与艺术在这里达到了难以分辨的境界，所以这是一种至高的美的境界。

养生是这样，做人也是这样。这可视为人生之佳境。

至于第三句，朱先生自己曾做过阐释。他在《马克思的〈经济学—哲学手稿〉中的美学问题》一文中说：

> 中国先秦诸子有一句老话，"人尽其能，地尽其利"。"人尽其能"就是人尽量发挥他的本质力量，这就是彻底的人道主义。地就是自然，"地尽其利"就是自然界的财富得到尽量开发和利用，这就是彻底的自然主义。不过这句中国老话没有揭示人与自然的统一和互相依存，只表达了对太平盛世的一种朴素的愿望。马克思在这部手稿里既揭示了人与自然的统一和互相依存，又从历史唯物主义观点替人类大同的愿望建立了一个稳实的哲学基础。依马克思的观点，应该说，只有人尽其能，地才能尽其利；也只有地尽其利，人才能尽其能。这种理想境界只有等到私有制彻底废除和共产主义诞生时才可达到。②

① 宗白华：《美学散步》，上海文艺出版社 1981 年版，第 68 页。
② 朱光潜：《马克思的〈经济学—哲学手稿〉中的美学问题》，载《美学拾穗集》，百花文艺出版社 1980 年版，第 89 页。

可见，这最后一句，朱先生是借以表达共产主义信念和理想的，这便是共产主义的境界。

上述三种境界，是就宏观的角度指明的对人一生实施美育的最高目标。就一个人来说，只有倾其毕生的精力去追求，去奋斗，去进行人格的涵养，人的本质力量才能得到充分发挥，人生的价值也才能充分地得以体现。美育的目的，就在于最终实现上述三方面的内容；对每个社会成员来说，如果完成了这三方面内容的培养和训练，就算较好地完成了对整体人格的塑造。

这样看来，把美育的内容限制得太狭窄，就不够妥当。美育绝非旨在培养一种专业性的技能和兴趣，它对各科专业人员都有培养的义务，其中包括"庖丁解牛"中描述的那种娴于业务并在自己的行当中感受到轻松、和谐、富有节奏感并享受到美的专业人员。

朱先生晚年曾多次强调指出，学美学必须兼学文学、艺术、心理学、历史和哲学；同样，研究文学、艺术、心理学和哲学的也绝不能忽视美学。由此可知，进行美育，单靠欣赏艺术、自然美等，是绝不能奏效的，它必须在德育、智育、体育的配合下方可完成。从广义上说，美育本身就是把人从野蛮引向文明的措施和手段。

中共中央十二届六中全会通过的《关于社会主义精神文明建设指导方针的决议》中指出："社会主义精神文明建设的根本任务，是适应社会主义现代化建设的需要，培养有理想、有道德、有文化、有纪律的社会主义公民，提高整个中华民族的思想道德素质和科学文化素质。"

素质是什么？决议指出，"人的素质是历史的产物，又给历史以巨大影响"。素质，也就是指一个人整体的文化心理结构。这是一个包含多元因素和多层次的、可变而又相对稳定的复杂结构。这一结构是在一定的历史环境中，在一定文化传统和教育的影响下，在不同气质、禀赋的基础上所形成的相应知识结构和心理动机体系。具体一点说，一定的文化心理结构，除了生理上所表现的一部分先天因素之外，主要是在社会生活、文化教育、家庭教育、民族风俗、伦理道德、生活经历、文化遗产、传统甚至年龄等诸种因素的影响下产生的。一个人的文化心理结构的形成，在主观上的动力很大一部分可说是对美的追求；而在客观上的条件，其很大一部分则是美的培养和教育（其目标包括朱先生所述三个方面）。由此看来，美育的任务，从大处说，在于引导人们去设计和完成一个美的人生，造就一代完美的人；设计了美的人生，有了一代完人，也就有了具备高度道德素质和科学文化素质的社会，就一定会给历史以巨大的影响。这就是美育的全部意义。

这样一来，美育在社会主义精神文明的建设中，就有了不可忽视的重大意义。它实际上是集德育、智育、体育于一体，在更高标准上实现对社会成员的整体人格塑造，最终培育他们成为有理想、有道德、有文化、有纪律的社会主义公民。

当年蔡元培先生的"以美育代宗教说"和他认为的美可以"破人我之见，去利害得失之计较"等观点，也是就广义的美育。

广义的美育，是美育的根本。只有这种广义的美育，才能更好地在社会主义精神文明建设中发挥巨大的作用。如仅仅把美育理解为艺术的欣赏、自然美的观照和各种艺术手段、技巧的培养、训练，显然是很不全面的。

一九八七年一月

从鲁迅诗看鲁迅的心灵美

鲁迅倾注毕生的心血，为我们留下了巨大的文学财富。在我们继承这些文学遗产时，随处都可发现他那心灵美的闪光。在鲁迅的文学遗产中，诗歌虽只占极少的部分，但"诗言志，歌永言"（《尚书·尧典》）。我们从鲁迅的诗歌中，能深切地感受到他那伟大而崇高的心灵。

一

古罗马的美学家郎加纳斯（一译郎吉弩斯）在《论崇高》一文中说："思想深沉的人，言语就会阔通；卓越的语言，自然属于卓越的心灵。"[1]这话是很中肯的。鲁迅青少年时代的作品便气度不凡，具有美好的心灵。鲁迅早期的心灵美主要表现为强烈的忧国忧民的爱国主义思想和纯洁的友爱精神。他的这一思想的形成和发展，主要受益于中国优秀的历史文化的哺育。郭沫若在《庄子与鲁迅》一文中说鲁迅熟于庄子。而许寿裳在《亡友鲁迅印象记》中则说鲁迅熟于屈子。许氏回忆说，鲁迅在日本留学时所购置的新书中，"夹着一本线装的日本印行的《离骚》"。后来，鲁迅还珍重地将这本书送给了好友许寿裳，并称赞说："《离骚》是一篇自叙和托讽的杰作，《天问》是中国神话和传说的渊薮。"鲁迅从我国古典文化中汲取了不少可贵的传统美德。他的诗歌创作受屈原影响很深，单是与骚词有关

---

① 伍鑫甫：《西方文论选》上卷，上海译文出版社 1979 年版，第 126 页。

的诗就有二十首之多。后来，他在《汉文学史纲要》中谈到《离骚》时说："其辞述己之始生，以至壮大，迄于将终，虽怀内美，重以修能，正道直行，而罹谗贼，于是放言遐想，称古帝，怀神山，呼龙虬，思姝女，申纾其心，自明无罪，因以讽谏。""次述占于灵氛，问于巫咸，无不劝其远游，毋怀故宇，于是驰神纵意，将翱将翔，而眷怀宗国，终又宁死而不忍去也。"爱国诗人屈原的内美和修能，深深地感染着鲁迅。他那有名的《自题小像》，不就分明对着多难的祖国唱出了悲壮沉雄的调子吗？

> 灵台无计逃神矢，风雨如磐暗故园。
>
> 寄意寒星荃不察，我以我血荐轩辕。

鲁迅并不因为自己的祖国充满苦难就脱身以逃，而是执拗地爱着她，直到为她献出自己的鲜血和生命。这种拳拳的赤子之心，不正是屈原那种"眷怀宗国""宁死而不忍去"的精神的更积极、更健康的发展吗？

在马克思主义传入中国之前，中国的传统思想中哪些是有价值的，可取的？究竟用什么标准来塑造自己的灵魂？这些问题对于处在半封建半殖民地的旧中国青年来说，要找到较为正确的答案并不是一件容易的事。综观鲁迅青少年时期的诗作，我们会感到这些诗被一种天伦的友爱和纯洁的志趣贯穿着。正像古往今来的一切伟人一样，鲁迅也不是天生的智者和圣人。他既不能超越自己所处的时代，也不能舍弃学步和成长的幼稚阶段。在他所接受的腐朽的封建教育中，他能择善而学，在自己的心灵上培植纯洁而友爱的资质，为将来对祖国、对人民、对无产阶级革命事业的崇高的爱奠定基础。

1900年，鲁迅在南京矿务铁路学堂读书时，写了《别诸弟三首》（庚子二月），诗中表达了对同胞兄弟的纯真友谊和思念之情，并勉励他们积极进取，不要轻信那种"文章本天成"的封建说教。

> 谋生无奈日奔驰，有弟偏教各别离。
>
> 最是令人凄绝处，孤檠长夜雨来时。
>
> 还家未久又离家，日暮新愁分外加。

> 夹道万株杨柳树，望中都化断肠花。
>
> 从来一别又经年，万里长风送客船。
>
> 我有一言应记取，文章得失不由天。

固然，诗中流露了一种感伤抑郁的情怀，很多人认为这是消极的；但是在那样的社会氛围中，在不满二十岁的那么一个年龄，初次远离家乡而孤居异地，由于思念亲人而产生一些感伤情绪，不是很自然的吗？如果一个青年对自己的父母兄弟都缺乏应有的感情，那倒是很难设想他能爱自己的祖国和人民。所以，鲁迅青少年时期的这种纯真的爱，天伦的爱，是他后来发展出深刻的阶级爱的最原始基础。

一年以后，他又用原韵写了《别诸弟三首》（辛丑二月），再次抒发了这种离情别绪的伤感，表现出他对兄弟们的友爱之深、思念之切。在诗后的跋文中他写道："嗟乎！登楼陨涕，英雄未必忘家；执手销魂，兄弟竟居异地！深秋明月，照游子而更明；寒夜怨笳，遇羁人而增怨。此情此景，盖未有不悄然以悲者矣。"三首诗抒发的正是跋文所表现的思乡怀故的羁人游子之怨。这里虽明显地表露出了封建文化熏陶的痕迹，却绝不同于封建士大夫们那种"为赋新词强说愁"的无病呻吟，这是一种真实诚挚的感情。

这一时期值得注意的诗作是 1900 年《莲蓬人》：

> 芰裳荇带处仙乡，风定犹闻碧玉香。
>
> 鹭影不来秋瑟瑟，苇花伴宿露瀼瀼。
>
> 扫除腻粉呈风骨，褪却红衣学淡妆。
>
> 好向濂溪称净植，莫随残叶堕寒塘。

屈原在《离骚》中曾这样表述自己的高洁："制芰荷以为衣兮，集芙蓉以为裳"。鲁迅显然从这里受到了启发，他以拟人的笔法，歌颂芰裳荇带的莲蓬那清幽飘洒的仙姿和亭亭玉立的风骨，表现了他不艳羡权贵、不混同世俗的高尚情操。诗中"扫除腻粉呈风骨，褪却红衣学淡妆"的莲蓬，就是鲁迅的化身；他警示自己千万不要在那个腐败堕落的社会中沉沦下去，而要出淤泥而不染。"好向濂溪称净植，莫随残叶堕寒塘。"正道出了鲁迅高洁的志趣和远大的抱负。

鲁迅于1901年2月和4月写的《祭书神文》和《惜花四律》，充分地表达了他那不同凡俗的少年情怀。前者是模仿屈原的笔法写成的"骚体诗"，他以高超的构思，丰富的想象，优美的文笔，写出了在除夕之夜"以寒泉冷华，祀书神长恩"的情景。诗中栩栩如生地刻画了书神高洁而优美的形象；而对"钱神""钱奴"的丑态却大加贬斥。少年鲁迅的好恶和情趣在诗中得到完美的体现。后者是借湘州藏春园主人惜花诗原韵写成的四首七律。第一首描述风雨中惜花的情怀，睡梦中也牵挂着花的命运。第二首写由惜花而寻花，暮春花落，为了追寻花事，便"踏春阳过板桥"，不惜远足到郊外去。第三首写花由盛而衰所留下的怅惘之情，不得不插竹、编篱，做着亡羊补牢的工作；然而，"奈何无赖春风至，深院荼蘼已满枝"，无情的风吹去了春光，绽开了荼蘼，宣告了花事的结束。第四首写诗人把眼光移向郊外野花。描述了"繁英绕甸竞呈妍""秀野欣逢红欲然"的动人情景；作者还效仿唐宫人护牡丹的方法，来护花驱雀，表达了少年鲁迅"惜花如命"的感情。

花是美好事物的象征，爱好和平、憧憬幸福、志趣高洁的人都爱花。青少年时期的鲁迅所具有的这种惜花、爱花的美好情感，正是他那追求幸福、向往光明的纯洁心灵的集中反映。鲁迅毕生为追求光明、幸福、自由、平等的新中国所表现的不屈不挠的斗争精神，正是他青少年时期惜花、爱花、寻花的纯洁情感的升华和发展。

二

周恩来同志在鲁迅逝世四周年纪念会上的讲演中，赞誉鲁迅一生有四大特点：（一）律己严，（二）认敌清，（三）交友厚，（四）疾恶如仇。这四大特点概括了鲁迅一生的高贵品质，也是鲁迅心灵美的集中表现。

青少年时期的鲁迅便立下了"我以我血荐轩辕"的雄心壮志，爱自己的祖国，更爱处于苦难中的亿万同胞。这种爱产生了伟大的力量，鼓舞他排除千难万险，矢志不渝地为中华民族找寻新生的路。"路漫漫其修远兮。吾将上下而求索"，他用屈原的这句诗来激励自己走上救国救民的艰难历程。他始而出国学医，继而弃医从文，无一不是为了救助自己的同胞出于水火。为了爱，他才"像热烈地主张着所是一样，热烈地攻击着所非"（《再论"文人相轻"》）；为了爱，他才诚恳交友，严格地律己；为了爱，他那篇篇凝血的作品，才成为爱的大纛，憎的丰碑。

1912 年，他曾热切地期望着的辛亥革命失败了，他的几位志同道合的好友也在复辟势力的进袭中牺牲了。这更激起了他对旧势力的愤怒和对新生活的渴望。7 月 19 日，他得到好友范爱农溺水而死的消息后，随即沉痛地在日记中写道："悲夫悲夫，君子无终，越之不幸也。"并于 7 月 22 日写下了《哀范君三章》，悲切地长吟："风雨飘摇日，余怀范爱农。"他诚挚地怀念亡友生前那种"白眼看鸡虫"的反抗精神，痛斥中国政坛上的那班"狐狸""桃偶"及其丑恶表演，对"故里寒云恶，炎天凛夜长"的罪恶社会提出了最强烈的抗议。黑暗势力的猖獗和挚友的牺牲，更加激发了鲁迅为革命而献身的意志："故人云散尽，我亦等轻尘！"这种看重革命，看重友谊，不吝惜自己生命的精神，正是鲁迅内心所蕴藏的那种伟大的爱的自然流露。正如许寿裳在《亡友鲁迅印象记》中所说的，"鲁迅的性质，严气正性，宁愿覆折，憎恶权势，视若蔑如，皜皜焉坚贞如白玉，懔懔焉劲烈如秋霜"。鲁迅的这种品格，正植根于他久蓄胸中的那种强烈的爱憎分明的感情。1925 年，当北京女师大那位颇有羽翼的校长杨荫榆，公然以封建家长自居，对反抗她的学生大施淫威的时候，鲁迅挺身而出，毅然地参加了学生的阵线，支援学生们的正义斗争。他挥笔写了《咬文嚼字（三）》一文，揭露了杨荫榆之流，最后以讽刺的笔法，按照传说中曹植的《七步诗》活剥了一首诗歌：

煮豆燃豆萁，萁在釜下泣；
我烬你熟了，正好办教席！

鲁迅特别指出，写这首诗是为了"替豆萁申冤"。女师大学生与杨荫榆的斗争既不是什么兄弟相煎，也不是豆萁煎豆子，而是豆萁烧完，豆子才熟，正好办教席。意思是说，杨荫榆及其朋党，摧残了青年学生才成就了自己的学阀地位。鲁迅早在 5 月 21 日写成的《"碰壁"之后》一文中就已经愤怒地指出，在太湖饭店的酒宴上，他仿佛"看见教育家在杯酒间谋害学生，看见杀人者在微笑后屠戮百姓，看见死尸在粪土中舞蹈，看见污秽洒满了风籁琴"。鲁迅对青年人的爱护是一贯的，他曾立志要"自己背着因袭的重担，肩住了黑暗的闸门，放他们到宽阔光明的地方去；此后幸福地度日，合理地做人。"（《坟·我们现在怎样做父亲》）面对杨荫榆及其朋党迫害学生的种种阴谋和卑劣行径，鲁迅的愤怒已达极点。尽管他深感自己交了倒霉的"华盖运"，到处碰钉子，但他不愿意一个人躲进艺术之宫，"还是站在沙漠上，看看飞沙走石，乐则大笑，悲则大叫，愤则大骂，即使被沙砾打得遍身粗糙，头破血流，而时时抚摩自己的凝血，觉得若有花纹，也未必不及跟着中国的文士们去陪莎士比亚吃黄油面包之有趣。"（《华盖集·题记》）他这种甘愿做一个斗士与人民同甘苦共患难，而不愿自谋荣华、安闲的思想是多么令人肃然起敬呵！他的诗歌正是表现了这种斗士的精神。

三

在为自己的祖国和苦难的同胞寻求自由、幸福、繁荣、昌盛之路的漫漫征程上，马克思主义创始人的先进思想强烈地吸引了鲁迅。他开始如饥似渴地阅读马克思主义著作。1927 年，以蒋介石叛变革命并疯狂屠杀革命人民为契机，鲁迅的思想产生了大的飞跃。马克思主义的阶级斗争理论，帮助他更加认清了现实，使他那强烈的爱憎获得了新的科学的理论基础。

1930 年 9 月 1 日，鲁迅为当时正在学医的一位亲戚题了一首诗。诗中写道：

杀人有将，救人为医。

杀了大半，救其孑遗。

小补之哉，乌乎噫嘻！

这首诗不仅无情地揭露了国民党反动军阀以及他们的总代表蒋介石进行反革命大屠杀的滔天罪行，更重要的是启发人们要认清彻底解放中国的根本道路。作为医生救人是必要的、可贵的；然而与反动派的杀人比较起来，充其量不过是"救其孑遗"，"小补"而已。鲁迅的结论很清楚：医学救国的道路是行不通的，只有用革命的手段推翻黑暗的旧社会，驱逐杀人者，人民才有真正的生路。否则，就如鲁迅在《拿破仑与隋那》一文中说过的："杀人者在毁坏世界，救人者在修补它，而炮灰资格的诸公，却总在恭维杀人者。这看法倘不改变，我想，世界是还要毁坏，人们也还要吃苦的。"阶级斗争的历史和现实，使他认清了救国的唯一道路是革命，也使他晓得了怎样去爱才是真正的爱。

"四一二"政变之后，蒋介石的屠刀继续向着广大革命人民挥舞。1930—1931年，接连发生了长沙大屠杀事件，柔石等五位革命作家被害，同时蒋介石动员20万兵力对中央革命根据地发动反革命军事"围剿"。面对这些血淋淋的事实，鲁迅的悲愤是不可名状的。在1931年，他接连写了《送O.E.君携兰归国》《为了忘却的记念》《湘灵歌》《无题（"大野多钩棘"）》等诗，对国民党反动派残杀无辜的暴行无情地予以揭露并表示了最强烈的抗议，对被杀害的革命者则给予深切的悼念。敌人的杀戮，使鲁迅更深刻地了解到中国苦难的缘由，更坚定了他与恶势力斗争到底的决心。

他向日本友人O.E.君诉说了自己的衷情：

椒焚桂折佳人老，独托幽岩展素心。

岂惜芳馨遗远者，故乡如醉有荆榛。

品质高洁的革命者遭受了残酷的杀戮和摧残，只有凭靠深山的幽谷来展示我的一片诚心，并不是舍不得把芳草馈赠远客，实在是因为我的故国目下正荆榛遍地、恶草丛生啊！

他对青年作家的被害发出了激愤的呼号："忍看朋辈成新鬼，怒向刀丛觅小诗。"（《为了忘却的记念》）在敌人的刀丛前，鲁迅是一位大义凛然、不甘沉默的斗士，而对朋友却托出一颗厚实诚朴的心。

他以伟大的爱国者的责任感，痛切地指斥了国民党反动派给祖国带来的灾难：

> 大野多钩棘，长天列战云。
> 几家春袅袅，万籁静愔愔。
> 下土惟秦醉，中流辍越吟。
> 风波一浩荡，花树已萧森。（《无题》）

祖国辽阔的土地上，看不见山河之秀，却满眼刀枪林立，连头顶上的万里长空也布满了战争的阴云。在如此恶劣的环境中，只有几家有钱有势的人过着舒心称意的日子，而千万老百姓却是告苦无门。天帝为什么不惩罚强暴，莫非是喝醉了才这样糊涂？甚至爱国志士的悲歌也被制止了。如果这样下去，一任反革命风波荡涤，我那可爱的国土可就处于凋零衰败之中了。在《湘灵歌》中，鲁迅更以血染的湘江水为证，怒斥独夫民贼：正是大屠杀造成了"高丘寂寞""芳荃零落"的悲惨境况。然而反动派还不知羞耻地认为这是他们的"太平盛象"呢！

鲁迅在那种动辄得咎、人人自危的白色恐怖之中，依然发表怒斥国贼、与天下同忧的誓言，充分说明他那伟大的胸怀中不论何时都容不得半点邪恶势力，因为他是爱之切、恨之深的志士。

正因为鲁迅疾恶如仇，在他的诗笔之下，那些害国害民的群丑才都无可逃遁地现出了原形。在《赠邬其山》一诗中，我们可以清楚地看到那些"有病不求药，无聊才读书"的反动军阀、官僚政客，装病推懒，饱食终日，无所用心，害民误国的丑恶形象："一阔脸就变，所砍头渐多"，一副狰狞的面目；但是"忽而又下野，南无阿弥陀"，又是一副可卑可笑的可怜相。

在《南京民谣》中，他尖锐地嘲讽了那些自称为"孙中山忠实信徒"的国民党反动官僚们："大家去谒灵，强盗装正经。静默十分钟，各自想拳经。"强盗却要装成正人君子，实在令人恶心。

在《二十二年元旦》诗里，蒋介石对内凶残、对外献媚的奴才嘴脸被揭露无余：

> 云封高岫护将军，霆击寒村灭下民。
> 到底不如租界好，打牌声里又新春。

自己高居云雾缭绕的胜境庐山，对贫苦农民的寒村却狂轰滥炸；那些租界被保护得安然无恙、完好如初，洋人们热热闹闹地度着新春。这样的"将军"多么无耻又多么凶残！

鲁迅对丑类的抨击，正是为了对美物的护卫："不但要以热烈的憎，向'异己'者进攻，还得以热烈的憎，向'死的说教者'抗战"；"能杀才能生，能憎才能爱"（《七论"文人相轻"一两伤》）。他痛恨着为富不仁，满含着热泪为无告的贫女申冤：

> 华灯照宴敞豪门，娇女严装侍玉樽。
> 忽忆情亲焦土下，佯看罗袜掩啼痕。（《所闻》）

这个在日寇的炮火下失去双亲的女子，连流泪的自由都没有了。这样的世道还能叫人容忍吗？

对于那些死难的同志和朋友，鲁迅是以虔诚的情志来由衷地悼念的：

> 岂有豪情似旧时，花开花落两由之，
> 何期泪洒江南雨，又为斯民哭健儿。（《悼杨铨》）

一个"又"字，说明了反动派杀人之多。作者已不止一次地这样为中国人民失去健儿而恸哭，更以慈父般的深情，关怀着下一代的成长：

> 无情未必真豪杰，怜子如何不丈夫。
> 知否兴风狂啸者，回眸时看小于菟。（《答客诮》）

他无时不在希望着中华民族的振兴和自己祖国的复强，爱护着年青一代的成长，与一切损害民族和祖国利益的行为势不两立。鲁迅的这种美好的情操和高尚的精神，更形象地表现在他自己的两句诗中："横眉冷对千夫指，俯首甘为孺子牛。"(《自嘲》)毛泽东同志曾高度赞扬这两句诗，认为这"应该成为我们的座右铭"。他还特意解释了这诗的含意："'千夫'在这里就是说敌人，对于无论什么凶恶的敌人我们决不屈服。'孺子'在这里就是说无产阶级和人民大众。"他号召"一切共产党员，一切革命家，一切革命的文艺工作者，都应该学鲁迅的榜样，做无产阶级和人民大众的'牛'，鞠躬尽瘁，死而后已。"(《在延安文艺座谈会上的讲话》)

四

鲁迅的胸怀是宽阔的，目光是远大的。在时势最艰难的时候，他不悲观失望。他热爱自己的祖国和人民，但没有狭隘的民族主义情绪。他是一个共产主义战士的光辉典型。

1931 年 12 月 2 日，日本朋友增田涉回国，当时"九一八"事变已发生了两个月零十四天，鲁迅对杀我同胞、侵我国土的日本帝国主义是极端痛恨的，却以极其友好的感情赠诗送增田涉东归，表达了中国人民热爱和平、忠于友情的诚心：

扶桑正是秋光好，枫叶如丹照嫩寒。

却折垂杨送归客，心随东棹忆华年。

鲁迅的另一首《一二八战后作》，也是书赠日本友人的。这位朋友是歌人。鲁迅在诗中写道："战云暂敛残春在，重炮清歌两寂然。我亦无诗送归棹，但从心底祝平安。"

鲁迅即使在日寇侵华、战火纷飞的年月，也在中日两国人民的心上，精心架设着友谊的桥梁。因为他清楚地认识到，中、日两国的大好河山都是属于中、日两国人民的，不是属于反动派的，反动派的统治是不会长久的，反动派的侵略最终是要失败的。"血沃中原肥劲草，寒凝大地发春华。"（《无题》）他确信在中国的土地上，劲草、春花终有一天会生长起来，驱走严寒迎来满园春光。

1934 年 5 月 30 日，他又在一首书赠日本友人的诗中，再次表达了他对革命胜利的坚定信心：

> 万家墨面没蒿莱，敢有歌吟动地哀。
> 心事浩茫连广宇，于无声处听惊雷。

这一首诗，是鲁迅在中国黎明前最黑暗的年代里写的。忧国忧民、心事重重的鲁迅，在全国悲愤的沉默中听到了地下滚动的惊雷。鲁迅以坚定的信念，透过黑暗看到了光明。他深信在中国共产党的领导下，无产阶级和人民大众一定能战胜一切反动派，建立自由富强的新中国。

鲁迅梦寐以求的新中国已成立了三十二年，现在，全党、全军、全国各族人民，正紧密团结在党中央周围，同心同德、意气风发地为把我们的国家逐步建设成为现代化的、高度民主的、高度文明的社会主义强国而努力奋斗！伟大的共产主义者鲁迅看到今日的大好形势，一定会从"尘海苍茫沉百感"（《亥年残秋偶作》）的苦况中昂首含笑，乘兴挥毫，而要"只研朱墨作春山"（《赠画师》）了。

一九八一年六月

说"淡"

"淡"是一种美的境界，是一种品位极高的美。

北京大学教授袁行霈先生在我国台湾地区出版的《国文天地》杂志第六卷第八期的《茶趣》一文中说："我喜欢淡：譬如淡蓝的天，淡绿的湖，淡泊的陶诗，淡如水的交往。记得弘一法师为广安法师写过一幅字曰：'世法唯恐不浓，出世法唯恐不淡。'我并不想出世，但那个'淡'字挺合我的口味。"

其实，岂止袁先生喜欢淡，淡从魏晋时期以来，早已成为中国知识分子审美的标准了。淡之所以成为知识界审美的规范，应该说主要是由于"名士"的影响。诸葛亮有一著名的对联："淡泊以明志，宁静而致远"，颇有名士之风。然而诸葛亮并非名士。《世说补》中记载："诸葛亮与司马懿治军渭滨，克日交战，懿戎服莅事。使人视亮：独乘素舆，葛巾羽扇，指挥三军，随其进止。司马叹曰：诸葛亮可谓名士矣。"这里所说的"名士"，是就诸葛的"独乘素舆，葛巾羽扇"的特别姿态而言。可见，"名士"的外貌是脱俗的。

"名士"更主要的是内在气质。"名士"者，清逸之气也。清则不浊，逸则不俗。营营于物质利益，则为浊；而超脱物质机括，俨若不系之舟，则为清。精神溢出成规通套则为逸。逸则显其"风神"，故俊。逸则特显"神韵"，故清。故曰清逸、俊逸。逸则不固结于成规成矩，故有风。逸则洒脱活泼，故曰流。故总曰风流。风流者，如风之飘，如水之流，不主故常，而以适性自在为主。故不着一字，尽得风流。所以士人们才像崇拜圣人一样地崇拜着"名士"。

就是这样一批清逸风流的"名士",在清谈、清言中创构了魏晋玄学。

玄学的主旨是"以无为本"。何晏是玄学的主要倡导者,他认为"无所有"就是"道"。《列子·仲尼篇》张湛注引《无名论》中,何晏云:"为民所誉,则有名者也;无誉,无名者也。若夫圣人,名无名,誉无誉,谓无名为道,无誉为大。则夫无名者,可以言有名矣,无誉者,可以言有誉矣。然与夫可誉可名者岂同用哉?此比于无所有,故皆有所有矣。而于有所有之中,当与无所有相从,而与夫有所有者不同。……夫道者,惟无所有者也。"这里的"无所有"就是"虚无"。正因为道是虚无的,所以它"无名"。道又是宇宙的本体,这宇宙的本体也是虚无的。然而,虚无的道与"有所有"并不是对立的,而是"相从",就是像阴中之阳、阳中之阴一样的相辅相成。

玄学大师王弼更明确地提出了"以无为本"的本体论,将魏晋玄学的理论体系完备化。他在注《老子》四十章时写道:"天下万物,皆以有为生。有之所始,以无为本。将欲全有,必反于无也。"这里的"无",不是空无,而是自然的有,是存在于自然万物自身中的,存在于"有"自身中的,是"道",是"一"。

何、王的"贵无"论,倡导的是生活上、人格上的自然主义和个性主义,起了改变世风的作用,成了中国中古时期审美观转变的契机。那时的士人们以虚灵的胸襟、玄学的意味,体会自然,看待人生。不再注目那"错彩镂金"的绚丽,而流连那"芙蓉出水"的清新淡雅。"采菊东篱下,悠然见南山"。悠远恬淡,返璞归真。

宗白华先生在他的《美学散步》中指出:"魏晋六朝是一个转变的关键,划分了两个阶段。从这个时候起,中国人的美感走到了一个新的方面,表现出一种新的美的理想。那就是认为'初发芙蓉'比之于'错彩镂金'是一种更高的美的境界。在艺术中,要着重表现自己的理想,自己的人格,而不是追求文字的雕琢。""初发芙蓉"正是一种清新俊逸的美,其基本格调是"淡"。但淡中有纯真,淡中有光彩。

李白在他的诗中,强调"清水出芙蓉,天然去雕饰",并认为"自从建安来，绮丽不足珍。圣代复元古，垂衣贵清真"。"清真"是相对于雕饰、艳丽、虚伪而说的，它要求的是气韵天成，真实自然，亦即淡雅真纯的美。宋代苏轼就直接把"初发芙蓉"说成"渐老渐熟，乃造平淡"（何文焕《历代诗话·竹坡诗话》）。这种"平淡"，并非枯淡，是绚烂至极归于平淡；像玉一样内部有光彩。这种光彩极绚烂，又极平淡，质地纯美，清新可爱。

以淡为美，并非人人皆然，大抵有两个条件是崇尚恬淡者必备的：一是有极高的艺术造诣和文化修养；二是看透人生、达观宽厚（那些出世的人暂不论列）。前者，如艺术史上的许多名论资可证明："作诗无古今，唯造平淡难"（宋·梅尧臣）。"会想取古淡，先可去浮嚣"（宋·苏舜钦）。"凡文章先华丽而后平淡，如四时之正。方春则华丽，夏则茂实，秋冬则收敛，若外枯中膏者是也，盖华丽茂实也在其中矣。"（宋·吴可）"诗贵意。意贵远不贵近，贵淡不贵浓，浓而近者易识，淡而远者难知。如杜子美'钩帘宿鹭起，中药流莺啭''不通姓字粗豪甚，指点银瓶索酒尝''衔泥点渥琴书内，更按飞虫打著人'。李太白'桃花流水杳然去，别有天地非人间'。王摩洁'返景入深林，复照青苔上'。皆淡而愈浓，近而愈远，可与知者道，难与俗人言。"（明·李东阳）。

类似的理论还可举出很多。这些理论的中心是强调了"淡"是艺术的最高境界，是炉火纯青的地步，是所谓"看似寻常最奇崛，成如容易却艰辛"（王安石）。这种平淡中的浓丽是那些俗人所难以领悟的。

后者的看透和达观，实际上已经是伦理学和世界观的范畴了。中国的知识分子早就把"淡"看作一种处世哲学和人生理想。这里的"淡"并非消极，并非出世。它是伴随着人的坎坷和艰辛而获得的一种经验，是在对生命的真谛领悟后的一种飞跃和升华，也是一种抛却了私念和冲决了狭隘后的脱俗和孤高。这是一种美，一种看似退却而实则前进，表面上软弱而实则刚强，形式上平庸而内容上却光彩四溢的至美。千百年来，文人不唯以淡泊显示自己的清高，同时还以此作为趋吉避凶的信条。

孔子是至圣先师，他是主张入世的。但他内心深藏的依然是"淡"。他在评价子路、曾皙（名点）、冉有、公西华四个弟子的理想时，对于那些想显示自己才华、安邦治国的想法,一笑置之。而对点的"莫春者,春服既成,冠者五六人,童子六七人。浴于沂,风乎舞雩,咏而归"的人生理想,却"喟然叹曰:吾与点也"。孔子这种超然的、蔼然的、爱美而崇尚自然的生活态度,正是"恬淡"的表现。

淡能去掉伪饰而显示真,真是艺术的精髓,真是从自然中提炼出来的。朴是没有任何装饰,没有任何附丽色彩的,故而是淡,所以"君子之交,淡淡如水"。淡而长浓,淡而持久,淡而真纯,淡而诚朴。

做学问需要淡。淡了头脑就冷静,淡了就不急功近利而自甘寂寞,淡了就能深思致远,就能"独上高楼望尽天涯路"。古希腊人的生活就很淡。据泰纳在《艺术哲学》中讲:古希腊人喜欢喝清水。他们室内摆的是一个个精美的水罐,他们很少有口腹之欲,然而却长于理论思维,出现了苏格拉底、柏拉图、亚里士多德等许多人类文化的先驱、智慧大师。据说,柏拉图经常赤着脚,披着外衣去讲演。

做人也需要淡。淡了就减少许多烦恼。尤其在世风不甚好、不公平的事时有发生的情况下,当个人遇到挫折时就不要太执着,要看得淡一些。有一副对联云:"境由心造,后退一步天地宽;事在人为,休信万般皆是命。"这后退一步,就是淡,就是不要自己跟自己过不去,不要执拗,不要钻牛角尖。这是对不公平的超越,这是一种真正的旷达和潇洒。这里的淡,不是认输,而是为了"留得青山在,不怕没柴烧"。事在人为,慢慢来,不争一城一地的得失,不计较一时的利害。"吃亏是福"的格言,也正是淡的另一种说法。从这方面看,淡就是生活的哲理。

美学原本就在哲学的襁褓内孕育,美学连着哲学,所以"淡"这一美学的境界也必然连着哲学的境界,连着人生,连着生命。

一九九五年六月

漫话泰山

岱宗夫如何？齐鲁青未了。造化钟神秀，阴阳割昏晓。

荡胸生层云，决眦入归鸟。会当凌绝顶，一览众山小。

这是唐代大诗人杜甫的《望岳》诗。它以饱满的感情，豪放的笔调，讴歌了泰山的雄伟气势和壮丽景色，成为千古绝唱。

岱宗，即泰山，被誉为"五岳之长""五岳独宗"。它以雄伟壮丽称著于世，是我国名山之一。它历尽沧桑，成为"伟大"的象征。古往今来，我们中华民族总习惯于用"泰山"的美称比喻崇高的事物，形容人的优秀品德和卓越功勋。泰山为我们祖国的河山增添了光彩，一直为广大人民所喜爱。

总览泰山，令人感慨良深的是，它不仅有奇绝的自然风光，而且有灿烂的文化遗迹；它既是巨大的山岳公园，又是东方的文化宝库；既是历代封建帝王"钦定"的所谓佛仙圣地，又是一座天然的历史博物馆。

步入那规模宏大的岱庙，你立刻会感到劳动人民的智慧和创造力量，同时也会感到"东岳大帝"的威势。且不说那层层的殿堂，那高高的城堞，也不说那汉柏、唐槐，单是那金碧辉煌、巍峨庄严的天贶殿，就足以令人望而兴叹了。

天贶殿，是岱庙的主殿，古代帝王就是在这里祭祀东岳泰山之神的。它雕梁画栋，重檐八角，彩绘斗拱，黄瓦覆顶；南面重檐下，一字排开八根大红明柱；殿檐四角悬有风铃，微风拂动，便叮当作响，十分悦耳动听。这俨然是一座"金銮殿",只有北京故宫的太和殿和曲阜孔庙的大成殿能与之媲美。正是在这里,东岳泰山之神被唐、宋、元、明等历代帝王封为"天齐王""仁圣天齐王""天齐仁圣帝""天齐大生仁圣帝"等显赫的名位。这些封建帝王无非是要通过泰山来显示自己的威严和至高无上的权势。

在这宫殿里,有巨大的壁画《启跸回銮图》,相传为宋代所绘。它栩栩如生地描绘了东岳大帝浩荡出巡的宏伟场景,人物数以千计,神情毕肖,姿态各异。画面结构严谨,疏密有致,盖过了东、西、北三面墙壁,是我国绘画史上的珍品。

出得天贶殿,漫步于幽深的庭院,会看到绝无仅有的李斯篆书的秦刻石,汉朝的张迁碑和大科学家张衡的《不忘篇》石刻,还有书圣王羲之、王献之父子和宋代苏、黄、米、蔡等书法家的题刻碑铭,体例俱全,风格各异。

正是劳动人民的智慧、理想和善于创造美的双手,把本来就美丽的泰山打扮得更美了。

泰山的另一簇规模宏大的古建筑群是碧霞元君祠。它巍然矗立在云天之外,坐落于海拔一千五百四十五米的岱顶。整个建筑分前后两院,正殿以铜瓦盖顶,檐铃、鸱吻也都是铜铸;左右配殿覆盖铁瓦,正殿摆放碧霞元君铜像,铸工精巧,神情飞动。殿前有巨大的铜碑、铜鼎和一座万岁楼,山门外是钟鼓楼、神门。整个殿阁高低错落,疏密有致,光彩夺目,富丽堂皇。如此陡险、峭拔的山顶,单人攀登都有极大困难,而我们的前人竟于此有这等规模的建筑,确实令人惊叹不已。更加上那有名的唐宋摩崖碑和玉皇顶的玉皇宫,把个岱顶装点成仙山琼阁,让人感到目不暇接,风光无限。

然而,要欣赏岱顶的无限风光,却并非轻而易举,必须付出艰辛的劳动,不畏攀登。

从中路登,岱宗坊是起点,由此到玉皇顶,要走九千米陡险的山路,踏过六千多级的石阶。尤其要攀上那天梯似的"十八盘",这不能不说是对每一个登山者意志的考验。但是。泰山也绝不亏待每一个攀登者,它的酬劳是丰厚的。在这九千米的山路上，罗列了层层耸翠的峰峦，奇松怪石，举目可见，幽谷深涧，俯首即是。尤其那富有魅力的名胜古迹，如同一颗颗明珠，系在这条蜿蜒崎岖的山路上。真个是"登泰山，一步一层天"！

一过岱宗坊，便是王母池。此地古称"群玉庵"，唐时叫"瑶池"，内有王母泉，泉水清凉甘洌；瑶池四围，古木交柯，浓荫蔽日，风景十分优美，有人将之比作蓬莱仙境，实不为过。

王母池西边是老君堂，这里有唐代的双碑，又名"鸳鸯碑"，四面有字，字有四五层，书法各异，是泰山有名的石碑之一。

由王母池北行，过一天门坊、孔子登临处石坊、天阶坊，再过红门，拾级而上，远望便见半山腰的一簇楼阁，即是斗母宫。斗母宫，古称龙泉观，在龙泉山下，有龙泉水从宫旁绕过。宫内有前、后殿，祀有斗母神像、观音神像。旧时很多人来此拜求生男育女，香火颇盛。另有泉山房、寄云楼，在此临窗品茗，山林景色，尽收眼底。

出斗母宫北行，就到"经石峪"。在大逾一亩的石坪上，刻有隶书《金刚经》全文，字大过尺。据考，为唐人所书。其笔锋刚劲有力，被称为"大字鼻祖""榜书之宗"。

循路前行，经"水帘洞"，过歇马崖，穿过柏树遮天的"柏洞"；翻越宋真宗回马处的"回马岭"，便见峰峦起伏，嘉木成荫，道路绕山盘旋而上，在空山深处，豁然开朗，亭台楼阁，红绿相映，这就是"中天门"。它东倚中溪山，西傍凤凰岭，气势雄浑峻奇。立中天门回顾来程，层层山头匍匐脚下；展望前途，"南天门"还高耸云霄。意志不坚定者往往容易在此思想动摇、犹豫退却。然而，真正欲赏东岳奇景的登山者，是会一往无前的。

过中天门，便是令人欣慰的"快活三里"。这里清风徐徐，山路平坦，正可养精蓄锐，以再攀险途。

忽而，山势深邃，一石桥横跨山涧，桥下水花飞溅，如散珠碎玉。明朝诗人陈凤梧至此曾流连忘返，即景吟诗；宋真宗曾于此凿岩支帐，穴崖露寝，以图领略"高山流水有知音"的雅趣。

过五松亭，观迎客松，进入对松山。这里双峰对峙，苍松如龙，谓为奇观。登对松亭，观山色，听松涛，望山涧青霭弥漫，真使人"心荡松谷，不知自我"。

由此，看南天门，仿佛一道天梯从天门垂下，那一千五百九十四级台阶，叠在一起，高约四百米，仰视之，令人荡气回肠，凛凛然显示出一种崇高的美。这就是有名的"十八盘"。

十八盘，分为慢十八盘和紧十八盘，每盘二百级石阶。慢、紧十八盘中间有一道石坊隔开，名曰"升仙坊"。古人设此为"人间"和"天堂"的分界线，据说，一过"升仙坊"就会得道成仙。这未尝没有鼓舞登山者不怕艰险，勇攀云梯，去领略仙山琼阁之胜景的意味。

人们到这里，已是十分疲惫、劳累，但面前矗立的十八盘石磴却触目惊心。尤其"升仙坊"以北的紧十八盘，几乎上下垂直，两旁悬崖欲坠，行人若列队而上，则后人见前人脚跟，前人见后人头顶，远望如同叠罗汉一样，每跨一步都要付出很大气力。

胡耀邦同志在庆祝中国共产党成立六十周年的讲话中，把我们前进道路上的困难形象地比作"十八盘"，号召全国人民做好充分的思想准备，攀过险路，就能领略大好风光。这无疑是对我们有力的启发和巨大的鼓舞。

南天门是登山的第三道天门，门上"摩空阁"的长联书曰："门辟九霄仰步三天胜迹；陛崇万级俯临千嶂奇观。"由此，我们倒可以领悟出一些深意，正是：攀登十八盘，领略崇高美。登山者经过陶冶，一种崇高的英雄感会油然而生并在胸中奔腾激荡。李白登南天门后，就曾引吭高歌："天门一长啸，万里清风来"。待我们跨过前进路上的十八盘，在天门回首走过的路程，更会感到无限的自豪和快慰。

在泰山之巅，漫步天街，观日出，看云海，赏仙人桥，品摩崖碑，瞻仰碧霞祠之宏丽，赞叹玉皇宫之崔巍。那时，你会感到气宇轩昂，豪情满怀。

乘兴，你还可以观赏后山坞的丈人峰、八仙洞。那里，奇松天下称奇，怪石世人说怪，真是别有天地。沿西路而下，那百丈崖瀑布、普照寺的六朝松，还在热情地恭候着胜利归来的登山者呢！

一九八三年五月

苏轼——中国士人苦难命运的表征

"心似已灰之木，身如不系之舟。问汝平生功业？黄州惠州儋州！"

这是宋代大文豪苏轼临终前回顾自己一生时所发出的感慨，多么伤心，多么无奈啊！

苏轼悲剧性的一生，在封建社会的知识分子中是有典型意义的。他的死曾引起广大群众，特别是士子们的巨大悲哀。据苏辙《东坡先生墓志铭》记载，苏轼逝世，"吴越之民，相与哭于市；其君子，相与吊于家；讣闻四方，无贤愚皆咨嗟出涕；太学之士数百人，相率饭僧惠林佛舍"。士大夫们写了许多祭文，来哀悼这位名士。其中，李方叔的祭文最有代表性，他谓苏轼："道大难容，才高为累。皇天后土，鉴平生忠义之心；名山大川，还千古英灵之气。识与不识，谁不尽伤；闻所未闻，吾将安放？"[①] 据说，这几句祭文当时"人无贤愚皆诵之"。可见苏轼当时对社会的巨大感召力。

苏轼是宋代全能的作家，诗、文、书、画无所不能；加之他那蹭蹬失意、宦海浮沉的经历，他几乎成了家喻户晓的名士，是中国后期封建社会文人们最亲切、喜爱的对象。他的雄视百代的诗文，他的豪迈词风，他的文苑佳话，甚至他的处世态度，都成了中国古代文化中的重要组成部分。他是一个十分复杂而又令人着迷的人物。历史上有不少知识分子把他引为同调。

---

① （宋）朱弁：《曲洧旧闻》。

一 才高为累、宦海浮沉的一生

苏轼（1036—1101年），字子瞻，号东坡，宋仁宗景佑三年腊月十九日卯时，出生于四川省眉山县城内纱縠行一个"门前万竿竹，堂上四库书"的富有文学传统的家庭里。他八岁开始在乡塾读书，在家中，苏轼兄弟"皆师先君"，以父亲苏洵为师。他与其父亲和弟弟苏辙，当时以"三苏"齐名，并被称作"一门父子三词客"，当然以苏轼最为杰出。

有人说，性格决定命运，这是有道理的。苏洵对苏轼兄弟性格的不同很是注意，他在《名二子说》中写道：

> 轮、辐、盖、轸，皆有职乎车。而轼独若无所为者。虽然，去轼，则吾未见其为完车也。轼乎，吾惧汝之不外饰也！天下之车莫不由辙。而言车之功，辙不与焉。虽然，车仆马毙，而患亦不及辙。是辙者善处乎祸福之间也。辙乎，吾知免矣。

真是知子莫若父！从所起的名字上，做父亲的已经看出苏轼兄弟二人的性格差异了。轼是车前的横木，是露在外面作扶手用的。苏轼的性格豪放不羁，锋芒毕露，确实"不外饰"，结果一生屡遭贬斥，差点被杀头。而辙是车子碾过的印迹，它既无车之功，也无翻车之祸，"善处乎祸福之间"。苏辙性格冲和淡泊，深沉不露，所以在以后激烈的党争中，虽也受牵连遭贬，但终能免祸，安度晚年。

苏轼的母亲程氏，是大理寺丞程文应之女，亦颇有文化修养。待苏洵游学时，她就成了苏轼兄弟的家庭教师。一日，她读东汉史《范滂传》，读到范滂（137—169年）因党锢之祸为宦官所杀；临行前，范与母诀别，求母亲割不忍之恩，不要过分悲伤。范母很坚强，慰儿子说："既有令名，复求寿考，可得兼乎？"苏轼从旁问道，如果我是范滂，母亲赞许否？程夫人回答说，你能做范滂，难道我就不能做范母？滂有澄清天下之大志，轼自幼亦"奋厉有当世志"。程夫人高兴地说："吾有子矣！"

除读书外，苏轼还常以琴棋书画自娱，爱好十分广泛。苏轼会棋，但棋艺不算高明。他自己也说："凡物之可喜，足以悦人而不足以移人者，莫若书与画。……始吾少时，尝好此二者。家之所有，惟恐其失之；人之所有，惟恐其不吾予也。"以致"薄富贵而厚于书，轻死生而重画"[①] 的地步。

苏轼的少年时代是美好的，他在后来的诗文中时时留恋和回忆这段愉快的时光。《东坡乐府笺》卷二《洞仙歌》云：

> 余七岁时，见眉山老尼，性朱，忘其名，年九十岁。自言尝随其师入蜀主孟昶官中。一日大热，蜀主与花蕊夫人夜纳凉摩诃池上，作一词，朱具能记之。

《东坡续集》卷十《天石砚铭并序》云：

> 某年十二，于所居纱縠行宅隙地中，与群儿凿地为戏。得异石如鱼，肤温莹，作浅碧色！表里皆细银星，扣之铿然，试以为砚，甚发墨，无贮水处。先君曰："是天砚也，有砚之德，而不足于形耳。"

像这样关于儿时清晰的记忆还有很多。他与许多少年一样，喜欢听故事，做游戏，园中饲鸟，种树，骑在牛背上，一边牧牛牧羊一边读书。多么天真烂漫，多么无忧无虑呵！

宋仁宗至和元年（1054 年），十九岁的苏轼与青神（四川县名）乡贡进士王方之女——十六岁的王弗结了婚。弗知书识礼，陪苏轼读书，"终日不去"；轼偶有遗忘，她往往能从旁提及。弗聪明而又沉静，无论事亲、交友诸方面，均是苏轼的贤内助。只可惜她年仅二十七岁就病逝了。对于王氏的死，苏轼是很悲痛的。十年后，他还写了情真意切的名篇《江城子·乙卯正月二十日夜记梦》，用以悼念王弗：

---

① （宋）苏轼：《宝绘堂记》，载《东坡集》卷三十二。

十年生死两茫茫，不思量，自难忘。千里孤坟，无处话凄凉。纵使相逢应不识，尘满面，鬓如霜。

夜来幽梦忽还乡，小轩窗，正梳妆。相顾无言，唯有泪千行。料得年年肠断处，明月夜，短松冈。

少年时的惬意已一去不返，母丧（嘉祐二年四月）、妻死的生离死别的体验，开启了苏轼人生感悟的闸门；他不得不进入角色，去品尝悲凉的世态百味了。

嘉祐二年（1057年）正月，欧阳修主持礼部考试，苏轼兄弟同科进士及第。嘉祐六年（1061年），经欧阳修推荐，苏轼参加制科考试，献《进策》《进论》各二十五篇，系统地提出了自己的革新主张。他"直言当世之故，无所委曲"；指责仁宗皇帝无所作为，"未知勤""未知御臣之术"；认为仁宗亲策贤良之士，只不过是"以应故事而已"；他指责各级官吏因循苟且，"大臣不过遵用故事，小臣不过谨守簿书，上下相安，以苟岁月"。[1] 他既反对仁宗因循守旧、苟且偷安；又反对王安石的变法策略，并提出了自己一整套革新主张（"任人"重于"任法"）。在改革的方法步骤上，他虽然没有王安石那样激进（苏《策略第三》云："苟不至于害民而不可不去者，皆不变也。"）；但在改革的内容上，比王安石的《上仁宗皇帝言事书》还要广泛、具体，有的甚至更深刻些。对此，南宋理学家朱熹曾评论说："二公（王安石、苏轼）之学皆不正。……东坡初年若得用，未必其患不甚于荆公。"[2] 这正好从反面说明，苏轼的革新主张比王安石的并不逊色，在某些方面甚至更彻底、更深刻。苏轼说，他的这些主张都是其独立思考的结果。凡他不赞成的，"虽古之所谓贤人之说，亦有所不取。虽以此自信，而亦以此自知其不悦于世也"[3]。据《苏诗总案》记载，对他的《进策》，"韩琦亦不善，王安石尤嫉之"。时韩琦任宰相，王安石任制诰，这些持重老臣和激进的变法派人物的态度，正是《进策》"不悦于世"

① （宋）苏轼：《御试制科策》，载《东坡后集》卷十。
② （宋）朱熹：《朱子语类》卷一百三十。
③ （宋）苏轼：《上曾丞相书》，载《东坡集》卷二十八。

的证明。而苏轼的这些政治主张，正是他在神宗朝和哲宗朝均屡遭贬斥的根源。

苏轼应制科试后不久，便被任命为大理评事签书凤翔府判官。这是以京官身份充州府签判。嘉祐六年（1061年）十一月，他离京赴任。这便是苏轼"从政"的开始。

宋神宗熙宁二年（1069年）二月，苏轼在京任殿中丞直史馆判官告院。王安石准备变科举，兴学校。苏轼上《议学校贡举状》，表示反对。据《宋史·苏轼传》载，神宗对苏轼的意见很重视，他说："吾固疑此，得轼议，意释然矣。"神宗立即召见苏轼，问"方今政令得失"，并说："虽朕过失，指陈可也。"苏轼则直言神宗"求治太急，听言太广，进人太锐"。神宗当即表示："卿三言，朕当熟思之。"并鼓励苏轼说，凡在馆阁任职的人，都"当为朕深思治乱，无有所隐"。是年十二月，苏轼又上《谏买浙灯状》，反对神宗以耳目不急之玩，夺民口体必用之资；并写了《上神宗皇帝书》和《再上皇帝书》，对王安石变法进行了全面批评。苏轼在神宗朝反对王安石变法的激烈言辞，有时甚至很难与守旧派的相区别。所以，长期以来有不少人将苏轼认定为守旧派。事实上，他与守旧派不同。他一生都没有放弃其在仁宗朝提出的"丰财""强兵""择吏"的革新主张。他在《上神宗皇帝书》中，虽然对新法作了全面批评，但对"近日裁减皇族恩例，刊定任子条款，修完器械，阅习旗鼓"，却均作了肯定。联系到他后来反对司马光尽废新法，就更不能因其曾反对王安石变法而认定他为守旧派。

但是，苏轼的反对，令"介甫（王安石）之党皆不悦"，遂命苏轼摄开封府推官，欲"以多事困之"。然苏又作《拟进士对御试策》，批评王安石不知人。于是，御史知杂事谢景温诬奏苏轼，说他在苏洵去世（1066年），扶丧返川时，曾在舟中贩运私盐，并追捕当时船工进行拷问，欲获取罪证。苏轼因"实无其事"，不屑与诬告者争辩，只求出任地方官以回避这些人，遂被命通判杭州（1071年）。此为首次被诬陷，他的心情可想而知。在赴杭州途中的诗作，就表现了他政治上失意而又随缘自适以排遣的复杂心理。《东坡集》卷三《泗州僧伽塔》云：

耕田欲雨刈欲晴，去得顺风来者怨。若使人人祷辄遂，造物应须
日千变。

我今身世两悠悠，去无所逐来无恋。得行固愿留不恶，每到有求
神亦倦。

在经过镇江金山寺时，看见来自故乡的长江在白天、黄昏、月夜、月
落时的不同景色，便产生了奇妙的幻想，意欲归隐山林。《东坡集》卷三
《游金山寺》云：

江山如此不归山，江神见怪惊我顽。我谢江神"岂得已"？"有田
不归如江水"！

苏轼在政治上虽郁郁不得志，但杭州的明山秀水却给了他极大的安
慰。他一到杭州，就喜欢上这里。"天欲雪，云满湖，楼台明灭山有无。
水清石出鱼可数，林深无人鸟相呼。"① 他甚至表示死后也愿葬在这里：
"平生所乐在吴会，老死欲葬杭与苏。"② 他用他那诗人的神思和灵笔，写
下了大量歌颂杭州美景的诗文。

但是，好景不长。熙宁七年（1074 年），他又被改知密州（山东诸
城）。在杭州仅三年多一点，就又要北上。当然，到密州的唯一安慰是
"欲昆弟之相近"③，其时苏辙在济南，可是苏轼这时的心情非常矛盾，他
在《沁园春·赴密州，早行，马上寄子由》词中写道：

孤馆灯残，野店鸡号，旅枕梦残。渐月华收练，晨霜耿耿；云山
橘锦，朝露团团。世路无穷，劳生有限，似此区区长鲜欢。微吟罢，
凭征鞍无语，往事千端。

当时共客长安，似二陆初来俱少年。有笔头千字，胸中万卷，致

---

① （宋）苏轼：《腊日游孤山访惠勤惠思二僧》，载《东坡集》卷三。
② （宋）苏轼：《喜刘景文至》，载《东坡后集》卷一。
③ （宋）苏轼：《密州谢表》。

君尧舜，此事何难。用舍由时，行藏在我，袖手何妨闲处看？身长健，但优游卒岁，且斗樽前。

写他在秋天的清晨离开旅店，踏上征程，心情是凄凉寂寞、郁郁寡欢的；这使他不禁回想起当年与苏辙赴京应试的情景，就像晋代的陆机、陆云兄弟一样，才华横溢，雄心勃勃，欲致君尧舜，大展宏图。但后来由于与宋神宗、王安石政见不一，只好遵循儒家"用之则行，舍之则藏"的处世哲学，远离京城，优游度日，诗酒自娱。这种苦闷心情，在他知密州后两年（1076 年，即熙宁九年）写的名篇《水调歌头·丙辰中秋》中，更得以充分反映："人有悲欢离合，月有阴晴圆缺，此事古难全。"他只有这样无可奈何地自我安慰。

熙宁九年十二月，苏轼罢密州任，改知河中府（山西永济西）。途经澶濮间，苏辙从京师来接他。抵陈桥驿（河南开封北），告下，改知徐州。苏轼遂暂时寓居范镇的东园。四月，与苏辙一起过南都（河南商丘）访张方平，并同赴徐州。是年中秋后，徐州发大水，苏轼出色地组织领导了抗洪斗争，保全了徐州城。苏轼还于元丰元年十二月，派人于徐州西南的白土镇找到了煤矿，数量多，质量好，老百姓很高兴。《东坡集》卷十《石炭》云："岂料山中有遗宝，磊落如䃜万车碳。流膏迸液无人知，阵阵腥风自吹散。根苗一发浩无际，万人鼓舞千人看。投泥泼水愈光明，烁玉流金自精悍。"元丰元年十月，苏轼还曾上书神宗，提出治理徐州的计划，并强调徐州在战略上的重要地位。元丰二年三月，他又从徐州迁知湖州（今浙江吴兴）。据《东坡集》卷十《罢徐州往南京，马上走笔寄子由》载，送行的徐州父老均感激地说："前年无使君，鱼鳖化儿童。"对他在徐州领导的抗洪斗争给予高度赞扬。

苏轼于元丰二年（1079 年）四月到达湖州。在这里，他遭遇到平生最大的一次打击，这就是"乌台诗案"。乌台，汉时称为乌府，即御史台。据《宋史》卷二百《刑法二》载，宋制："诏狱，本以纠大奸慝，故其事不常见。初群臣犯法，体大者多下御史台狱，小则开封府、大理寺鞠治焉。"元丰二年八月，苏轼被诬陷为作诗讪谤朝廷，下御史台狱，宋人称

"乌台诗案"。

事情发生的根本原因，在于当时朝廷内部激烈的宗派政争。王安石于熙宁九年（1076年）第二次罢相后，新法运动逐渐发生变化。后期的新法派以推行新法为借口，投机钻营，争权夺利，大量搜刮。人民不堪其苦，社会矛盾日趋尖锐化。而这些假新法派人物排挤了较为正直的沈括等人，以蔡确为首，与安焘、蒲宗孟、曾布、蔡京、蔡卞、黄履、吴居厚、舒亶等人，结成"亲党"，为巩固其权势，便酝酿着对已被排挤的旧派进行政治陷害。"乌台诗案"的发生，他们蓄谋已久，企图以此为突破口而发起对旧派的迫害。元丰二年年初，御史中丞李定、监察御史里行何正臣、权监察御史里行舒亶等，纷纷呈递检举苏轼的札子。据《乌台诗案》载，何正臣三月二十七日进呈札子中说："知湖州苏轼《谢上表》，其中有言：'愚不识时，难以追陪新进；老不生事，或能牧养小民。'愚弄朝廷，妄自尊大，宣传中外，孰不惊叹。……固未有若苏轼，为恶不悛怙，终自若谤讪讥骂，无所不为。"舒亶的札子中又列举了苏轼的一些诗句，认为它们攻击了新法。他说："陛下自新美法度以来，异说之人固不少，然其大不过文乱事实、造作谎说，以为遥夺沮丧之计；其次又不过腹非背毁，行察坐伺，以幸天下之无成功而已；至于包藏祸心，怨望其上，讪讟漫骂而无复人臣之节者，未有如苏轼也。"并认为苏轼杭州诗《苏子瞻学士钱塘集》，"谤讪朝政及中外臣僚"。他们将这个集子同御史台的四个札子呈交神宗皇帝，七月"奉圣旨送御史台根勘奏闻"。七月二十八日中使皇甫遵至湖州逮捕苏轼。苏轼于四月二十九日达湖州任，仅三个月就被朝廷逮捕，并于八月十八日下御史台狱。苏轼被捕后，御史台又查抄了他的家，搜其所作诗文。因曾与苏轼交往，以"以文字讥讽政事"的罪名而受牵连者竟多达数十人。

苏轼在押解途中和在狱中，都曾准备自杀。他甚至写了诀别诗《狱中寄子由》，心中充满了凄苦的泪水：

圣主如天万物春，小臣愚暗自忘身。百年未满先偿债，十口无家更累人。

是处青山可埋骨，他年夜雨独伤神。与君世世为兄弟，更结人间未了因。

其二又云：

柏台霜气夜凄凄，风动琅珰月向低。梦绕云山心似鹿，魂飞汤火命如鸡。

眼中犀角真君子，身后牛衣愧老妻。百岁神游定何处，桐乡知葬浙江西。

苏轼此时已是万念俱灰，与弟弟的哭诉的确凄楚动人：如今功未成、名未就，却"百年未满先偿债"；留给弟弟的则是"十口无家更累人"与"他年夜雨独伤神"。他甚至连死后安葬的地方都选择好了。

"乌台诗案"是北宋一场有名的文字狱，在当时的政治生活中是一个重大事件，引起了人们的普遍关注。这对苏轼在精神上是一次沉重的打击，并在他的心灵深处留下了难以弥合的伤痕；直至影响了他的世界观。李定、舒亶等辈捕风捉影，小题大做，除了《钱塘集》中的政治诗外，又扩大到密州、徐州之诗作及许多与新法不相干的"无讥讽"之作。许多诗语被他们夸大、曲解、罗织，构成苏轼犯罪的重要证据。这在我国历史上开了以诗治罪的先例。案件的最后处理，没有达到新派诸公的预期目的。由于皇族及神宗本人的看法与宰执大臣及御史台的意见不一致，而且新派内部的意见也不一致，经曹太后、王安礼、章惇、王安石等的劝说，神宗作了折中的从轻处理。十二月二十七日狱成，神宗皇帝宣布："苏轼责授检校水部员外郎黄州团练副使，本州安置，不得签书公事，令御史台差人转押前去。"对与苏轼诗案有关的二十余人（包括苏辙），分别贬谪和罚铜。苏轼出狱作了《十二月二十八日蒙恩责授检校水部员外郎黄州团练副使，复用前韵二首》，其一云：

百日归期恰及春，余年乐事最关身。出门便旋风吹面，走马联翩鹊唪人。

却对酒杯浑是梦，偶拈诗笔已如神。此灾何必深追咎，窃禄从来岂有因。

一场政治噩梦过后，苏轼倒是潇洒了不少。他以旷达的态度对待人生，以无畏的精神又拿起诗笔。但从此他进入了政治上的失意时期，打掉了平时的"骄气"，种种雄心壮志也消磨殆尽，真正意识到自己的"逐客""楚囚"之身份和处境。这些不幸的伤心事，正促使了他生命意识的觉醒，为他文学上创作的丰收季节的到来打下了基础。他在诗、词、赋、散文等方面的许多名篇，都是在贬官黄州期间写成的。苏辙在《东坡先生墓志铭》中透露，在去黄州之前，他们两兄弟的文章还可相"上下"；"既而谪居于黄，杜门深居，驰骋翰墨，其文一变，如川之方至，而辙瞠然不能及也"。

苏轼在黄州为了生计，甚至还垦荒种地。老友马正卿帮助他请得城东过去的营防废地数十亩，让其开垦耕种，这便是著名的东坡。这是苏轼永志不忘的地方，成了他一生的名号。在《东坡八首》（《东坡集》卷十二）中曾记录和描写了他的垦荒之苦："废垒无人顾，颓垣满蓬蒿。谁能捐筋力，岁晚不偿劳。独有孤旅人，天穷无所逃。端来拾瓦砾，岁旱土不膏。崎岖草棘中，欲刮一寸毛。喟焉释耒叹，我廪何时高？"面对荆棘丛生、瓦砾遍地的荒土，他一边垦荒，一边感叹：不是孤旅之人为生活所迫，谁肯捐筋力？不知何时才能长出粮食，装满我的仓廪？

黄州之前的苏轼，虽因政见不合而不为朝廷所重，但其生活基本上处于顺境中，杭州任通判，密州、徐州、湖州任知州，均是地方长官，从未尝过垦荒"躬耕"的滋味。正是在黄州的垦荒之后，使他真正懂得了粮食之可贵和民生之多艰。他与老百姓在感情上更接近了。在恳出的东坡上，不仅种稻谷、植桑麻，而且修盖起了房子；因是在冬天大雪中修的，故自题为"东坡雪堂"。他还把他的东坡雪堂比为陶渊明的斜川。他自觉与陶渊明一样，都能做到梦中清楚，醉中清醒；其实他远不如陶渊明清醒，故而很难做到不为五斗米折腰。他的心情十分矛盾又十分痛苦。《东坡乐府笺》卷二《临江仙·夜归临皋》云："夜饮东坡醒复醉，归来仿佛三更。

家僮鼻息已雷鸣。敲门都不应，倚杖听江声。长恨此身非我有，何时忘却营营？夜阑风静谷纹平，小舟从此逝，江海寄余生。"同书所载《定风波·沙湖道中遇雨》又云："莫听穿林打叶声，何妨吟啸且徐行。竹杖芒鞋轻胜马，谁怕？一蓑烟雨任平生。料峭春风吹酒醒，微冷，山头斜阳却相迎。回首向来萧瑟处，归去，也无风雨也无晴。"这确实是对整体人生产生的一种空幻、悔悟和淡漠感，但他求超脱而又不能，想排遣反而变成了戏谑，这就是黄州时的苏轼。在这样一种情感支配下，他写下了前、后《赤壁赋》和《念奴娇·赤壁怀古》等名篇。

苏轼在黄州一住五年，元丰七年（1084 年），神宗下手诏，将苏轼从黄州团练副使改为离京城较近的汝州（今河南临汝）团练副使，他一面北行，一面上书神宗，请求允许他在常州居住（他写了《乞常州居住表》）。

元丰八年（1085 年），舟行至南都，得神宗诏旨，允许他常州居住。三月，神宗去世，哲宗继位。五月，苏轼又被命知登州（今山东蓬莱）。到官仅五日，又被召还朝任礼部郎中；半月后，再升为起居舍人，成为皇帝的近臣；三个半月后，升为中书舍人；不久，又升为翰林学士，知制诰，实际上成了皇帝最亲近的顾问兼秘书。在不到一年的时间里"而阅三官"，实在是青云直上。哲宗元祐二年（1087 年），苏轼又被擢为翰林学士兼侍读，成为皇帝的老师。据《宋史·苏轼传》载：苏轼之所以在神宗去世后接连提升，正如宣仁太后所说："此先帝（神宗）意也。先帝每诵卿文章，必叹曰：'奇才！奇才！'但未及用卿耳。"

由于苏轼不趋奉和不随世俯仰的性格，他的许多政治主张，既得罪新党，又得罪旧党，同时还受到理学家程颐及其党徒的攻击。他很快又陷于矛盾的旋涡中，成为众人攻击的目标。他连上章疏，要求出任地方官。元祐四年（1089 年），苏轼以龙图阁学士出知杭州。杭州是苏轼常想常念的地方，这次再来，有所至如归的感觉。《东坡集》卷十八《与莫同年雨中饮湖上》诗云："到处相逢是偶然，梦中相对各华颠。还来一醉西湖雨，不见跳珠十五年。"十五年后旧地重游，自然感慨良多。

元祐六年（1091 年）三月，苏轼又被召入京，重任翰林学士，又重陷被攻击的危途，他只有再次请求离开朝廷；结果回朝不到半年，就又于元祐六年八月出知颍州；元祐七年二月又改知扬州，苏轼称之为"二年阅三州"。《东坡后集》卷二载《送芝上人游庐山》诗云："二年阅三州，我老不自惜。团团如磨牛，步步踏陈迹。"他把这种频繁调动比喻为拉磨的牛在转圈踏着陈迹。谁知，他知扬州也只有半年，元祐七年（1092 年）八月又以兵部尚书召回朝廷，接着又兼侍读，不久再改为礼部尚书。对这两次任命，他都不愿接受，特别写了《辞两职并乞郡劄子》说："闻命悸恐，不知所措。臣本以宠禄过分，衰病有加，故求外补，实欲自便。而荣名骤进，两职荐加，不独于臣有非据之羞，亦恐朝廷无以待有劳之士。岂徒内愧，必致人言。"他还再次要求出守一"重难边郡"："若朝廷有开边伐国之谋，求深入敢战之帅，则非臣所能办；若欲保境安民，宣布威信，使吏士用命，无所失云，则承乏之际，犹可备数。"要求未允，只好就职。

总体来看，元祐年间的苏轼是颇受朝廷重用的。《东坡后集》卷十三《谢兼侍读表》中，苏轼自己也承认："臣以草木之微，当天地之泽，七典名郡，再入翰林，两除尚书，三忝侍读。虽当世之豪杰，犹未易居；矧如臣之孤危，其何能副？"

元祐八年（1093 年），苏轼又进入厄运期。是年八月，其继室王润之卒于京师。九月，主持元祐更化的高太后去世，哲宗亲政，后党与帝党之间的矛盾日趋尖锐，苏轼被哲宗命知定州（今河北定县）。定州属边远重镇，名义上是应了苏轼出知"重难边郡"之请求，实际上是一贬再贬的开始。正当苏轼在定州为巩固北方边防而采取种种措施之际，哲宗绍圣元年（1094 年）四月却又以讥斥先朝的罪名贬知英州（今广东英德）；未至贬所，八月再贬惠州（今广东惠阳）。他在南迁的途中，真是感慨万千，如梦如幻。《东坡续集》卷二《被命南迁，途中寄定武同僚》诗中写道：

　　人事千头及万头，得时何喜失时忧。只知紫绶三公贵，不觉黄粱一梦游。

　　适见恩纶临定武，忽遭分职赴英州。南行若到江干侧，休宿浔阳旧酒楼。

　　一个年近六旬的老人，千里迢迢赶赴贬所。途中的艰难困苦，心情的凄凉可想而知。佛老庄玄的"随缘委命"，不能不说是他活下去的精神支柱。《东坡后集》卷四《十月二日初到惠州》诗写道："仿佛曾游岂梦中，欣然鸡犬识新丰。吏民惊怪坐何事？父老相携迎此翁。苏武岂知还漠北，管宁自欲老辽东。岭南户户皆春色，会有幽人客愚公。"他借汉武帝时的"苏武留胡，十九年不得返汉"和三国时"管宁避乱辽东，三十七年始归"的故实，聊以自慰，做好了长期贬谪的思想准备。绍圣四年（1097 年）四月，苏轼被再贬儋州（今海南），此时，他已是六十二岁的老人，自知此去难再生还。他打算到海南岛后，首先做棺，其次做墓，死后便葬在那儿。七月至儋州，这里食无肉，病无药，出无友；冬无炭，夏无泉，几乎什么都没有。苏轼与其三子苏过在这里过着"苦行僧"式的生活；但其在精神上却仍"超然自得，不改其度"[①]。除写下了大量诗篇外，还辛勤著书，从事学术研究。他把在贬官黄州期间完成的《易传》九卷、《论语说》五卷，在岭南又作了修改补充，并新作《书传》十三卷、《志林》五卷。与此同时，他还培养后学，对不远千里追至贬所求学的学子，热心指导，全力帮助。正是在苏轼的影响下，大观三年（1109 年）海南历史上出现了第一名进士。对此，《琼台记事录》说："宋苏文忠公之贬儋耳，讲学明道，教化日兴。琼州人文之盛，实自公启之。"此言不虚也。

　　苏轼毕竟也是常人，他被远谪海南，时时盼望北归，思乡之情时时扰心，其痛苦经常溢于言表。《东坡后集》卷六《梦中得句，觉而遇清风急雨》诗中有："登高望中原，但见积水空。此生当安归？四顾真途穷。"漂泊异乡，归期无望的痛苦谁能了解呢？梦中，听见山呼海啸，误认为群仙欢宴而庆贺他的北归："幽怀忽破散，永啸来天风。千山动鳞甲，万谷酣笙钟。安知非群仙，钧天宴未终。喜我归有期，举酒属青童。"事实上，年复一年，归期难料。直待元符三年（1100 年）正月，哲宗去世，徽宗继位；五月大赦，苏轼才内迁廉州（今广西合浦）。同年八月改舒州（今安徽安庆）团练副使，永州（今湖南零陵）安置。行至英州，复朝奉郎，提

---

① （宋）苏轼：《与元老侄孙书》，载《东坡续集》卷七。

举成都玉局观。年底越南岭北归。次年正月抵虔州，五月至真州。途中因暴病、瘴毒大作，不得不止于常州。六月上表请老，以本官致仕。建中靖国元年（1101 年）七月二十八日，一代大文豪苏轼卒于常州，结束了他既坎坷又辉煌的一生，享年六十六岁。他的一生正如其在《和子由〈渑池怀旧〉》诗中所描述的："人生到处知何似？应似飞鸿踏雪泥：泥上偶然留指爪，鸿飞那复计东西！"

二　既尊儒又崇道的王弼式玄学世界观

上述苏轼充满悲剧的一生和复杂的经历，必然对其思想产生巨大的影响，使他的世界观变得极其复杂。

皇帝与官僚的结合，是中国古代君主专制政治的主体。在皇权支配社会和自然经济的条件下，士人很少能靠学问、知识在社会中寻求生计；摆在士人面前最主要的一条出路是入仕。苏轼兄弟也必须走入仕这条路，才可以为皇帝所用。这样，其性格与学问就不能不受这条道路的制约。宋代的以儒取士，迫使苏轼等人奉儒家为正宗，这是必然的。但是，苏轼又有自己独立的人格与个性。他不趋奉、不谄媚，恃才傲物，追求思想文化的个人风格，这也必然同皇权拉开距离；历史给予他的当然是孤独、寂寞和痛苦，还差点被杀头。正如宋人吕南公在《灌园集》中所说的："昔念魏晋间，士流罕身全，高人乐遣世，学者习虚玄。"官场的险恶，多次的打击，逼使苏轼走向了佛老与虚玄。

苏辙在《东坡先生墓志铭》中说：

> （苏轼）初好贾谊、陆贽书，论古今治乱，不为空言。既而读《庄子》，喟然叹曰："吾昔有见于中，口未能言；今见《庄子》，得吾心矣！"……后读释氏书（佛典），深悟实相，参之孔墨，博辩无碍，浩然不见其涯矣。

这段话充分说明了苏轼思想的复杂及其前后变化的过程。学术界一般都认为苏轼的思想有早期与后期之分，然而以什么时间断限，意见不一。笔者认为，苏轼思想前后期的分界在"乌台诗案"（1079年）。政敌欲置之于死地，苏轼也自觉必死无疑。正是在将死的痛苦中，他彻悟了人生；尽管后来亦曾有意想不到的辉煌与遭遇，却均以淡漠心态处之。

前期的苏轼，以儒家为正统且排斥佛老。《东坡集》卷二十九《答李端叔书》中，苏轼承认，"轼少年时读书作文，专为应举而已"。为了他所向往的功名事业，他在文章中盛赞孔孟，认为儒学"独得不废，以与天下后世，为仁义礼乐之主"①。赞孔子"博学而不乱"，能以孝悌"一以贯之"；赞孟子能"有所守"，即守住仁义这一根本："孟子尝有言矣：人能充其无欲害人之心，而仁不可胜用也；能充其无欲为穿窬之心，而义不可胜用矣。"② 与此同时，苏轼又力排异端杂说。在《东坡应诏集》卷九之《韩非论》中，他说："圣人之所以恶于异端，尽力而排之者，非异端之能乱天下，而天下之乱所由出也。"他指责老聃、庄周、列御寇之徒，"更为虚无淡泊之言，而治其猖狂浮游之说，纷纭颠倒而归于无有"。这对于维系封建社会的君臣关系当然是不利的："老聃、庄周论君臣父子之间泛泛乎，若萍浮于江湖"，"父不足爱而君不足忌"。在此基础上，韩非则"轻天下、齐万物之术，是以敢为残忍而无疑"。因此，苏轼认为"申（不害）韩（非）之罪"皆"老聃、庄周使之然"。在《东坡奏议集》卷一之《议学校贡举状》中，他指责当时一些"士大夫至以佛老为圣人，鬻书于世者，非庄、老之书不售也"。在他看来，老、庄那种"浩然无当而不可穷"，"超然无著而不可挹"的思想，谁都难以做到；即使做到了，对朝廷也是不利的："使天下之士能如庄周齐生死，一毁誉，轻富贵，安贫贱，则人主之名器爵禄，所以砺世磨钝者废矣！"在《子思论》中，他甚至对儒家内部的非正统思想也予以排斥。他说，"老聃、庄周、杨朱、墨翟、田骈、慎到、申不害、韩非之徒，各持其私说，以攻乎其外"，而儒家"弟子门人又内自相攻而不决"，致使"夫子之道益晦而不明"。他在《东

---

① （宋）苏轼：《子思论》，载《东坡应诏集》卷八。
② 同上书。

坡应诏集》卷九之《荀卿论》中，指斥荀子"刚愎不逊而自许太过"，"喜为异说而不逊，敢为高论而不顾"。荀子的学生"李斯之徒所以事秦者皆出于荀卿"，结果是这种异端最后发展到"焚烧夫子之六经，烹灭三代之诸侯，破坏周公之井田"的恶劣地步。他还以儒家正统的思想臧否历史人物，认为周代以仁义取天下、守天下；秦以诈力取天下、守天下；诸葛亮以仁义、诈力、杂用以取天下，等等。后来，他在《答王庠书》中曾说："轼少好议论古人，既老，涉世更变，往往悔其言之过。"①

"乌台诗案"后，贬官黄州，此时的苏轼虽仍以儒家思想为正统，但对佛老已并不排斥了，甚至在其思想深处已经归诚佛老庄玄。他的《初到黄州》诗（1080 年）中，就开始自我嘲笑："自知平生为口忙，老来事业转荒唐。长江绕廓知鱼美，好竹连山觉笋香。逐客不妨员外置，诗人例作水曹郎。只惭无补丝毫事，尚费官家压酒囊。"诗中随遇而安、自我解嘲的思想已清晰可见。在此一时期他写下的《赤壁赋》（1082 年）中，更搬出老庄的处世哲学来聊以自慰：

> 客亦知夫水与月乎？逝者如斯而未尝往也；盈虚者如彼而卒莫消长也。盖将自其变者而观之，则天地曾不能以一瞬；自其不变者而观之，则物与我皆无尽也，而又何羡乎？且夫天地之间，物各有主，苟非吾之所有，虽一毫而莫取。唯江上之清风，与山间之明月，耳得之而为声，目遇之而成色；取之无禁，用之不竭。是造物者之无尽藏也，而吾与子之所共适。

这段与客的对话，说理谈玄，议论风生，其内容可以从《庄子》中找到原版。苏轼在黄州既无公务，又闭门谢客，还不敢多写那动辄得咎的诗文；为慰藉那苦闷的心情，他努力研读经书，致力于学术。他完成了父亲交给他的未完的《易传》撰写任务，史称《苏氏易传》。这部书可以看作苏轼世界观的集中表现。苏辙在《东坡先生墓志铭》中说："先君（苏洵）

---

① （宋）苏轼：《东坡后集》卷十四。

晚岁读《易》，玩其爻象，得其刚柔、远近、喜怒、逆顺之情，以观其词，皆迎刃而解。作《易传》未完，疾革，命公（苏轼）述其志。公泣受命，卒以成书。然后千载之微言，焕然可知也。"而《四库全书总目提要》评论说："苏洵作《易传》，未成而卒，属二子述其志。轼书完成，辙乃送所解于轼，今蒙卦犹是辙解。则此书实苏氏父子兄弟合力为之，题曰轼解，要其成耳。"这里最值得注意的是《苏氏易传》的观点和路子。《四库全书总目提要》指出，《苏氏易传》"推阐理势，言简易明，往往足以达难显之情，而深得曲譬之旨。盖大体近于王弼，而弼之说唯畅玄风，轼之说多切人事。其文辞博辩，足资启发"。这就清楚地道出了《苏氏易传》内容上偏重于义理分析，走的是晋人王弼的路子，观点也接近。苏轼之所以接近王弼，原因有二：其一，玄学大师王弼是用他所理解的道家的"无"来阐述儒家圣人的体，从而沟通了儒、道两大派系，做到了既尊儒又崇道。所谓"圣人体无""老子是有""圣人有情"等名论，影响十分深远。在玄学大师王弼看来，孔子这位圣人应永远保有其至尊的地位，老子毕竟是"贤人"而不是圣人。王弼正是以这作为基本观点，注《易》、注《老》，并从而建立起一整套玄学理论。这无疑与苏轼的观点特别契合。其二，王弼的《周易注》一扫汉人的象数之学，而开始了对《周易》的义理分析，苏轼对此也非常赞赏。《苏氏易传》"推阐理势"，就自然去走王弼的路子，与其偏重义理分析比较一致。但苏轼与王弼也有不同，这就是王弼"唯畅玄风"，而苏轼则"多切人事"。这种不同与王弼是哲学家而苏轼是文学家有关。王弼以一个涉世不深的二十几岁的青年，凭其聪明与灵光一闪去解经；苏轼以文豪注经，自然是"文辞博辩""言简意明""足以达难达之情，而深得曲譬之旨"了。

《苏氏易传》有几点是应该特别注意的，因为它集中表现了苏轼的世界观。

其一，《苏氏易传》在本体论上有唯心主义倾向，相信天命。其卷一云："死生病福，莫非命者，虽有圣知，莫知其所以然而然。"这种天命观还表现于其他著作中，《东坡集》卷十九《三槐堂铭》就认为："善恶之行，至于子孙，而其定也久矣。吾以所见所闻所传闻考之，而其可必也审矣。"这实际上是相信佛教的因果报应。但他在一些具体问题上，却往往又是唯物主义的，而且提出了一些非常深刻、精辟的见解。在义与利的关系上，卷一所载乾卦《文言》说，"利者义之和也"，"利物足以和义"。苏轼对此解释说："义非利，则惨洌而不和。"他把利放在首位，比较符合《周易》原意；结合利来讲义，这就与理学家讲"饿死事极小，失节事极大"不同；他比较强调关心人民的物质利益。在卷八解释《系辞传》的"圣人之大宝曰位"时说："位之存亡寄乎民，民之生死寄乎财。故夺民财者，害其生者也；害其生者，贼其位者也。甚矣，斯言之可畏也，以是亡国者多矣！夫理财者，疏理其出入之道，使不壅尔，非取之也。"

其二，在物质和精神的关系这个根本问题上，他承认物质是可以认识的客观存在，但在表述两者的关系时，却又不够准确明晰。卷七《系辞传》，苏轼在阐释"一阴一阳之谓道"时说："阴阳果何物哉？虽有娄旷之聪明，未有得见其仿佛者也。阴阳交然后生物，物生然后有象，象立而阴阳隐矣。凡可见者皆物也，非阴阳也。然谓阴阳为无有可乎？虽至愚知其不然也。物何自生哉！是故指生物而谓之阴阳，与不见阴阳之仿佛而谓之无有者，皆惑也。圣人知道之难言也，故借阴阳以言之，曰一阴一阳之谓道。"

苏轼认为阴阳是看不见的，但阴阳的对立转化又是宇宙间事物形成和变化的根源。我们看见的是事物的象，阴阳就隐藏在物象中，仍然是客观存在的。但给人的印象是，阴阳与物的关系、阴阳与道的关系都不甚明确。所以朱熹在《杂学辨·苏氏易传》中，就抓住这一弱点指责苏轼："以为借阴阳以喻道之似，则是道与阴阳各为一物，借此而况彼也。""道外无物，物外无道。今曰道与物接，则是道与物为二，截然各据一方，至是而始与物接，不亦谬乎？""达阴阳之本者，固不指生物而谓之阴阳，亦不别求阴阳于物象闻见之外也。"朱熹关于物虽不等于阴阳，阴阳却存在于物中的观点是合理的。苏轼之所以表达不明确，与其阐释的"多切人事"有关。苏轼承认阴阳是客观存在的，亦即承认万物的"理"是客观存在的，所以他在认识论方面不满足于间接所得，强调必须接触事物，必须通过实践。《苏氏易传》卷一说："古之言性者，如告瞽者，以其所不识也。瞽者未尝有见也，欲告之以是物；患其不识也，则又以一物状之。夫以一物状之，则又一物也，非是物矣。彼唯无见，故告之以一物而不识，又可以多物患之乎？"如果"无见"，仅仅凭借别人"告"，是很难准确地认识某一事物的，就更不用说对万事万物的认识了。他在《日喻》中，更以"生而眇者不识日"，以及南人"日与水居"而能"得于水之道"的生动事例，进一步阐明了"百工居肆以成其事，君子学以致其道"①的道理；著名的《石钟山记》则明确反对"事不目见耳闻而臆断其有无"的做法。

其三，《苏氏易传》所表现出的苏轼哲学思想中的一个重要观点，即运动观。卷一在对《易·乾卦·象辞》中"天行健，君子以自强不息"作注解时说："夫天岂以刚故能健乎？以不息故健也。流水不腐，用器不蠹。故君子庄敬日强，安肆日媮，强则日长，媮则日消。"天之健并非靠刚，而是靠"不息"，靠不停地运动变化。苏轼还就《易经》的"蛊者事也"解释道："器久不用而蛊生之，谓之蛊；人久宴溺而疾生之，谓之蛊；天下久安无为而弊生之，谓之蛊。"因循苟且、懒惰腐化都会产生蛊。《东坡应诏集》卷一《策略一》中，苏轼写道："天之所以刚健而不屈者，以其动而不息也。唯其动而不息，是以万物杂然各得其职而不乱。其光为日月，其文为星辰，……皆生于动者也。使天而不知动，则其块然者将腐坏而不能自持。"《东坡后集》卷十《御试制科策》也说："天以日运，故健；日月以日行，故明；水以日流，故不竭；人之四肢以日动，故无疾；器以日用，故不蠹。"可见，主张运动变化是苏轼一贯的思想，他把这一思想运用于政治革新与治国方略中。但是，苏轼的运动观有一个突出的特点，即主张渐变而反对骤变。《苏氏易传》卷四说："穷而后变，则有变之形；及其未穷而变，则无变之名。""阳至于午，未穷也，而阴已生；阴至于子，未穷也，而阳已萌。故寒暑之际，人安之。如待其穷而后变，则生物无类矣。"只有"未穷而变"，才是无形的渐变；从白天的午时渐变到夜间子时，寒变暑，暑变寒，均是渐变，故"人安之"。其《论养生》就阐述了这一思想。《苏氏易传》卷八写道："夫无守于中者，不有所畏则有所忽

---

① （宋）苏轼：《东坡集》卷二十三。

也。忽者常失于太早，畏者常失于太后。既失之，又惩而矫之，则终身未尝及事之会矣。"这依然是渐变观点的体现。这种渐变论正是他反对王安石变法的理论基础。此观点之所以在苏轼那里表现得淋漓尽致，原因在于他恪守儒家的中庸思想。无过不及，不偏不倚，取其中用，这是典型的中庸之道，也是苏轼渐变思想的根源。

从以上三点可以看出，《苏氏易传》基本上是以儒家正统思想去阐释《周易》的。但是道学家朱熹对《苏氏易传》却很不满意，他在《杂学辨》中指责苏轼的观点："乃释老之说，圣人之言岂尝有是哉！"排除宋儒的偏见，苏轼本人所采取的玄学思维方式决定了佛老思想当是应有之意，特别是他在政治上失意之后。其实，苏轼早在青少年时代，就已经受到佛老思想的影响了。少年时代，他就学于天庆观道士张易简，已是"龆龀好道"①；后来读《庄子》，又颇有"得吾心矣"之感。三十五岁时，他在《送文与可出守陵州》② 诗中写道："清诗健笔何足数，逍遥齐物追庄周。"对老庄思想的态度于此更清楚地表现了出来。在通判杭州期间，他已经经常出入佛寺，拜访名僧，有了"老病逢春只思睡，独求僧榻寄须臾"③ 的心态；听了当地名僧讲佛理，大有"百忧冰解，形神俱泰"④ 之感，并产生了"观色观空色即空"⑤ 的想法。可见，此时的苏轼对佛老思想已不再采取公开排斥的态度了。但是，苏轼真正"归诚佛僧"则是"乌台诗案"后贬官黄州时。《东坡集》卷三十三《黄州安国寺记》中，就叙述了他"归诚佛僧"的原因，可以看作他思想转变的重要标志：

> 元丰二年十二月，余自吴兴（湖州）守得罪，上不忍诛，以为黄州团练副使，使思过而自新焉。其明年二月至黄，舍馆初定，衣食稍给，闭门却扫，收召魂魄。退伏思念，求所以自新之方。反观从来举意动作，皆不中道，非独今之所以得罪者也。欲新其一，恐失其二，

---

① （宋）苏轼：《东坡续集》卷十一《与刘宜翁书》。
② （宋）苏轼：《诗集》卷六。
③ （宋）苏轼：《东坡东府》卷一《瑞鹧鸪·上成头月落尚啼鸟》。
④ （宋）苏轼：《东坡后集》卷二十《海月辩公真赞》。
⑤ （宋）苏轼：《诗集》卷七《吉祥寺僧求阁名》。

触类而求之，有不可胜悔者。于是喟然叹曰：道不足以御气，性不足
以胜，不锄其本而耘其末，今虽收之，后必复作。盍归诚佛僧，求一
洗之。得城南精舍曰安国寺，有茂林修竹，陂池亭榭。间一二日，辄
往焚香默坐，深自省察，则物我相忘，身心皆空，求罪始所从生而不
可得。一念清净，染污自落，表里翛然，无所附丽。私窃乐之，旦往
而暮还者，五年于此矣。

他在黄州是闭门思过，觉得其过改不胜改，于是干脆归诚佛僧，通过
"物我两忘，身心皆空""一念清净，染污自落"，来解脱心中的痛苦和罪愆。

佛老思想对苏轼的影响是深远的，它甚至改变了苏轼后半生的处世哲
学和审美理想。概言之，有这样几个方面。

首先，崇尚自然之道，不羡富贵荣华。返璞归真、绝圣弃智，是老庄
思想的重要内容，也是魏晋玄学辩论的题旨之一。它一方面表现为崇尚自
然之道，"任其性命之情"；另一方面是对荣辱穷达的超脱。把这样一种人
生观诗化的是陶渊明。苏轼作品中反映出来的，正是他对自然的崇尚和对
陶渊明的追慕。苏轼在青少年时期，就有"少小慕真隐"①的思想，通判
杭州时，在《答任师中次韵》的诗中又说："已成归蜀计，谁借买山赀。"
早期的这种归隐思想，不完全是消极避世，倒是想效法陶渊明的清高，追
求淡泊自持，不羡富贵荣华的生活。《诗集》卷十一《远楼》曰："不独江
天解空阔，地偏心远似陶潜。"正反映了他此时的心情。这种思想和心态，
到他被贬黄州后表现得更为突出，也更为真诚。道家的"返真"和佛家的
"随缘"，成了他此时的主要思想。《东坡乐府》卷二《哨遍"为米折腰"》
中，对陶潜《归去来》辞格外欣赏，并概括演化成词而歌之。在《与王定
国》②的信中说到，他想效陶渊明躬耕田亩，感到"虽劳苦却亦有味""欲
自号鏖糟陂里陶靖节"。他在同时《答范蜀公》③的信中也说："某早衰多
病，近日亦能屏去百事，淡泊自持……"政途的险恶、世态的炎凉，是促

① （宋）苏轼：《诗集》卷十九《与胡祠部游法华山》。
② （宋）苏轼：《东坡尺牍》卷上。
③ （宋）苏轼：《东坡续集》卷五。

使他崇尚自然、真朴，追求淡泊自持的客观因素。这种思想，不能说没有消极的成分，但更主要的是反映了苏轼渴望人格的自由，轻视对荣华富贵的追逐，表现了他对当时争权夺利的官场的厌恶和否定。

其次，清静无为，不为而为。他吸收释老思想，主要是吸收他认为与儒家思想相通的部分。他认为老庄的清静无为思想是"合于《周易》'何思何虑'，《论语》'仁者静寿'之说"①的。《东坡续集》卷八《江子静字序》中说："君子学以辨道，道以求性。正则静，静则定，定则虚，虚则明。物之来也，吾无所增；物之去也，吾无所亏。岂复为之欣喜爱恶而累其真欤！"这说明苏轼对静的期望与追求，主旨在于"虚明应物"，把静作为一种观察现实问题的方法。但是，他所说的静并非超然物外，万事不关心的"静"，而是与他的入世思想一致的"处静而观动"②方法。因此，他反对佛老的"静似懒"③的处世态度。在政治上，他曾用老庄清静无为的思想作为反对王安石变法和司马光复制的武器。如前所述，苏轼的政治改革主张是渐变而反对骤变，这是受儒家中庸思想影响所致，无疑是对的；但道家的清静无为、无为而无不为的思想，在此也起了很大的作用。

再次，旷达自得，随遇而安。苏轼一生中多次遭受打击，官场的失意，贬谪的痛苦，都没有把他击倒。他坚强地活了下来，并不间断地进行诗文创作。其中很重要的一个原因，便是佛老思想给予他旷达自得和随遇而安的处世精神。他在《问养生》④中，讲到他的处世态度是"和"而"安"，"安则物之感我者轻，和则我之应物者顺。外轻内顺，而生理备矣"。他尽力保持自己心理的平衡，不留意外界环境的变化，此之为"和"；对于事物的变化，则"莫与之争而听其所为"，此之谓"安"。在《东坡集》卷三十二《超然台记》中，他写道："凡物皆有可观，皆有可乐，非必怪奇玮丽者。餔糟啜漓，皆可以醉；果蔬草木，皆可以饱。推此

---

① （宋）苏轼：《东坡后集》卷十五《上清储禅宫碑》。
② （宋）苏轼：《东坡奏议集》卷十四《朝辞赴定州论事状》。
③ （宋）苏轼：《东坡集》卷三十《答毕仲举书》。
④ （宋）苏轼：《东坡集》卷二十三。

类也，吾安往而不乐？"这正是随遇而安、自得其乐的人生态度。他把这说成"随缘自娱"①。正是凭着这种"随缘自娱"，他在被贬黄州后才能做到不言其苦，而言"长江绕廓知鱼美，好竹连山觉笋香"。也正是凭着这种"随缘自娱"，他在被贬惠州、生活极端困苦的情况下，还写了一首《纵笔》诗："白发萧散满霜风，小阁藤床寄病容。报道先生春睡美，道人轻打五更钟。"②据曾季狸《艇斋诗话》记载，此诗传至京师，其政敌章惇误认为苏轼生活得很快活，而又加害于他——再贬儋州。他被贬海南，仍然没有失去生活的信心，在离惠州赴儋州时又赋诗道："平生学道真实意，岂与穷达俱存亡。……他年谁作舆地志，海南万里真吾乡。"③苏轼这种随缘自娱的人生态度，主要是受老庄顺乎自然和佛家看穿忧患的思想影响的结果。他尽管时时有人生的空漠感，有时也戏谑自己，但毕竟没有走向颓废和玩弄人生的斜路，也许正是儒道释的互补，才形成了苏轼特有的旷达乐观的处世哲学。当然，这与他蔑视邪恶、不屈服于政治迫害的个人性格有关。

最后，道家学说中朴素的辩证思想，对苏轼也有一定的影响。《老子》五十八章："祸兮福之所倚，福兮祸之所伏，孰知其极？"第二章："故有无相生，难易相成，长短相形，高下相倾，音声相和，前后相随。"第四十二章："故物损之而益，或益之而损。"这些观点在苏轼的言行中均有体现。贬官黄州、儋州，他并未痛不欲生；而擢升为翰林学士，知制诰，兼侍读，他也并未得意忘形。他冷静地看待自己的宦海沉浮，视若浮云流水。《东坡集》卷三十一《墨妙亭记》中，他就认为人"有生必有死"，事物"有成必有坏"，国家则"有兴必有亡"。《苏氏易传》中又清醒地分析道："有聚必有党，有党必有争。"《东坡集》卷三十一《凌虚台记》总括世间事物的规律为处于"废兴成毁相寻于无穷"的变化之中。来自道家的这些辩证观点，和儒家固有的中庸思想结合在一起，便产生出苏轼一贯的政治主张：

---

① （宋）苏轼：《东坡集》卷三十《答李琮书》。

② 参见（清）冯应榴《苏诗合注》卷四十。

③ （宋）苏轼：《诗集》卷四十一《吾谪海南，子由雷州，被命即行，了不相知，至梧乃闻其尚在藤也。且夕追及，作此诗示之》。

"宽猛相资""可否相济"①"治之以不治者，乃所以深治之也"②。

有人把苏轼的思想概括为"外儒内道"，从某种程度上说，这种概括是准确的。"外儒"的表现主要在前期，其于文章中盛赞孔孟且排斥佛老。但这只是表面现象，实际上他并不以孔孟之道为道，而把道理解为存在于具体事物中的自然之理。以这样的态度去理解儒学，自然不会合乎宋代道学家的口味。他在《东坡应诏集》之《扬雄论》中，甚至还对儒学和道学用封建礼法桎梏人的情感、欲望，表示了愤怒与谴责："人生而莫不有饥寒之患、牝牡之欲。今告乎人曰饥而食、渴而饮、男女之欲不出于人之性，可乎？是天下知其不可也。"按宋儒的观点看，这已经是明显地离经叛道了。而这也正是苏轼能在儒家思想的基础上去融合佛道的原因。他在融合佛道时，同样采取"尽其自然之理，而断之于中"的方法，有分析、有选择地予以接受。

笔者认为，对苏轼的评价应分为两段："乌台诗案"之前的苏轼，基本上是一个"自强不息"的儒学之士。他文如泉涌，胸怀壮志，准备为国家建功立业："千金买战马，百宝妆刀环。何时逐虏去，与虏试周旋！"③"未成报国惭书剑，岂不怀归畏友朋。"④而"乌台诗案"之后，苏轼实现了人格的觉醒：他很像魏晋名士阮籍，却不悖礼败俗；他又极其追慕陶潜，却并不在实际上归田；他对宋王朝失望了，但又并未绝望；他对人生淡漠了，但并没有心死。他一边吟唱着"万事到头都是梦，休休。明日黄花蝶也愁"⑤，一边又念诵着"谁道人生无再少？门前流水尚能西。休将白发唱黄鸡"⑥。他用他的笔为中国封建社会知识分子宣泄了那么多的怨阕之气，却又鼓励他们活下去。这就是苏轼，一个虽矛盾却实在、活鲜的苏轼。他实际上已成了多灾多难的中国士人的化身和精神支柱。

二〇〇二年五月

---

①　（宋）苏轼：《东坡奏议集》卷三《辩试馆职策问劄子》。
②　（宋）苏轼：《东坡后集》卷十《王者不治夷狄论》。
③　（宋）苏轼：《和子由苦寒见寄》。
④　（宋）苏轼：《九月二十日微雪，怀子由弟二首》。
⑤　（宋）苏轼：《南乡子·重九涵辉楼呈徐君猷》。
⑥　（宋）苏轼：《浣溪沙·游蕲水清泉寺，寺临兰溪，溪水西流》。

"人情好，何须更忆，泽畔东篱?"

——由李清照对恶俗人情的憎厌说起

有人说过：历史，是昨天的现实；现实，是明天的历史。那么，我们今天所要说的李清照，就不应把她看成一个十分遥远的古代才女，而是要把她拉近，权当是昨天济南大街上行走的无数才女中的一员；把她所处的时代，也拉近到昨天，古话不是说"古今一也，人与我同耳"吗？这样，我们的品读也许就亲切了许多，随意了许多。

古人有言："夫和平之音淡薄，而愁思之声要妙，欢愉之词难工，而穷苦之言易好也。"（《昌黎先生集》，卷二十）济南才女李清照，其父李格非是北宋后期的礼部员外郎；她一个出身于书香浓郁的士大夫门第的才女，一般人想来，应该是香车宝马、酒朋诗侣、高傲优越、目空一切，不会有什么穷困的。但是，为什么她的那些"直欲压倒须眉"的绝妙好词中，竟表达出了那么多的人间哀怨与忧愁？我相信，凡读过这些词作的，都不会觉得她是在"作秀"，是在"为赋新词强说愁"；恰恰相反，她的感情是真挚的，是"情动于中而形于言"，是骨鲠在喉、不吐不快呵！

英年早逝的江南才女邓红梅博士，在其遗著《女性词史》中，从一个知识女性的特有视角对李清照的心结作了透析，读来让人心折。邓博士通过对李清照身世的考辨，概括出女词人一生中四处难以磨灭的"硬伤"：其一，北宋党争对于她的家庭及她个人生活的打击（父亲罢官，原本门当户对的婚姻失衡）；其二，她与丈夫赵明诚的"无嗣"（然而史料并未说明

病因在哪一方），特别是丈夫狎妓纳妾给她带来的精神折磨；其三，像她
这样一个学识渊博、才智非凡、文名颇著的才女，却被排斥在士大夫的功
名事业之外，只能处身于当时逼仄紧张的女性生活空间内；其四，国破家
亡的晚期生活，使她在回忆与现实的对照中饱尝常人难以体验的深沉痛
楚。在笔者看来，这四处"硬伤"中，最要命的是"无嗣"（"不孝有三，
无后为大"）。也正是由此引发了其他诸多烦恼。可以想象，一向志高行洁
的李清照，不会屈服于世风。传载，她结婚后的第三年，其公爹出任宰
相，她却进诗曰："炙手可热心可寒。"因为公爹排元祐党人甚力，她父亲
作为旧党营垒的成员而被罢官并钦命离开汴京，遂又上诗公爹说："何况
人间父子情？"她没有任何哀求公爹的意思，倒是颇有责备与挖苦的味道。
于此，李清照的性格可见一斑。南渡以后，她直接赋诗讥讽当朝君臣的无
能："南渡衣冠少王导，北来消息欠刘琨。"再次印证其性格之耿直。

　　一个学识渊博、境界高远又桀骜不驯的女子，身上却带有那样致命的
"硬伤"，再处在一个那样浑浊的世道，能没有感愤？能没有忧愁？能没有
哀怨？所以，才有了"薄雾浓云愁永昼""只恐双溪舴艋舟，载不动许多
愁""凝眸处，从今更添，几段新愁""这次第，怎一个愁字了得"这些令
人凝想而又十分沉重的"愁"。才有了"寻寻觅觅，冷冷清清，凄凄惨惨
戚戚""物是人非事事休，欲语泪先流""此情无计可消除，才下眉头，却
上心头""帘卷西风，人比黄花瘦""新来瘦，非干病酒，不是悲秋"这些
刻画女性凄美情感的千古绝唱！

　　这里要特别提及的是人们较少关注的李清照之《多丽·咏白菊》词。
读罢全词就不难看出，作者正是借咏白菊以表达她长久以来潜藏于内心深
处的对人情恶俗、世态炎凉的愤慨和控诉，抒发了古往今来中国正直的知
识分子文化心理结构中所蕴含的某种带有普遍性的伤痛情结。原词写道：

　　小楼寒，夜长帘幕低垂。恨萧萧，无情风雨，夜来揉损琼肌。也
不似，贵妃醉脸，也不似，孙寿愁眉。韩令偷香，徐娘傅粉，莫将比
拟未新奇。细看取，屈平陶令，风韵正相宜。微风起，清芬酝藉，不
减荼蘼。渐秋阑，雪清玉瘦，向人无限依依。似愁凝，汉皋解佩，似

泪洒，纨扇题诗。朗月清风，浓烟暗雨，天教憔悴度芳姿。纵爱惜，不知从此，留得几多时？人情好，何须更忆，泽畔东篱？

你看，李清照在这首词中，两次提到屈原（"屈平""泽畔"）与陶潜（"陶令""东篱"）。前一句是说白菊那高洁芬芳的品性和风韵，只有屈平、陶令能与之相宜；后一句则是该词的结穴处，干脆点明本词的要旨："人情好，何须更忆，泽畔东篱？"这一反问，意思非常明确：时下人情不好（指世事险恶），人们才更经常忆念屈原与陶令。人所共知，陶渊明是"不为五斗米折腰"从而归隐田园并自食其力的诗人；而屈原这位泽畔苦吟的三闾大夫，当时所受到的心灵折磨与精神创伤就更一言难尽了，那部使他青史留名的《离骚》，不正是他万般无奈、投江自杀前的痛切自白吗？

众所周知，我们这个民族发达最早，有五千年灿烂辉煌的文明史，令人自豪。但也不可讳言，自古以来就有一种恶俗（鲁迅称之为"劣根性"），非常可怕，足可令士人胆寒。屈原对此体会尤深，可以说，迫使他投江自尽的，正是这种恶俗。在《离骚》中，屈原如泣如诉地述说着他被这种恶俗折磨的痛苦。比如，他痛切指陈朝中那帮不顾国家前途与潜伏危机而结党营私的群小（"惟夫党人之偷乐兮，路幽昧以险隘"），君王听信谗言而怒火中烧（"信谗而齌怒"）；他认定忠言直谏必为身患（"余固知謇謇之为患兮"），群小们一个个削尖了脑袋争着向上爬（"众皆竞进以贪婪兮，凭不厌乎求索"），党人们以小人之心度君子之腹并暗中心生嫉妒（"羌内恕己以量人兮，各兴心而嫉妒"），等等。特别不能容忍的是，他们用无耻的谣言以诋毁别人（"众女嫉余之蛾眉兮，谣诼谓余以善淫"）并嫉贤妒能、颠倒是非（"世溷浊而嫉贤兮，好蔽美而称恶"）。《离骚》通篇都是这样的倾诉。

常识告诉我们，诗歌乃至整个文学作品所抒发、所表现的是一个时代人们的心路历程。从屈原的诉说中，足可以看出他所处的那个时代、那班恶俗之人所表现出的恶俗气是何等辛辣、何等歹毒、何等肃杀，形成了所谓"世溷浊而不清，蝉翼为重，千钧为轻；黄钟毁弃，瓦釜雷鸣；谗人高张，贤士无名"（《卜居》）的一种极其恶劣的世风。面对这种恶劣的世风和生存环境，要想活下去，要么"淈其泥而扬其波"，要么"哺其糟而歠其醨"（《渔夫》）。但是，屈原的态度是"亦余心之所善兮，虽九死其犹未悔""伏清白以死直兮，固前圣之所厚"。既然如此，他就只有死路一条了！悲哉，死也！

李清照虽没有屈原的地位与名头，但她所处的人文环境（所遇人情），在某种程度上却与屈原有相似之处。除上述她固有的四处"硬伤"外，又亲身经历了父亲与公爹在寡恩少义的党争中先后受害；公爹死后，赵明诚兄弟被诬入狱；赵明诚因公事失职而罢官；赵明诚病危于江宁；利口小人谣传赵明诚"玉壶颁金"（即以玉壶送给金人以结好）之政治陷害；更有其自身所承受的蜚短流长，等等。再看到国破家亡，朝廷无能，她甚至忍不住气愤地写道："生当作人杰，死亦为鬼雄。至今思项羽，不肯过江东。"（《夏日绝句》）由此可以断定，李清照在其词作中所倾心、所感念、所崇敬的屈原，正是她自己追慕的理想化身——一个深思高举、洁白清忠，出淤泥而不染的"人杰"！

问题是，几千年来，我们的先人多半只知道玩味与歌颂《离骚》这部伟大的作品和李清照的绝妙好词；多半一味地称道屈原的爱国赤心和至死不变的故国情怀，赞赏李清照这位"婉约派"巨匠；却没有去认真探讨如何彻底改变迫害屈原至死而令李清照寒心的那个可怕的人文环境。从屈原到李清照，甚至时至今日，这些恶俗不但没有消泯，而且在某些领域中愈演愈烈。特别是在官场与知识界，随处都可看到屈原当年身边活跃着的那些趋炎附势之徒的身影；而且他们的圆滑与老到，甚至颇受某些上司的赏识，成为顺利晋升和提拔的优势与条件。正因如此，像李清照这样正直的知识分子才感到生存环境的恶劣，人文关系的紧张，心理上的压力，"软刀子"对生命的威胁。

而在西方文化的遗存中，类似中国这种人际关系中的恶俗较少。如果从古希腊史诗及其后的文学作品中搜寻，大概也很难找到这样恶俗的典型。这种恶劣的心理状态（或者称之为"人性"）是如何形成的？为什么从古至今长盛不衰？确实应该很好地予以研究。这是一个很有价值的，又很严肃的学术问题。在某种程度上说，这种恶俗已经影响到了中华民族的复兴！鲁迅曾在最黑暗的年代，孤身举起批判民族劣根性的大旗。他以一个不屈的斗士的勇气，奋斗一生，披荆斩棘。但现在看来，鲁迅的事业还远远没有完成。

我们有很多学者都在津津乐道于中华文化，甚至像鲁迅讽刺的，把自己身上的脓包也描绘成艳丽的桃花。就像以上所谈及的、深藏在《离骚》中以及围绕在李清照周边的这种人性恶俗，人们似乎已经见怪不怪了；更有甚者将其视为生存之道（如不惜用瞒和骗，损害他人以利己）。这种心态，怎么能够使伟大的中华民族复兴？怎么能够让中华民族永久地自立于世界民族之林？但愿那些有大智慧的人尽快提供一个让人满意而又可行的根治方案。

二〇一二年十二月一日

后　记

语云："苔花如米小，也学牡丹开。"只可惜，"苔花"毕竟太小，不止高视阔步者无视，一般人也会有意无意予以践踏。

这些"苔花"小文，虽难登大雅之堂，但对我来说却也算是记录了，反映了一个不起眼的学人三十多年来在学习美学的道路上之所思、所感、所悟。翻检起来，如鱼饮水，冷暖自知，总有点敝帚自珍之情。

20世纪末，有一次系里曾通知老师们给自己的研究生写"寄语"。"寄语"嘛，当然必须中肯，不能用大话、官话蒙人。于是我写了下面一段话：

> 我自幼不慧，启蒙也晚。总觉得还没有成人，转眼间却已老迈；时时感到知识的匮乏，却又过早地被人称为"老师"。所以，我经常处在惶恐与不安之中，生怕误人子弟，从不敢妄自尊大。
>
> 孔子有言："毋意，毋必，毋固，毋我。"意思是，不凭空猜想，不绝对肯定，不固执，不自以为是。这话，我深信不疑。假如给我第二次人生，我会从懂事的那天起便勤奋学习，读好书，学真本领，精通两门外语，做一个真正有学问的人。

我的这段话是发自肺腑的，是我的内心自白，至今不悔。

退休十多年了，习惯所致，每天还总爱在书海中寻寻觅觅：时而兴奋，时而感伤，时而浮想联翩；遇到"知音"，还免不了做些记录。有时也动笔写一点东西，但已经很少很少了。

曾写过一首《满庭芳》，颇有自我嘲讽、自我释怀的无奈，但心却是真诚的：

> 微尘大千，刹那终古，人生何论短长？大鹏燕雀，谁弱又谁强？且趁闲身未老，任性情、率直疏狂。再泛槎，浮于书海，领略好时光！当年，书生气：心比天高，自许栋梁；谋巨制鸿篇，光焰万丈。怎奈时光如水，倏忽间，白发秋霜！莫怨嗟，面对夕阳，唱曲满庭芳！

这次，承蒙学科记挂，问我能否出一本小书；我便想起那些研习美学的碎片，从中检出了三十篇：有长，有短，旧多，新少，名之为"探美拾零"，不避丑拙地呈现在这里，也算是一段人生记忆吧！

李 戎

二〇一五年十二月十一日